BASIC HAIR PERMANENT PRO

베이직 헤어 퍼머넌트 프로

구민사

이재숙

광주여자대학교 미용과학과 교수
미용기능장, 이용기능장

문소희

광주여자대학교 미용과학과 겸임교수
초당대학교 뷰티미용과 겸임교수
계명문화대학교 뷰티코디네이션학부 겸임교수
광주대학교 뷰티미용학과 외래교수
前) 청암대학교 뷰티미용과 겸임교수

전소리

서경대학교 외래교수
목원대학교 외래교수
前) 광주여자대학교 미용과학과 겸임교수
미용기능장, 이용기능장

김유라

우송정보대학 뷰티디자인학부 헤어과 교수
前) 광주여자대학교 미용과학과 외래교수
前) Wella Professional technical consultant

김용순

미용기능장, 미용기능장
건양사이버대학교 글로벌뷰티학과 겸임교수
대전보건대학교 뷰티케어과 겸임교수
대전대학교 평생교육원 이용장과정 주임교수
前) 광주여자대학교 미용과학과 겸임교수

최유리

미용기능장, 이용기능장
前) 광주여자대학교 미용과학과 외래교수
前) 청암대학교 뷰티미용과 외래교수

베이직 헤어 퍼머넌트 프로

BASIC HAIR PERMANENT PRO

초판 인쇄 2020년 10월 20일
초판 발행 2020년 10월 30일

지은이 이재숙 · 문소희 · 전소리 · 김유라 · 김용순 · 최유리
발행인 조규백
발행처 도서출판 구민사
주소 (07293) 서울특별시 영등포구 문래북로 116, 604호(문래동3가 46, 트리플렉스)
전화 (02)701-7421
팩스 (02)3273-9642
홈페이지 www.kuhminsa.co.kr

신고번호 제 2012-000055호(1980년 2월 4일)
ISBN 979-11-5813-868-4 (93590)

정가 30,000원

베이직 헤어 퍼머넌트 프로

BASIC HAIR PERMANENT PRO

이재숙 · 문소희 · 전소리 · 김유라 · 김용순 · 최유리

Preface

급변하는 시대적 변화와 그에 따른 문화의 변천에 따라 '미(美)'의 기준 또한 끊임없이 변화, 발전되어 왔다.
미학이 역사적 변화를 거치면서 다양하게 전개되어 온 미용분야는 인간 본연의 내면세계를 깊고 다면화시키면서 각자의 개성을 탐구하고 표현하고 있으며 또한 4차 산업의 기술혁신을 활용함에 따라 날로 성장하고 있다.

헤어디자인은 인류의 생활양식, 행동양식, 사고양식 등에 영향을 받기도 하고 끼치기도 한다. 따라서 헤어 디자이너는 시대가 가지고 있는 변화의 흐름을 읽어내는 통찰력과 그 통찰력을 아름다움으로 승화시킬 수 있는 미학적 감각이 필요하다.

경제발전과 생활수준이 높아지면서 실용성과 아름다움을 동시에 추구하는 실용학문, 실용예술로서의 미용학문은 인체를 다루는 분야라는 관점에서 오늘날 과학적으로 연구, 개발하고 폭넓은 지식과 예술적 감각 등 다양한 능력을 고루 갖춘 미용 전문가(Beauty specialist)를 요구하고 있다.

미용은 인체를 다룸으로서 수많은 관련 학문 특히 모발분야와 관련해서는 모발학, 모발생리학, 생화학, 응용수학, 물리화학, 미학 등 다양한 근접학문과의 융합된 지식을 요한다.

시각적 조형 요소들이 조화를 이루면서도 시간적으로 지속적인 아름다움과 매력을 도출해 내고 개성 있는 헤어스타일을 연출하기 위한 헤어디자인 중 하나가 퍼머넌트이다.

퍼머넌트는 헤어디자인 기법 중에서도 유행에 따라 자신만의 개성을 살리고, 헤어 디자이너에게는 창의성을 활용하여 새로운 패턴을 개발할 수 있는 분야이다.

이제 막 미용에 입문한 학생부터 트렌드를 반영한 디자인 퍼머넌트를 공부하는 현장의 미용인까지 모든 이들에게 도움 되도록 다양한 내용과 스타일 혹은 트렌드를 한눈에 파악하고 영감을 얻을 수 있도록 구성하였으며, 과정의 깊은 이해를 돕기 위해 풍부한 사진자료를 첨부하였다.

부족한 시간을 가지고 집필하기에 항상 아쉬움이 많지만, 이 교재가 나오기까지 마음을 다하여 준비해주신 공동집필자 교수님들께 깊은 감사를 드리며, 촬영에 도움을 주신 최동하 사장님, 이 교재가 나올 수 있도록 배려해 주신 도서출판 구민사 조규백 사장님과 직원 여러분께 진심으로 감사드린다.

공동저자 일동

Contents

Chapter 01

모발생리(生理) 및 형태(形態)

Chapter 02

퍼머넌트 웨이브의 정의와 역사

Chapter 03

퍼머넌트 웨이브의 원리

Chapter 04

퍼머넌트제

Chapter 05

퍼머넌트 웨이브의 분류

Chapter 06

로드 회전수와 모발 길이

Chapter 07

퍼머넌트 웨이브 실제

Chapter 08

기본 퍼머넌트 웨이브

Contents

Chapter 09

응용 퍼머넌트 웨이브

Chapter 10

히팅 퍼머넌트

BASIC

HAIR PERMANENT

PRO 베이직 헤어 퍼머넌트 프로

Chapter 01

모발생리(生理) 및 형태(形態)

1. 모발의 발생
2. 모발의 성장주기(Hair cycle)
3. 모발의 구조 - 모근부(Hair root)
4. 모발의 구성
5. 모발의 구조
6. 모발의 결합
7. 모발의 기능
8. 모발의 분류
9. 모발의 성질

1. 모발의 발생

모발은 피부가 전화(轉化)하여 생긴 것으로, 피부(皮膚)와 같이 신체를 보호하는 피부 부속기관이다.
모발은 모모(毛母)의 상피세포가 케라틴 섬유로 단단한 각화세포로 이루어져 있으며, 촉각이나 통각을 전달하고 외부의 화학적, 물리적 자극으로부터 신체를 보호하는 기관이다.
모발의 성장은 태내에서부터 시작된다. 태아의 체모 세포는 모발에 관한 부모의 유전성을 갖고 있으므로 모발이 갖게 될 형태 및 특성은 모태에서 이미 결정되며, 출생 후에는 일정한 모낭의 수를 갖는다.

1) 세포의 분화

정자와 난자가 결합한 수정란이 빠른 속도로 세포분열을 하여 10~11일째부터 배엽을 형성한다. 수정란은 난할을 하여 2세포기, 4세포기, 8세포기를 거쳐 자궁내부에 도착한 12~16세포기의 것으로 이때의 할구 덩어리는 투명대로 둘러싸여 마치 오디처럼 보이기 때문에 이 시기의 배를 상실배라 하고 상실기라 한다.
상실배 중앙에는 난할강이라는 빈 곳이 생기며 상포층으로 둘러싸여 큰 난할강, 포배강을 갖는 고무공과 같은 포배로 되어, 이 시기를 포배기라 한다. 바깥쪽의 세포층을 외배엽, 원장의 벽을 만들고 안쪽의 세포층은 내배엽이고 이중의 벽을 갖는 주머니 모양의 배를 형성하여 낭배기라 한다.
이때 배엽의 함입으로 생긴 안쪽의 벽인 내배엽에 소화기 계통의 내장이 형성된다. 또 바깥쪽의 벽인 외배엽에 뇌와 신경 계통 그리고 피부와 모발이 형성된다.
중배엽에서 심장, 혈관 및 골격과 근육 등이 형성된다. 즉 모발은 외배엽에서 발생된다. 모발은 손톱, 발톱과 같은 피부 부속물로서, 표피, 진피, 피하 조직의 3층 구조 중 표피에서 유래되어 각화 과정을 거쳐 형태를 달리하면서 모발로 성장한다.

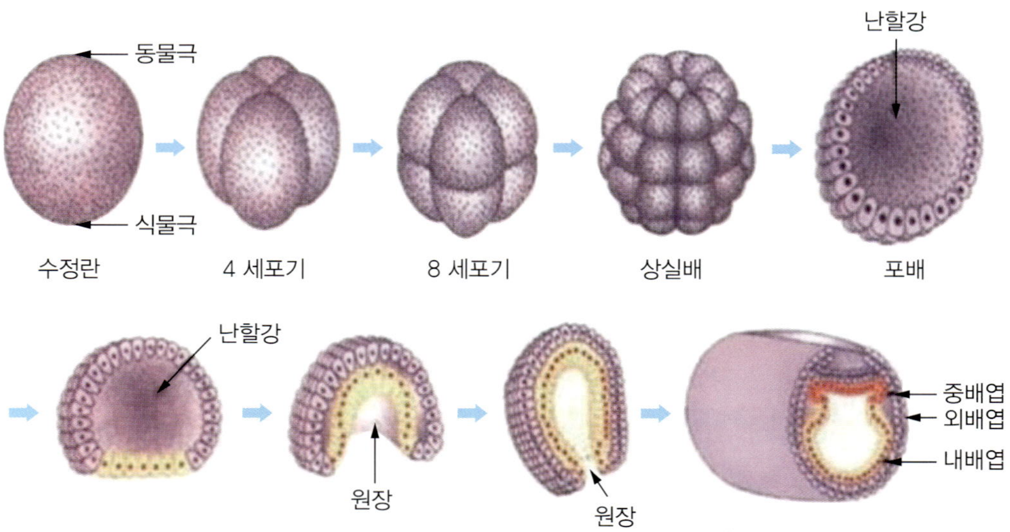

[그림 1-1] 모발의 기원

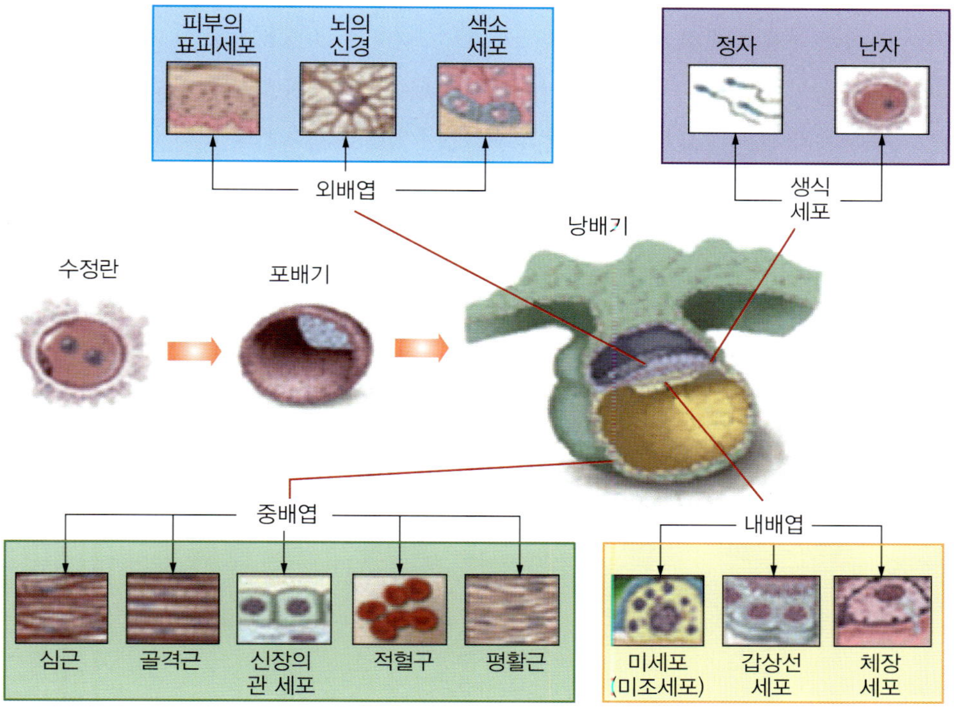

[그림 1-2] 모발의 기원

용어정리

- 외배엽 – 외배엽은 신경계를 형성하는 것 외에도 피부의 표피, 모발이 되며, 외배엽에서 유래된 상피는 침샘, 땀샘, 감각상피 등으로 분화한다.
- 중배엽 – 중배엽에서 근육, 골격, 혈액, 순환기관, 배설기관과 생식기관 등의 중요 부분이 분화된다.
- 내배엽 – 내배엽은 발생이 진행됨에 따라 소화기관(식도·위·장)의 내피(혀방), 내분비기관(흉선·갑상선), 호흡기관(폐·아가미) 등으로 분화된다.

2) 모낭의 생성

태아가 성장함에 따라 피부가 함몰되어 모낭이 되고 모낭의 가장 하부에 모유두가 만들어진다. 모낭은 임신 3개월 된 태아의 몸에서 만들어지기 시작하여 6개월이 되면 완성된다. 모체에서 하나의 세포로 이루어진 수정란은 세포분열에 의해 기하급수적으로 증가하여 태아로서 인간의 형태로 만들어지는데, 일반적으로 태아 9~12주 때 모낭이 형성되어 12~14주 때 모발의 성장이 시작된다.

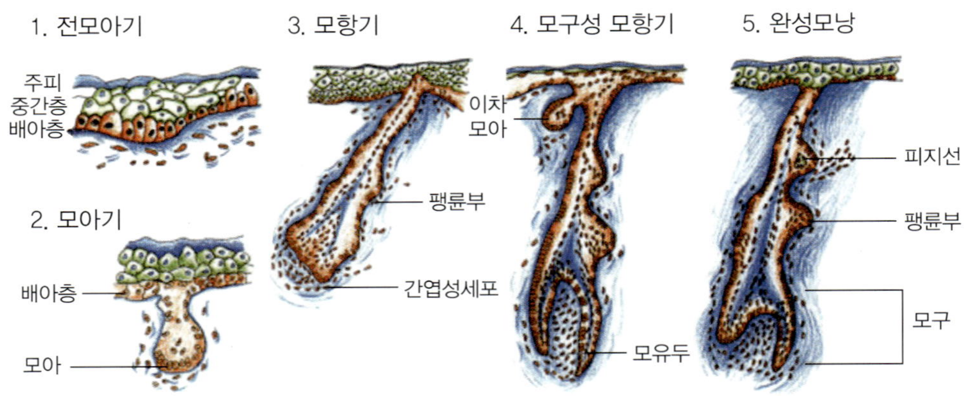

[그림 1-3] 모낭의 생성과정

(1) 전모아기

모발은 표피의 함몰로 모낭이 형성되면서 시작된다. 사람의 표피는 태생 초기에는 한 층의 세포가 배열되어 있는 것에 불과하나, 태아의 성장이 진행됨에 따라 3개의 층이 되며, 안쪽부터 배아층, 중간층 및 주피로 구성된다. 모낭이 형성되는 것을 알려주는 초기의 표시는 표피의 배아층으로, 이것이 모낭의 최초 출발점이 된다. 모낭 형성에서 발견되는 형태를 모아라고 부르고, 모아가 형성되기 시작하는 단계로 모낭의 형성 이전을 전모아기라고 한다. 전모아기에서 표피는 일반적으로 배아층의 세포와 주피의 2층으로 되어 있는 경우가 많은데, 이 때 중간층의 세포는 이미 분화되어 있는 경우도 있다.

(2) 모아기

임신 14주경부터 전모아기는 급속하게 모아기로 변화하게 된다. 모아기는 배아층의 중간층 세포가 진피 속으로 함몰되어 가는 것으로, 이때 발달된 중간층 세포는 바깥을 둘러싸고 있는 배아층 세포 속으로 진입하여 모아의 중심부를 형성해간다.

(3) 모항기

임신 18주경부터 모아는 맨 끝 부근에 있는 간엽성 세포 집단에 끌려오듯이 진피 내에 침입하여 마치 피부 속에 1개의 기둥 모양으로 진피 내에 깊숙이 형성되며 기둥이 박혀 있는 듯 한 형태가 된다. 이와 같은 단계를 모항기라고 부른다.

(4) 모구성 모항기

모아가 진피 속으로 침입해 들어갈 때 표피 면과 모아의 기둥은 일정한 각도를 이룬다. 예각 쪽은 앞면, 둔각 쪽은 뒷면이며, 뒷면에는 피지선이 자리 잡고 있다. 모항기가 지나면서 모낭 기둥 면에 피지선과 기모근의 근원 부분이 부풀어 오르고 모낭 끝이 둥글어지며 간엽성 세포 집단이 모유두의 형성을 예고하는 시기이다.

(5) 완성 모낭

조직의 분화로 모발을 만들어 낼 수 있는 성숙한 모낭을 완성 모낭이라고 한다. 출생 시 발달된 모낭은 모발 조직으로서 각 부분으로 분화되어 간다. 즉 모모세포와 모유두로 이루어진 모구, 모구의 상단부에서부터 팽륜부에 이르는 모낭 하단부, 팽륜부와 피지선의 좁은 부분인 협부, 피지선과 표피 사이의 누두부로 나뉜다. 이 모낭이 성숙한 형태로 발달하면 피지선이 형성되고, 그 후 모낭벽에 붙어 있는 입모근이 생성되며, 마지막으로 모낭의 밑에 연결되어 있는 모유두가 형성된다. 이 모유두와 접하고 있는 부분의 모모 세포가 모유두의 영양을 공급받아 세포분열을 하여 새로운 모발을 생성한다. 따라서 모발의 발생은 모모세포가 모유두에서 영양을 받아 분열되어 모발의 형상을 갖추면서 성장한다.

☑ 모낭의 생성과정을 요약해 볼까요?

① 전모아기(12주) : 모아가 피부 속으로 들어가기 위한 준비단계로 임신 6~7주에 피부의 배아층에 세포들이 모이는 조짐을 보여주는 단계
② 모아기 : 배아층의 중간층 세포가 진피 아래로 싹이 트는 단계로서 진피 아래로 함몰되는 단계
③ 모항기 : 모아가 진피층을 지나 피하조직층까지 계속 내려가면서 기둥을 형성하는 단계
④ 모구성 모항기 : 모구 형성 단계, 피지선, 입모근 형성 초기단계
⑤ 완성된 모낭 : 모낭하부, 협부, 모누두부가 형성됨으로써 모낭이 완성되는 단계

2. 모발의 성장주기(Hair cycle)

모발의 총 갯수는 인종과 민족에 따라 다소 차이가 있으며 평균 10~12만 개 정도이다.
모발의 성장주기는 크게 3단계로 모발이 생성되는 성장기와 성장을 멈추는 퇴화기, 그리고 새로운 모발의 생성을 위해 휴식하는 휴지기로 나눌 수 있다. 인간은 일생동안 약 20여 번의 모주기를 반복한다.

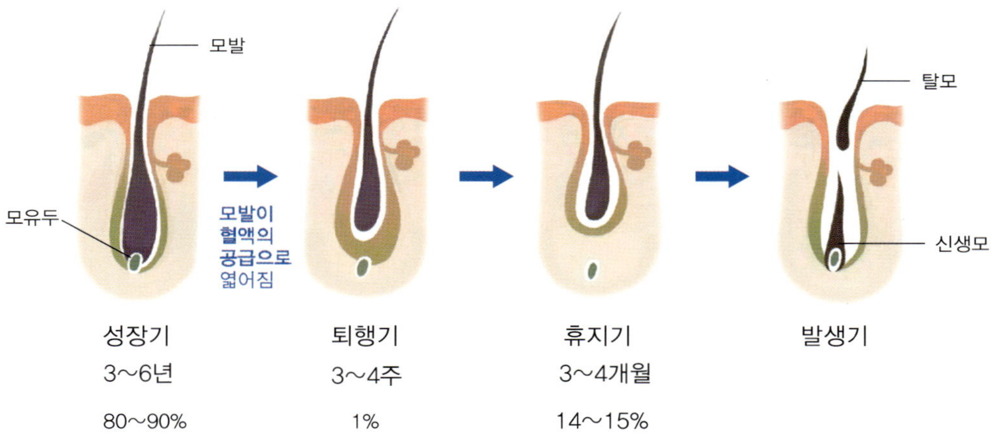

[그림 1-4] 모발의 성장주기

1) 모주기

모발은 각기 다른 성장주기를 갖고 있는데, 이를 '모주기'라 하며 두 종류로 나뉜다.

[표 1-1] 모주기의 종류

모자이크 타입(Mosaic type)	신크로나이즈 타입(Synchronistic type)
모낭들은 각각 다른 독립적인 모주기를 가지고 있어 빠지는 모발과 새로 나는 모발이 존재함으로써 전체적인 모발의 수에는 큰 변화가 없으며 사람의 모발주기이다.	모발주기가 일치해서 털이 동시에 빠지는 형태로 주로 동물의 털갈이에서 나타나는 모발주기이다. 앙고라 토끼, 메리노 양과 푸들 개와 같은 동물은 모주기가 동일하여 탈모의 시기가 왔을 때 한번에 털이 빠지고 새로 자라난다.

(1) 성장기(Anagen Stage)

성장기는 모세혈관으로부터 영양과 산소를 공급받아 세포 증식이 활발하게 이루어지는 시기로, 세포분열 증식을 통해 계속 성장하는 단계이다. 성장기의 모발은 전체 모발 중에서 85~90%를 차지하며 평균 남성은 3~5년, 여성은 4~6년의 성장주기를 갖는다. 한 달 평균 1~1.5cm 정도가 자라며 이는 연령, 호르몬, 비타민, 영양, 질병 등의 영향력을 받는다.

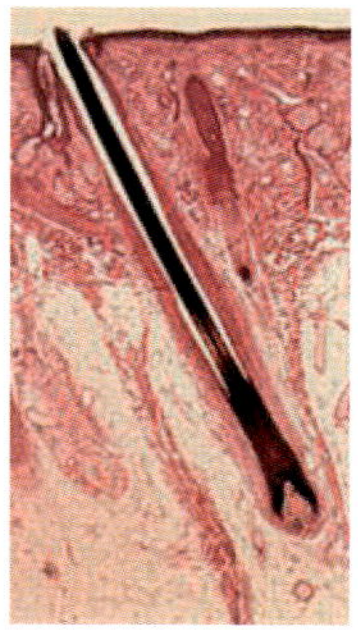

[그림 1-5] 성장기의 모발 예시

토막상식

모발이 자라는 속도는 성별이나 계절, 건강상태, 나이, 호르몬에 따라 다르다. 여성의 모발이 자라는 속도는 남성보다 빠르고, 여름이 겨울보다 빨리 자란다. 연령별로도 차이가 있어 청년기에 모발이 자라는 속도가 가장 빠르다.

모발의 성장속도

발생 부위		모주기	성장속도(mm)
모발	남성	3~5년	0.37~0.44
	여성	4~6년	
수염		2~3년	0.27~0.38
눈썹		4~5년	0.18
속눈썹		3~4년	0.18
액모		1~2년	0.23
음모		1~2년	0.2

여기서 잠깐!

건강한 모발을 생성하기 위해서는?

① 모유두의 활동이 정상적이어야 한다.
② 영양을 공급하는 수송로 역할을 하는 모세혈관이 원활하게 활동해야 한다.
③ 모발의 원료가 되는 단백질, 비타민, 미네랄 등이 풍부한 음식을 섭취함으로써 모발이 자라는 데 필요한 충분한 영양을 공급해 주어야 한다.

(2) 퇴화기/퇴행기(Catagen Stage)

성장기가 끝난 이 단계의 모발은 전체 모발의 1%를 차지하며 산후탈모증의 경우를 제외하고는 3~4주 정도의 퇴행 이행 기간을 갖는다. 세포소멸에 의해 모구부의 수축현상이 일어나며 세포분열이 점차적으로 둔화되다가 성장이 멈춘다.

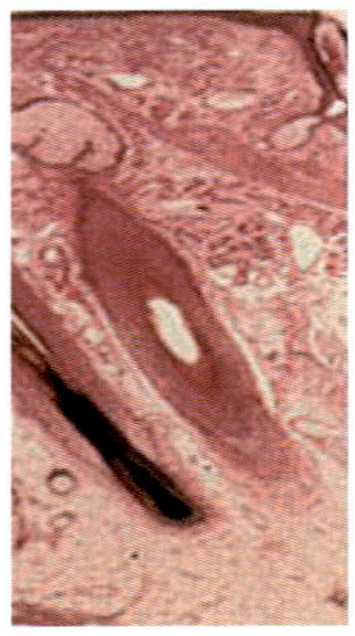

[그림 1-6] 퇴화기의 모발 예시

(3) 휴지기(Talogen Stage)

모유두의 활동이 정지됨으로써 세포 분열과 성장이 멈추고 모발이 빠지는 시기이다.
휴지기에는 빗질만으로도 모발이 쉽게 탈락(Epilated)되며, 기간은 약 3~5개월 정도로 전체 모발의 15% 정도 차지한다. 산후탈모증은 임신기간 동안 호르몬 변화에 의해 휴지기 전환이 중지되었다가 출산 후 발생하는 휴지기 탈모이다.

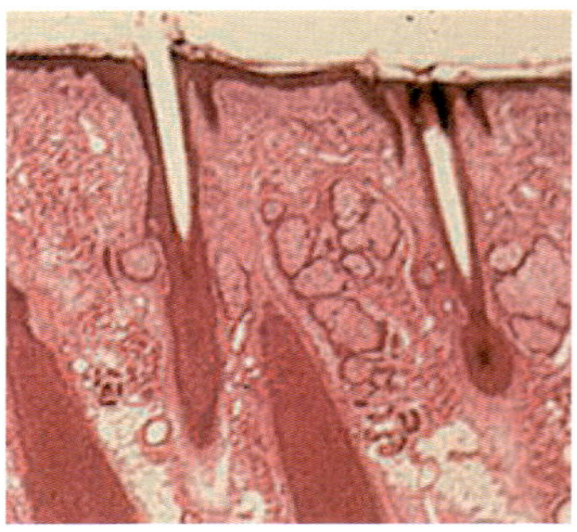

[그림 1-7] 휴지기의 모발 예시

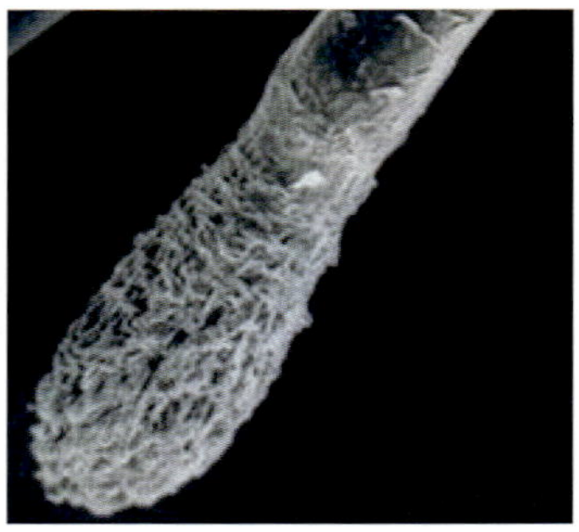

[그림 1-8] 자연 탈락 되기 전 모발 상태

(4) 발생기(Return to Anagen)

모낭에서 세포 분열이 정지된 상태로 모발을 모근으로부터 탈락시키는 단계이며, 동시에 모낭의 모유두가 다시 활동을 시작하는 시기이다.
모발이 생성되어 일정 시기가 되면 성장을 멈추고, 빠지고 다시 새로운 모발이 생성된다.

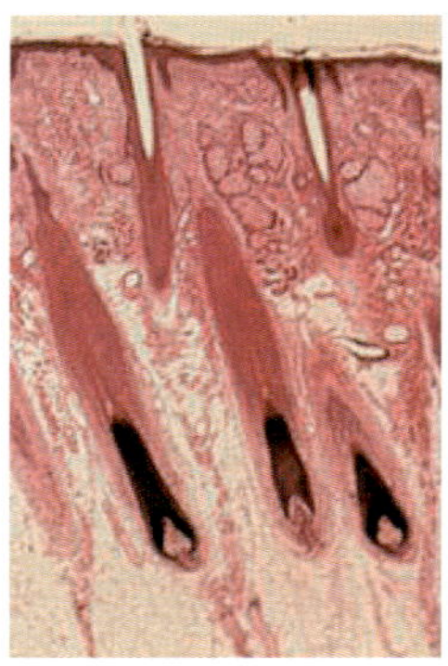

[그림 1-9] 발생기와 자연탈락기 모발 예시

3. 모발의 구조-모근부(Hair root)

모발의 구조는 표피층을 기점으로 모근(毛根)부와 모간(毛幹)부로 나뉜다.
이러한 모발은 피부의 일부분으로 피부와 같은 구조, 생리 기능을 가지고 있다.

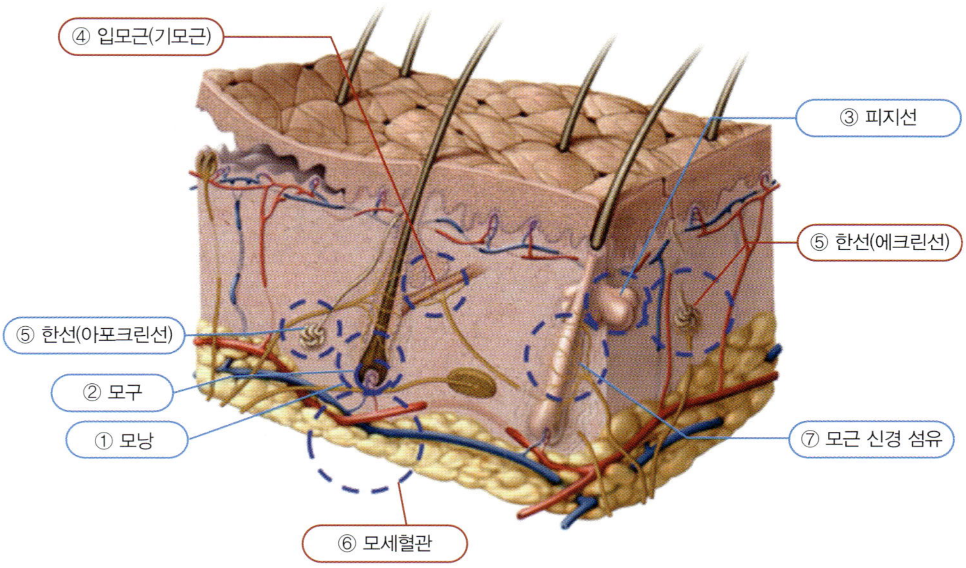

[그림 1-10] 모근부의 구조

1) 모낭(Hair folicles)

모발은 모낭에서 시작되어 성장한다. 모낭은 모발을 만드는 기관으로 표피가 피하조직으로 함몰하면서 만들어지며 모근을 감싸고 있다. 태생 9주~12주 사이에 생성되며 결합성 조직과 유리막으로 구성되어 있다.
모낭의 수는 태어날 때 이미 정해져 있어 몸 전체에 약 200만 개, 두발에는 약 10~15만 개가 있다.
모낭은 모발의 발생과 아주 밀접한 관련이 있어 모낭에 이상이 생기면 모발 자체가 생성되지 않는다.
모낭은 제1영역(모구하부; 입모근 아래까지), 제2영역(협부; 피지선 아래까지. 축중합작용), 제3영역(모누두상부)으로 나뉘어져 있다.
제1영역에는 모발생성의 근원이 되는 모유두와 모모세포가 있다.
이때 생성된 모세포는 제2영역 협부를 거치면서 축중합작용에 의해 수분이 빠지고 정해진 자기의 길을 간다.

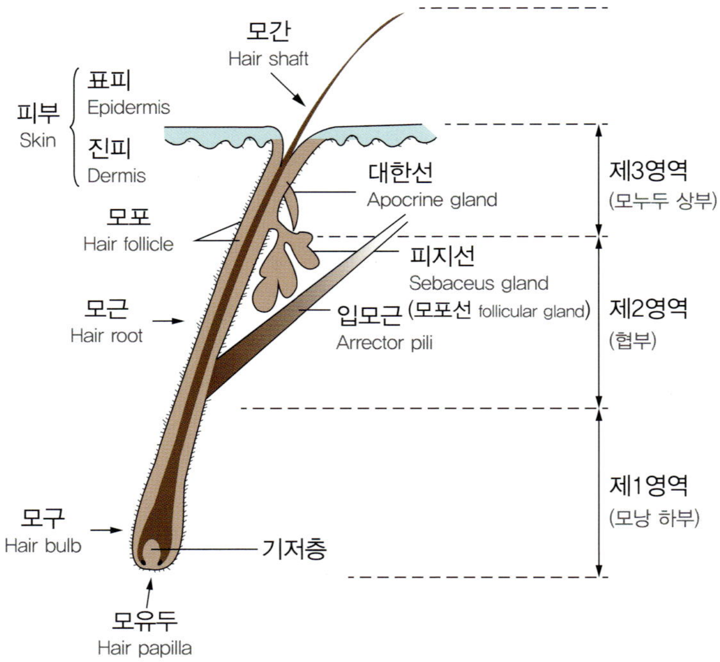

[그림 1-11] 모낭의 영역

(1) 모근초(IRS, ORS)

모낭은 각질층과 연결되어 있는 내모근초, 과립층과 연결되어 있는 헉슬리층, 유극층과 연결되어 있는 헨레층, 기저층과 연결되어 있는 외모근초로 되어 있다.

모근초는 모발을 단단하게 붙잡아주는 역할을 한다.

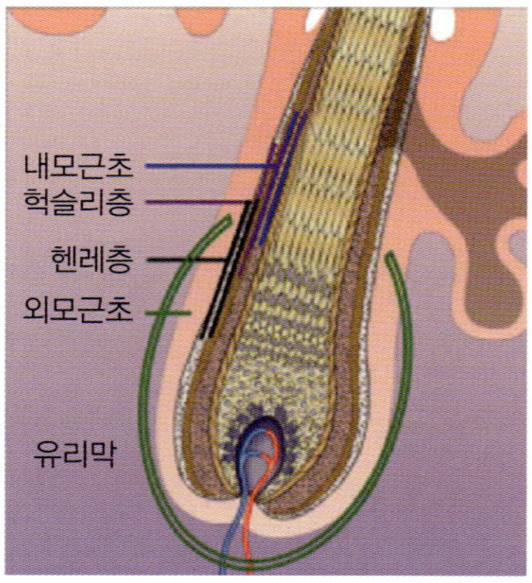

[그림 1-12] 모낭부의 상세구조

2) 모구(Hair bulb)

모근의 아랫부분에 원형으로 부풀어져 있는 부분으로, 표피의 기저층에 해당되며 모발 성장에 관여한다. 모세혈관으로부터 영양분과 산소가 모유두를 둘러싸고 있는 모모세포로 운반되어 영양분을 받아 분열된 모모세포가 각화되면서 모발이 자라게 된다. 모구 주변에는 모세혈관, 모유두, 모모세포, 멜라닌세포 등이 위치해 있다. 모세혈관으로부터 산소와 영양을 공급받은 모유두 내 모모세포의 세포 분열에 의해 모발이 형성된다.

(1) 모유두(Hair papilla)

모유두는 진피세포층에서 분화되어 모낭 가장 아랫부분에 형성되고, 모유두 안에 모발 성장에 영향을 주는 모세혈관과 자율신경이 많이 분포하고 있으며 각종 영양소와 단백질 합성효소, 호르몬, 산소가 공급된다. 모유두의 형태는 모주기 과정에서의 변화와 함께 모발의 굵기를 좌우한다. 따라서 모유두의 활동이 왕성하면 모발이 건강하다.

(2) 모모세포(Hair matrix)

모모세포는 성장하고 분열을 시작한다. 또한 분열과 각화가 계속되면서 위로 올라가 모표피, 모피질, 모수질로 나누어 성장하면서 모발을 형성한다.

모모세포는 모발의 기원이 되는 세포로 모유두 부근에 모모세포와 색소세포가 10:1의 비율로 존재하면서 모세혈관을 통해 영양을 받은 모유두로부터 영양을 공급받아 세포분열과 증식을 되풀이한다. 모모세포는 성장과 분열을 계속하면서 모표피, 모피질, 모수질로 나누어 성장하며 제2영역(협부)을 거치는 동안 축중합작용에 의해 수분이 탈수되고 위로 밀려 올라가면서 단단한 모발로 각화된다.

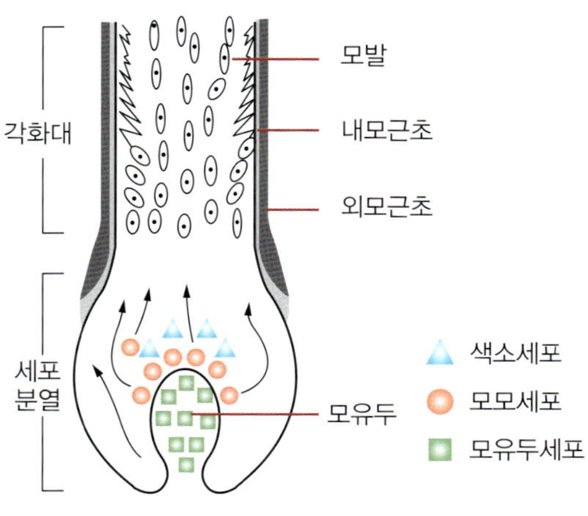

[그림 1-13] 모구의 상세구조

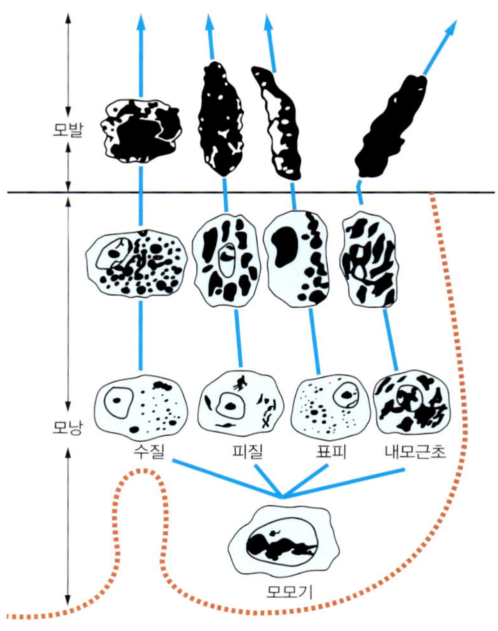

[그림 1-14] 모모세포의 분화

3) 피지선(Sebaceous gland)

피지선은 외배엽에서 기원하여 모낭의 상피벽에서 발생하여 모발 상부에 매달려 있어 내모근초가 끝나는 부위에서 모간 쪽으로 열린다. 피지의 일부는 모낭 내에 있는 모발을 통해 올라와 모발을 윤기 나게 하고, 일부는 모낭벽을 따라서 두피 표면에 퍼지며, 살균, 소독, 보습, 중화, 비타민 D생성의 중요 역할을 한다. 호르몬, 식습관, 계절, 연령, 환경, 온도 등의 영향을 받으며 1일 평균 1~2g이 정상 피지 분비량이다.

여기서 잠깐!

피지의 역할

① 수분증발 억제 : 각질층과 모발의 표면에 피지막을 만들어 수분이 증발하는 것을 막아주고 피부와 모발에 습기를 유지해서 촉촉하고 윤기 있게 해준다.
② 보온역할 : 체온을 지켜주는 보온의 역할
③ 살균작용 : 산성막을 형성해서 내피부나 두피에 상재하는 균(곰팡이, 박테리아)등을 살균해서 내몸을 지키는 역할을 하고 또 피지 중에 함유되어 있는 지방산에 어느 정도의 화농균과 백선균 등을 살균하는 작용이 있다.
④ 유화작용 : 피부 표면에 피지가 분비되면 땀과 혼합하여 천연크림과 같은 피지막을 형성하는 유화작용을 하게 되는데 세안 후의 피지분비 정도는 1시간 후 20%, 2시간 후 40%, 3시간 후 50% 정도를 분비하게 된다.

4) 기모근/입모근(Arrector pili muscle)

모근 하부 1/3지점에 위치한 입모근은 불수의근으로 기모근 또는 털 세움근이라고도 한다. 교감신경의 지배를 받아 피부에 소름을 돋게 하는 근육을 말하며 추위, 공포 등에 반응하며 자극을 받는다. 보통은 털 1개에 1~2개의 입모근이 존재하며 코털, 눈썹, 또는 얼굴의 솜털의 일부 등은 입모근이 존재하지 않는다.

토막상식

수의근 vs 불수의근?

- 중추신경계의 영향을 받아 의식에 의한 조절로 움직임이 가능한 근육 : 수의근
- 자율신경계의 영향을 받아 의식과 무관하게 조절하지 않아도 움직이는 근육 : 불수의근

5) 한선(Sweat gland)

한선은 땀을 분비하는 선으로 건강한 성인의 경우 하루 500~600cc의 땀을 분비한다. 이 중 대부분은 체온조절을 위해 증발되고 나머지는 피지막을 만드는 역할을 한다. 땀샘은 그 크기와 기능에 따라 에크린선(작은 땀샘, 소한선, Eccrine sweat gland)과 아포크린선(큰 땀샘, 대한선, Apocrine sweat gland)으로 나눌 수 있다.

(1) 소한선(에크린선, Ecrine gland)

앞이마, 손바닥, 발바닥 등 몸 전체에 퍼져 있으며, 에크린선의 땀은 무색, 무취로서 99%가 수분이며 혈액과 더불어 신체 체온조절기관이다. 모공과 분리된 독립적인 한선으로 pH 3.8~5.6의 약산성 무색, 무취의 맑은 액체를 분비한다.

99% 수분과 Na, Cl, I, Ca, P, Fe 등으로 구성되어 있고 운동이나 온도에 민감하다.

(2) 대한선(아포크린선, Apocrine gland)

모낭에 부착된 코일 형태의 구조이며 에크린선에 비해 몇 배 크고 깊숙이 존재하여 대한선이라 한다. 겨드랑이, 생식기 주위, 유두 주위에 분포되어 있으며 감정이 변화할 때 작용이 활발하다. pH 5.5~6.5의 단백질 함유량이 많은 땀을 생성하며 액취증을 유발한다.

6) 모세혈관

모세혈관(毛細血管, Capillary)은 지름이 약 8~30㎛이며 소동맥과 소정맥을 연결하는 그물 모양의 매우 가는 혈관이다. 혈액을 통해 산소와 영양분이 공급되고 노폐물을 수거한다. 즉 모발의 주성분이 되는 아미노산을 운반하는 수송로의 역할을 한다.

7) 모근신경섬유

말초 신경계의 한 부분으로 모발과 관련해서는 모발의 주성분인 아미노산이 모유두에 도달하면 단백질 합성 효소에 명령을 전달하는 역할을 한다.

☑ 모근부 구조의 명칭을 채워 넣어보세요.

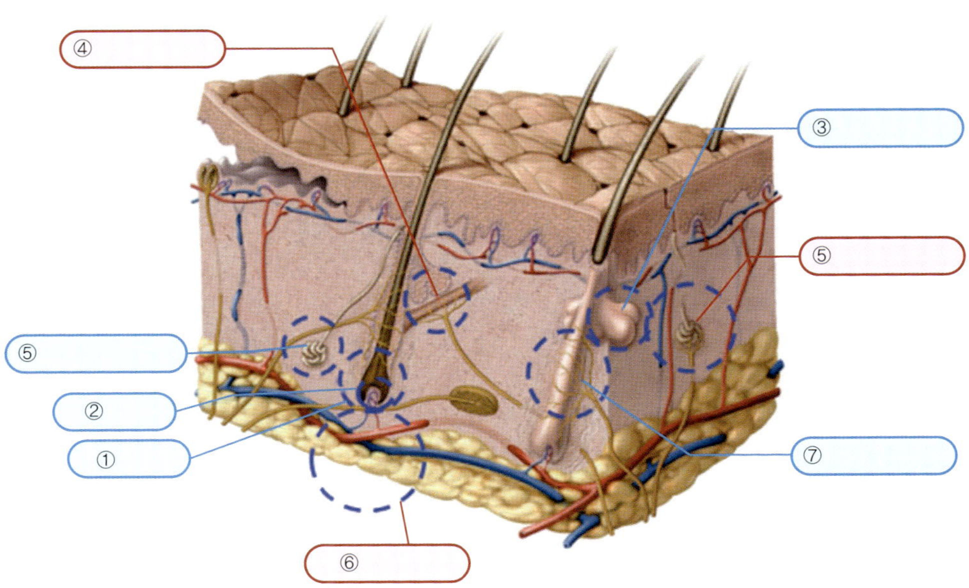

4. 모발의 구성

모발의 주성분은 80~90% 경단백질로 구성되어 있다. 18종의 아미노산으로 구성되어 있으며 특히 시스틴을 많이 포함하고 있다. 시스틴 아미노산은 모발 중에 함유하고 있는 아미노산 가운데 가장 높은 비율(16%)을 차지한다. 그 외에 수분(10~15%), 지질(1~9%), 멜라닌 색소(3%), 미량 원소(0.6~1%) 등으로 구성된다. 또한 모발은 탄소 50.65%, 산소 20.85%, 질소 17.14%, 수소 6.36%, 유황 5.0%의 원소로 이루어져 있다.

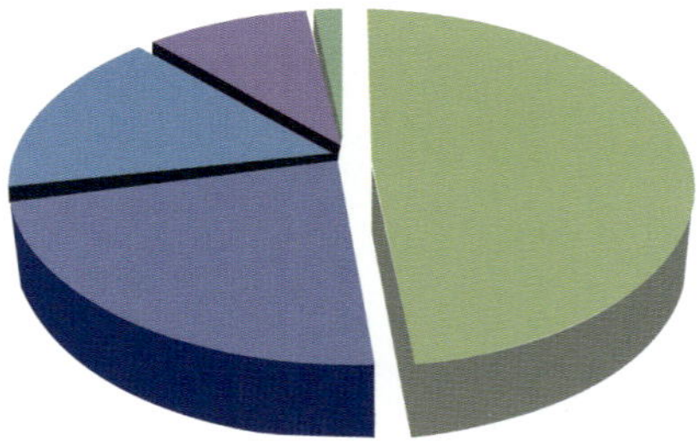

[그림 1-15] 모발 구성 성분

	아미노산	함유량	아미노산	함유량	
●	시스틴	16.6~18.0	발린(필)	4.7~5.5	
●	글루타민산	13.6~14.2	알라닌	2.8~4.4	
	이소류신(필)	11.1~13.1	페닐알라닌(필)	2.4~3.7	
●	아르기닌(필)	8.9~10.8	티로신	2.2~3.1	●
●	세린	7.4~10.6	류신	1.9~3.3	
●	트레오닌(필)	7.0~8.5	히스티딘(필)	0.6~1.2	●
●	아스파라긴	3.9~7.7	메티오닌(필)	0.7~1.0	
	프롤린	4.3~6.7	트립토판(필)	0.4~1.0	
●	글리신	4.1~6.5	리신(필)	0.2~0.8	●

붉은색 – 산성 아미노산, 파랑색 – 염기성 아미노산, 검정색 – 중성 아미노산,
보라색 – 황을 함유한 아미노산, (필) – 체내 생성되지 않는 필수 아미노산
● 친수성 아미노산 〈–〉 나머지 소수성 아미노산

[그림 1-16] 모발의 필수 아미노산 18종

5. 모발의 구조

성장한 모발은 표피 내부에 있는 모근(毛根)과 표피 바깥으로 나와 있는 모간(毛幹)으로 나눌 수 있다. 이러한 모발은 피부의 일부분으로 모근은 모발의 생리(生理), 모간은 형태(形態)적인 부분을 담당한다. 모발은 모표피, 모피질, 모수질의 3층 구조로 나뉘며 상세구조는 다음과 같다.

1) 모표피(모소피, Hair Cuticle)

모표피는 모발의 가장 외부에 위치하고 있다. 모표피는 케라틴이라는 경단백질로 구성되어 있으며, 화학적 저항성이 강하고, 친유성으로 외부적인 자극으로부터 모발 내부를 보호하며 모발 표면에 광택을 내는 역할을 한다. 이러한 모표피는 팽창 능력이 커서 화학 물질을 쉽게 흡수하고 알칼리와 접촉하면 팽창되어 잘 열리며 산과 접촉하면 단단해지면서 폐쇄된다.

모표피의 형상은 비늘 모양 또는 기와지붕 모양처럼 겹쳐져 있는 모습을 하고 있지만 멜라닌 색소가 없어 반투명하게 보인다. 모발의 두께를 나타내는 모표피의 겹침수는 일반적으로 4~10장이며 많이 겹쳐진 모발의 경우는 20장인 것도 있다.

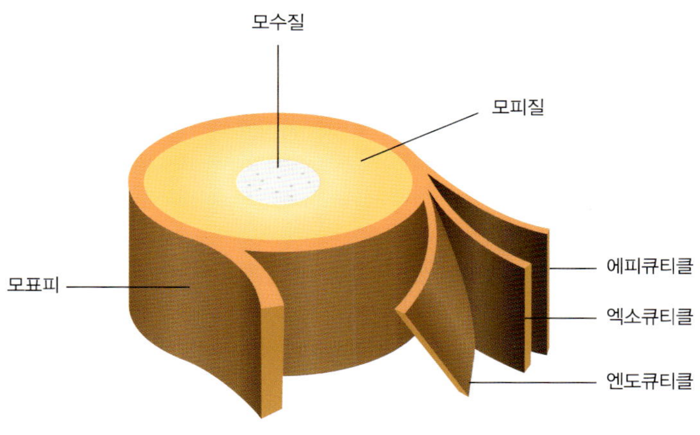

[그림 1-17] 모표피 구조

[표 1-2] 모표피 상세 구조

모표피 상세 구조	최외표피/ 에피큐티클 (Epicuticle)	모발 가장 바깥에 있는 층이며 두께 10㎛ 정도의 얇은 막으로 지질·다당류·당류·섬유 단백질 층으로 견고하게 결합되어 있다. 30% 이상의 높은 시스틴을 포함하고 있으며, 수증기는 통하지만 물은 통과할 수 없어 산소와 화학약품에 대한 저항이 가장 강한 층인 반면, 기계적인 작용을 받으면 쉽게 손상된다.
	외표피 / 엑소큐티클 (Exocuticle)	큐티클 구조의 2/3를 구성하는 중간층으로 시스틴이 약 15% 정도 함유되어 있어 물리적·화학적 저항력이 에피큐티클보다 낮기 때문에 퍼머넌트 웨이브제와 같은 시스틴 결합을 절단시키는 약품에 영향을 받기 쉬운 층이다.
	내표피 / 엔도큐티클 (Endocuticle)	모발 가장 안쪽에 위치하고 큐티클 층의 가장 약한 부분으로 3% 이하의 시스틴 함유량으로 큐티클 침식성 약품에 대해서는 강하지만, 단백질 침식성의 약품에 대해서는 약한 층이다. 모표피 세포의 사멸된 핵이 있는 부분으로 엔도큐티클의 안쪽면은 세포막 복합체(CMC: Cell Membrane Complex)가 존재하며 인접한 모피질을 밀착시키고 있다.

여기서 잠깐!

세포막 복합체(CMC: Cell Membrane Complex)란?

모표피와 모표피, 모표피와 모피질 사이에서의 세포간 접착시켜주는 세포간충물질로 400~600 Å의 두께를 가지고 있으며 시스틴 함량은 약 2%로 매우 적다. 세포막복합체는 모발섬유 전체의 15%를 차지하며 모발의 수분과 화학 약제 등이 지나갈 수 있는 물질을 수송하는 통로의 역할을 한다. 따라서 CMC가 손상되면 모발의 수분 및 단백질의 유실이 쉬워지며 모발이 부스스한 상태가 된다.

2) 모피질(Hair Cortex)

모피질은 모발의 대부분인 85~90%를 차지하며 피질세포(결정영역)와 세포간 결합물질(Matrix, 비결정영역, 기질)로 구성되어 있다. 모피질은 세포와 세포 사이에는 섬유상 케라틴(간충물질)이 서로 강하게 연결되어 있으며, 이 간충물질의 정도에 따라 모발의 성질과 영양 상태 및 탄성과 부드러움이 결정된다. 모발의 성질은 가장 중요한 모발의 강도(세기), 탄성, 유연성, 성장의 방향, 굵기, 질, 색소 등을 나타낸다.

모피질은 수백만 개의 딱딱한 케라틴(Keratin) 섬유로 구성된 아미노산의 다중 결합인 폴리 펩타이드(Poly peptide)구조를 하고 있다. 모피질은 모발이 화학적, 물리적으로 약제의 작용을 쉽게 받으므로 퍼머넌트와 염색 및 탈색 그 밖의 미용 시술과 가장 관련이 깊다.

(1) 결정 영역(폴리펩타이드 결합)

결정 영역은 매크로피브릴(Macro fibril)이라고 불리는 방추형을 한 섬유상 다발로 이루어진 구조로서 모발의 탄력, 강도, 감촉, 질감, 색상을 좌우하며 모발의 성질을 나타내는 중요한 부분이 된다.

[모피질의 미세구조]
모피질의 미세조직은 매크로피브릴(Macro fibril)로 구성되어 있으며 매크로피브릴은 결정 영역인 마이크로피브릴과 비 결정 영역인 기질(Matrix) 조직으로 구성되어 있다. 마이크로피브릴은 긴 폴리 펩타이드가 규칙적으로 배열된 섬유로 결합되어 있으며 강한 수소 결합 때문에 화학 반응을 일으키기가 어려운 영역이다.

피질세포 → 매크로피브릴 → 마이크로피브릴 → 프로토피브릴
→ 폴리 펩타이드 → 펩타이드 → 아미노산

① 매크로피브릴(Macro fibril)

매크로피브릴은 길이가 약 0.1~0.4 ㎛이며 마이크로피브릴(intermediate filaments)과 마이크로피브릴을 둘러싸고 있는 기질조직으로 구성되어 있다.

② 마이크로피브릴(Micro fibrils, intermediate filaments)

마이크로피브릴은 매크로피브릴 안에 구형으로 존재한다. 마이크로피브릴은 11개(2+9)구조의 프로토피브릴이 꼬여 배열되어 있다. 마이크로피브릴의 직경은 약 4000Å이며, 시스틴 함량은 약 6~7%로 적게 존재한다.

③ 프로토피브릴(Proto fibril)

프로토피브릴은 폴리 펩타이드 사슬 3개가 나선형(알파-헬릭스)으로 꼬여서 새끼줄 모양으로 구성되어 있다.

④ 폴리 펩타이드(Poly peptide)

폴리 펩타이드는 수많은 아미노산의 연결체로써 20가지의 서로 다른 아미노산들이 펩타이드 결합이라고 하는 화학 결합으로 길게 연결된 주쇄결합을 말한다.
폴리 펩타이드는 나선형의 α-헬릭스(alpha-helix)와 길게 펼쳐진 β-가닥(β-strand) 그리고 부정형의 루프(Loop)로 나눌 수 있다.

- 알파-헬릭스(α-Helix) : 나선형의 폴리 펩타이드를 α-helix라고 하며 폴리 펩타이드 사슬의 2차 구조의 한 형태로, 수소 결합에 의해 안정성을 유지한다. 나선의 한쪽면 가지사슬은 소수성이고, 반대쪽 가지사슬은 친수성이기 때문에 전체적으로 보면 양친매적(amphipathic)이

다.

- β-가닥(β-strand) : 병풍이나 주름치마처럼 주름 잡힌 판모양으로 형성된 폴리 펩타이드를 β-strand라 한다. 펩타이드 결합 사이의 수소결합에 의해 유지되는 매우 경직된 구조로 짧지만 여러 개가 모여 베타시트(β-sheet)를 이루게 된다.

⑤ 아미노산

아미노산은 단백질을 구성하는 원료물질로 염기성 아미노기 $-NH_2$ 와 산성의 카복실기 -COOH를 가진 유기 화합물을 총칭하는 것이다.

모발을 구성하는 단백질은 18가지 아미노산이 결합하고 있는 형태이며 왼쪽에 아미노기($-NH_2$), 오른쪽에 카복실기(-COOH)를 가지고 있다.

아미노기는 (+) 이온을, 카복실기는 (-) 이온을 가진 양쪽성 물질로 R기(곁가지)에 따라 아미노산의 종류가 달라진다. 중성 아미노산은 하나의 분자에 알칼리성인 아미노기와, 산성인 카복실기를 하나씩 가지고 있어 균형을 이루고 있다.

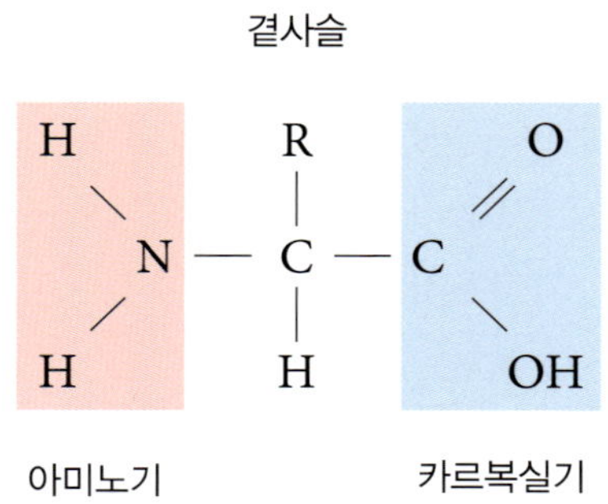

[그림 1-18] 아미노산

여기서 잠깐!

펩타이드와 단백질의 차이?

- 펩타이드 : 아미노산의 중합체로서 아미노산이 연결된 사슬의 길이가 20~30개 정도로 짧은 것
- 올리고 펩타이드 : 펩타이드로 결합된 아미노산의 수가 2~10개인 것
- 폴리 펩타이드 : 펩타이드로 결합된 아미노산의 수가 10~50개인 것
- 단백질 : 폴리 펩타이드 사슬이 4차 구조를 이루며 고유한 기능을 갖게 된 것으로 펩타이드로 결합된 아미노산의 수가 50개 이상 분자량이 큰 것

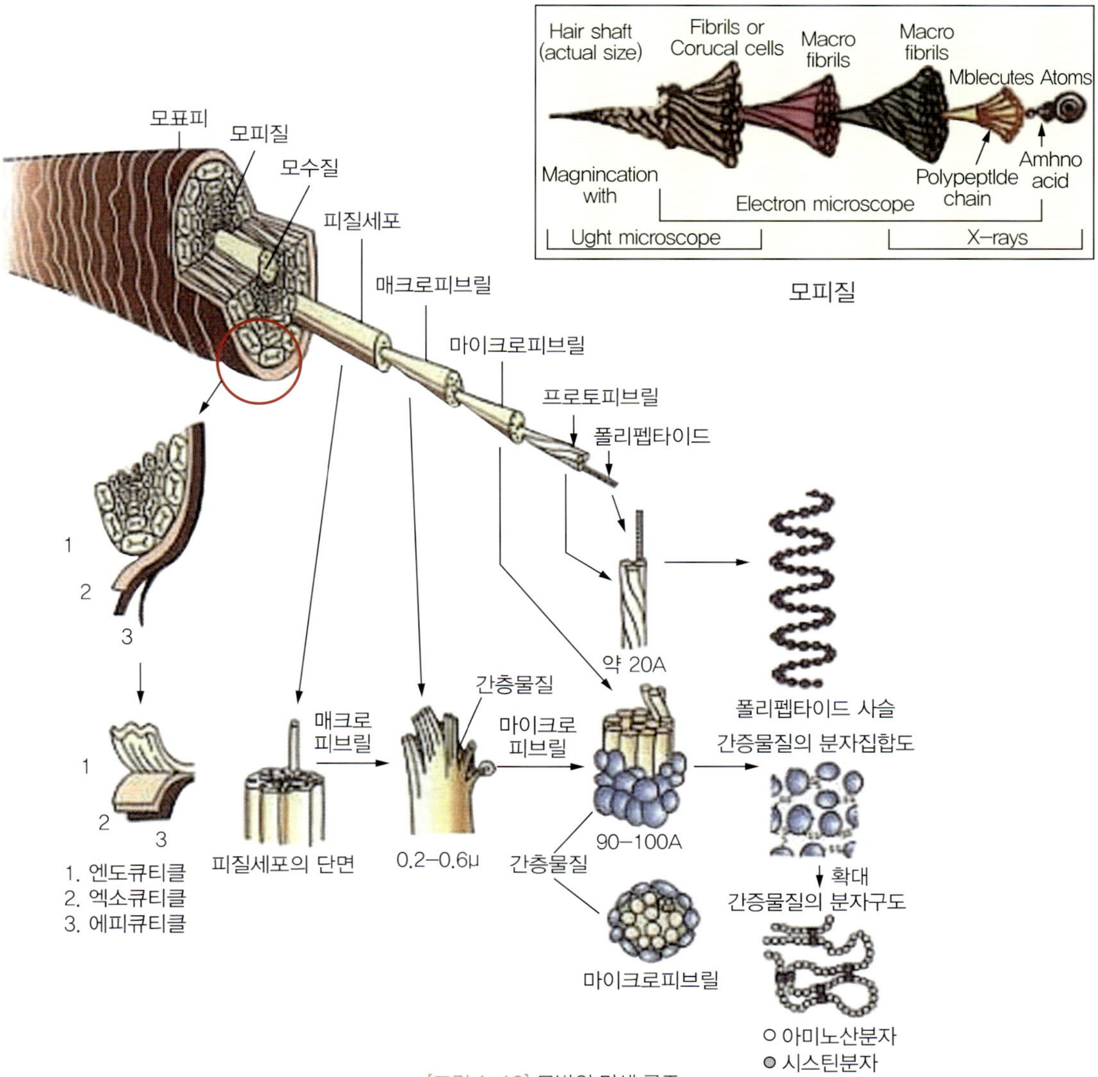

[그림 1-19] 모발의 미세 구조

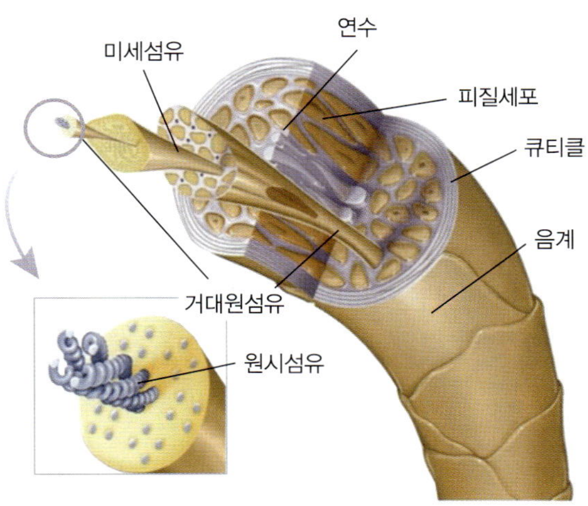

[그림 1-20] 폴리 펩타이드 결합

(2) 비 결정 영역(세포 간 결합물질/기질(Matrix))

비 결정 영역은 간충물질, 세포 간 결합 물질이라고도 부르며 펩타이드 섬유 사이사이를 채우는 물질로서 섬유 다발을 고정시켜 주고 연결하는 다리 역할을 한다.

전체 비 결정 영역의 일부분(1/8)은 케라틴 단백질로 되어 있으나 아미노산의 배열이 규칙적이지 않아 일정한 형태가 없다. 시스테인 함량이 가장 많은 부위로 퍼머넌트 웨이브를 유지하고 수분 유지 및 부드럽고 견고한 탄력 있는 모발을 형성하며 염모제의 염료를 고착시키는 기능과 퇴색을 막아준다.

간충물질은 모발의 손상에 가장 큰 원인이 되는 것으로 수소결합이 약하고 유연하기 때문에 화학적 작용을 받기 쉽다.

3) 모수질(Medulla)

모발의 중심 부분에 속이 비어 있는 부위로, 공기를 함유하여 보온의 역할을 한다. 가는 모발에서는 발견되지 않고 굵은 모발에서만 발견되는데, 모발에 따라서 수질층이 일정하게 연결되어 있기도 하고 불규칙적이거나 또는 전혀 없는 것도 있다. 수질층을 많이 보유한 모발은 퍼머넌트 웨이브가 강하게 잘 형성되나 그렇지 않은 모발은 웨이브 형성이 약하게 느껴진다.

[그림 1-21] 모수질

6. 모발의 결합

모발은 세로 결합인 주쇄 결합과 가로 결합인 측쇄 결합으로 단단한 구조를 이루면서 모발의 물리·화학적인 성질을 결정짓게 된다.

모발의 미세구조 피질세포의 매크로피브릴부터 펩타이드까지는 연결된 수많은 섬유다발들이 한방향으로 방향성을 가지고 규칙적으로 배열되어 있는데 이렇게 세로의 한방향으로 방향성을 가지고 규칙적으로 배열된 결합을 주쇄 결합이라 하고, 주쇄 결합에 가로로 결합됨으로써 주쇄 결합을 보조하는 보조 결합으로 더욱 단단한 구조를 만드는 결합을 측쇄 결합이라 한다. 대표적으로 3가지 결합을 들 수 있다.

① 주쇄 결합(폴리펩타이드 결합)

폴리펩타이드 결합으로 약 18종류의 아미노산으로 구성된 펩타이드 결합이 긴 쇄상이 된 폴리펩티드에 의해 반복되어 구성되어 있다. 이러한 구조는 아미노산 A의 -COOH와 또 다른 아미노산 B의 NH_2가 결합해 H_2O로 되어 탈수된 후 -CO-NH-의 결합 구조를 나타낸다. 케라틴 단백질의 주사슬을 이루기 위해서 수백에서 수천 개의 아미노산이 모여서 폴리펩타이드 결합을 이루고 있으며 측쇄결합에 비하여 결합력이 더 강하다.

② 측쇄 결합(수소 결합 / 시스틴 결합 / 이온 결합)

횡으로 연결된 것이 케라틴 분자를 고정시켜 강도와 탄성 등 여러 가지 특징을 결정한다. 측쇄 결합은 주로 수소 결합(Hydrogen bond), 이온 결합(Ionic bond), 시스틴 결합(Cystine bond) 그 외에 이소펩타이드 결합(Isopeptide bond), 소수 결합 등이 있다.

㉠ 시스틴 결합 / S-S 결합 / 이황화 결합(Disulfide bond)

황이 들어 있어 황 결합이라 하고 시스틴 결합, 이황화 결합(Disulfide bond)이라고도 한다. 모발 케라틴 내에 시스테인이라는 아미노산이 또 다른 시스테인을 만나 결합하는 과정에서 산소가 작용하여 모발 내 탈(수)축합 반응이 발생하게 되는데 이 과정에서 생성되는 결합이 시스틴 결합이다. 환원제로 모발의 시스틴 결합을 절단하고, 로드(Rod)로 웨이브를 형성한 후 산화제(2제)를 도포함으로써 시스틴 결합을 다시 재결합시켜주는 역할을 하며 웨이브가 형성된다. 측쇄결합 중 가장 강한 결합이나 화학적으로는 절단이 잘 되는 특징이 있다. 따라서 미용시술 중 퍼머넌트에 적용되는 결합이고 결합 발생 과정에서 모발 손상을 초래할 수 있다.

㉡ 이온 결합 / 염 결합(Ion bond)

인접한 주 사슬 사이의 하전된 아미노기(NH_3^+)와 카복실기(COO^-)가 정전기적인 힘에 의해 (이온적으로) 결합하는 것을 이온 결합이라고 한다. 모발 내 등전점 pH 범위 내에서 이온 결합이 가장 많이 형성된다. pH라는 것은 Power of Hydrogen Ions(수소이온농도)로서 어떤 용액의 산성, 알칼리성의 정도를 나타내는 수치이다. 수분이 없는 물질에는 pH가 존재하지 않으며 반드시 수분이 있는 물질에서만 측정하여 나타낼 수 있다.

따라서 모발의 경우는 모발표면 또는 피질 내에 있는 수분의 pH를 실측하여 이것을 모발의 pH라 칭하고 있다. pH 4.5~5.5(등전점)일 때 결합력이 최대가 되고 가장 안정된 상태가 된다. 모든 미용 시술에 영향을 받으며 특히 모발 클리닉, 퍼머넌트 중화과정, 화학시술 후 알칼리 제거과정 등에서 주로 이루어진다. 손상이 많은 모발은 모발 내 이온이 불안정하므로 염(이온) 결합이 발생하지 않을 수도 있다.

ⓒ 수소 결합(Hydrogen bond)

수소 결합은 산소와 수소 사이의 잡아당기는 힘에 의해 결합하는 것으로 모발에 수분을 주면 절단되고 모발에 수분을 제거시켜주면 다시 재결합한다. 따라서 모발에 일시적인 변형이 가능하도록 하는데 이러한 원리를 이용한 미용기술이 바로 블로 드라이(Blow dry)를 포함한 여러 가지 일시적 세팅(Setting)이다. 젖은 모발을 드라이 열로 건조시키거나 드라이를 활용한 스타일링을 하면 모발 형태가 변화되어 유지되다가 물이 닿으면 다시 원래 상태로 돌아오게 되는데 이때 일어나는 일시적인 결합과 절단이 수소 결합의 원리라 할 수 있다. 아미노산 단백질의 결합부인 -CO-NH-(펩타이드 결합)이 수소(H)와 가까운 산소(O)에 대해 가지고 있는 친화력에 의한 결합이라 할 수 있으며 물 분자에 의해 쉽게 절단되는 특징을 가진다.

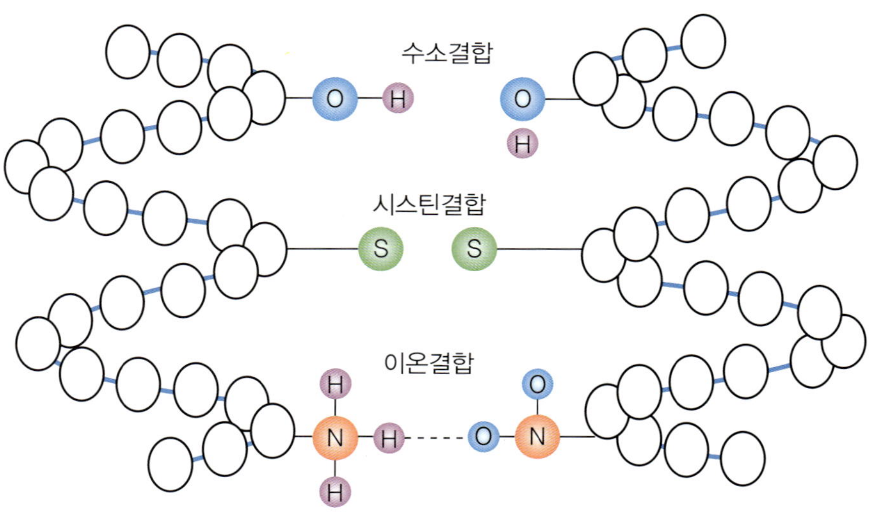

[그림 1-22] 비결정 영역 내의 모발 결합

7. 모발의 기능

모발은 피부가 전화(轉化)하여 생긴 것으로, 신체의 보호, 보온, 촉각 등의 기능으로서 태고적 원시인일 때부터 제 기능을 가진 몸의 털로서 전신에 많이 나 있었지만 인류 진화와 함께 불필요한 부분은 퇴화되었다. 이의 근거로서 솜털이 전신에 존재한다.

모발의 역할은 외부로부터 충격 완화, 직사 일광과 더위, 추위에 의한 두부(Head)를 보호해 왔으며 눈썹, 속눈썹, 코털, 귀털 등 털이 생성해있는 부위에 따라서는 땀, 먼지, 벌레의 침입을 막는 등 본래의 기능을 다하고 있다. 모발은 두부(頭部)를 보호할 뿐만 아니라 신체에서 필요로 하지 않는 수은, 비소, 아연 등의 중금속을 모발 내의 모모세포에서 흡수하여 체외로 배출하는 기능을 가지고 있으며 인체의 건강상태를 드러내기도 한다. 장식면에서도 남성, 여성의 특징을 나타내는 중요한 역할을 하며 같은 사람이라도 Hair style과 Hair color를 표현하는 것만으로도 다른 인상을 줄 수 있다. 고대 이집트 시대에서도 모발은 미(美)의 상징으로서 그 시대에 가장 아름다움을 내세울 수 있는 유행의 Hair style, Hair coloring이 존재하고 있었다. 이와 같이 모발은 두부의 보호뿐만 아니라 감각작용, 배설기능, 상징적 기능 및 장식적인 면으로써의 역할을 하고 있다.

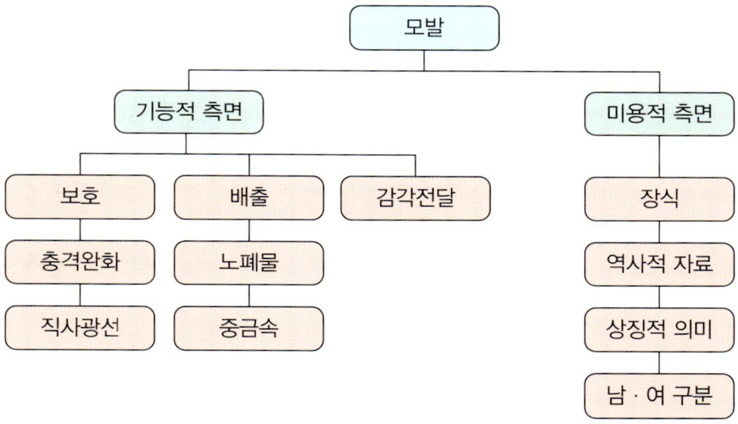

[그림 1-23] 모발의 기능에 의한 분류

8. 모발의 분류

모발은 모발 단면의 형태와 굵기에 따라 분류할 수 있다. 굵기에 따라 경모와 연모로 나뉘며, 모발은 태아에서의 취모, 출생 시의 연모는 출생 후 성장하면서 경모로 바뀌게 된다. 사람의 일생에서 사춘기가 되면 모든 모낭에서는 경모가 성장하여 가장 모량이 많은 시기가 되나 나이가 들어감에 따라 모주기를 되풀이하여 연모로 되돌아가는 현상이 나타난다. 이러한 현상은 탈모의 진행 정도를 체크하는 데 있어 중요한 자료로 활용되고 있다. 형태에 따른 분류는 직모, 파상모, 축모로 나뉜다.

1) 굵기에 의한 분류

(1) 취모

출생 전의 털로 태생기 즉, 임신으로 태아가 발생하여 약 20주가 지나면 처음으로 나타나는 가늘고 연한 색깔의 털이다. 출생 무렵에 빠지고 새로 자라나 배냇머리라고도 부르며 연모로 점차 변하게 된다. 이는 섬세하고 부드러운 털로서 모발의 색이 연한 것이 특징이다.

(2) 연모(솜털)

피부의 대부분을 덮고 있는 솜털을 말하며 0.08mm 이하로 가늘고 짧으며 색소가 거의 없이 잘 보이지 않고, 모표피가 40%, 모피질이 60%의 비율로 존재하고 모수질이 없다. 취모가 모낭에서 탈락되면서 연모가 자라고 이 연모는 사춘기를 전후로 인체 부위에 따라 풍부한 색소를 갖게 되면서 대부분 굵고 튼튼한 경모로 바뀌고, 탈모 진행형 모발에서도 볼 수 있다. 남성형 탈모증이 진행될 때 앞쪽 머리에서도 볼 수 있으며 겨드랑이, 성인 남성의 턱에 자라는 연모는 사춘기 시기를 지나 성모로 바뀐다.

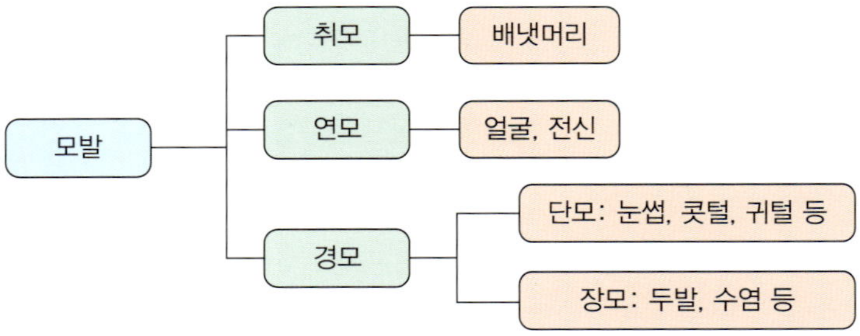

[그림 1-24] 모발 굵기에 의한 분류

(3) 경모(성모)

보통 굵고 긴 털을 의미하며 0.15~0.20mm 정도로 굵고 긴 모발이며, 모낭이 생산하는 마지막 털이라 하여 종모라고도 한다. 성인에게서 볼 수 있는 머리카락, 눈썹, 속눈썹, 각 부위의 수염, 겨드랑이 털, 생식기 주변에 나는 털은 모두 종모이다. 연모가 종모로 자라는 정도는 유전적인 요인과 내분비기관의 영향에 따라 다르며 이 영향의 정도에 따라 서양인 남자에게 많은 가슴의 종모가 동양인에게도 생기게 되는 것이다. 경모는 모표피가 10%이고 모피질이 90%를 차지하고 멜라닌 색소를 가지고 있다.

2) 형태에 따른 분류

모발의 단면 형상을 크게 분리해 보면 원형, 타원형, 다양한 형태의 편형의 3종류로 분류된다. 직모가 많은 동양인의 모발은 보통 직모가 많지만 원형과 타원형의 혼합이면 약간 곱슬이며, 타원형과 편형의 혼합이면 심한 곱슬머리가 된다. 또한, 태어날 때 직모를 가지고 있다고 해도 나이에 따라 곱슬의 형태가 심해지는 모발이 있는가 하면 그렇지 않은 모발도 있다. 이러한 현상들은 호르몬의 밸런스 변화, 음식이나 환경의 영향을 받기도 하고 자율신경의 밸런스가 깨지는 것도 원인이다.

(1) 직모

직선에 가까운 모발 형태로서 아시아의 황인종, 에스키모, 아메리카 인디언 등의 모발이 포함된다. 전자 현미경에 의해 관찰된 횡단면은 원형에 가까운 모양이다.

(2) 파상모(반 곱슬모)

파상의 물결 모양을 이루는 모발로서 파상의 정도는 다양하다. 전자 현미경에 의해 관찰된 횡단면은 타원형에 가까운 모양이다. 백인, 오스트레일리아 원주민, 인도네시아인 등의 모발이 포함된다. 백인, 오스트레일리아 원주민, 인도네시아인 등의 모발이 이에 속한다.

(3) 축모(곱슬모)

흔히 곱슬머리라고 하며 모경지수가 0.5~0.6 정도로 편평하며 다양한 형태의 부정형 납작한 (Flat) 형태이다. 심한 곱슬머리 모양으로 흑인(흑인종)에게 많으며 선천적, 유전적인 경향이 강하다.

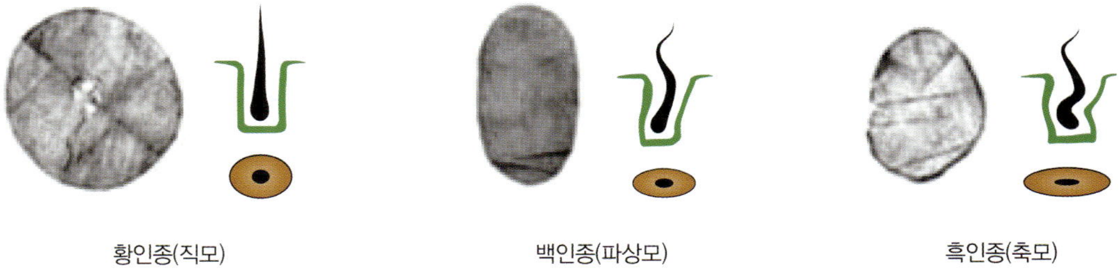

[그림 1-25] 모발 형태의 따른 분류

9. 모발의 성질

1) 모발 밀도

모발의 밀도란 일정 넓이에 차지하고 있는 모발의 성김 정도를 말하며 저밀도는 1cm^2 당 120본의 모발, 중밀도는 1cm^2 당 140~160본의 모발, 고밀도는 1cm^2 당 200~220본의 모발 밀도를 나타낸다. 총 모발 갯수는 동양인은 8~10만본, 서양인은 10~12만본이 평균수치이다.

2) 모발 고착력

1가닥의 머리카락을 두피로부터 뽑아내는 데 필요한 힘을 모발의 고착력이라 하며 정상모는 약 80g, 휴지기 모는 약 20g의 힘이 필요하다.

3) 모발 강도

모발을 당겼을 때 끊어지는 정도를 모발 강도라 하며 모발의 직경, 손상정도, 영양상태, 수분함량 등에 따라 다르다. 정상모는 약 150g, 손상모는 약 100g 이하의 힘이 필요하다.

4) 모발 굵기

모발 굵기는 연령, 환경, 건강상태, 탈모진행 전도, 인종, 성별 등에 따라 달라지며 남성은 평균 24세 이후, 여성은 평균 30세 이후에 변화가 진행된다. 0.08mm를 기준으로 연모와 경모로 나뉜다.

5) 모발 탄성도

모발은 모발 외부에 일정한 힘을 가했을 때 원래 모습으로 돌아가려고 하는 성질을 가진다. 이를 탄성도라고 하며 모발 수분함유량, 모발 손상도에 따라 달라질 수 있다. 특히 모발이 수분을 함유하고 있을 시에는 최대 1.5~2배 정도로 길이 변화가 가능하며 모발의 직경이 약 16% 정도 증가한다.

6) 질감

모발 표면의 감촉을 말하며 모발 손상도나 굵기에 따라 다르다. 모발 표면을 확대 관찰 시, 큐티클의 무늬가 규칙적이고 들뜨지 않으며 굴곡 없이 매끈한 모양을 띄고 있으면 좋은 질감으로 판단하여 건강모로 진단한다.

7) 다공성

모발 내부에 존재하는 빈 공기층으로 수분을 흡수하는 성질을 다공성이라고 한다. 물리적·화학적인 요인에 의해 모발이 손상되거나 영양이 결핍되면 모발은 흡수성의 성질로 바뀌고 많은 수분을 끌어당기게 된다. 다공화 정도가 클수록 손상모로 진단한다.

8) 모발과 pH

모발을 위한 이상적인 pH는 4.5~5.5의 약산성의 수치로 음이온과 양이온의 개수가 유사해지는 시점이다. 이를 '모발의 등전점'이라고 한다.

pH의 수치가 낮아지면 산성의 성질을 띄며 모발은 수축되거나 경화되는 변화를 가진다. 너무 산성 수치가 높을 경우 바스러지기도 한다. pH의 수치가 높으면 알칼리의 성질을 띄고 모발은 팽윤되거나 연화되는 변화를 가진다. 너무 알칼리수치가 높아지면 큐티클이 부풀어 올라 탈락될 수 있다.

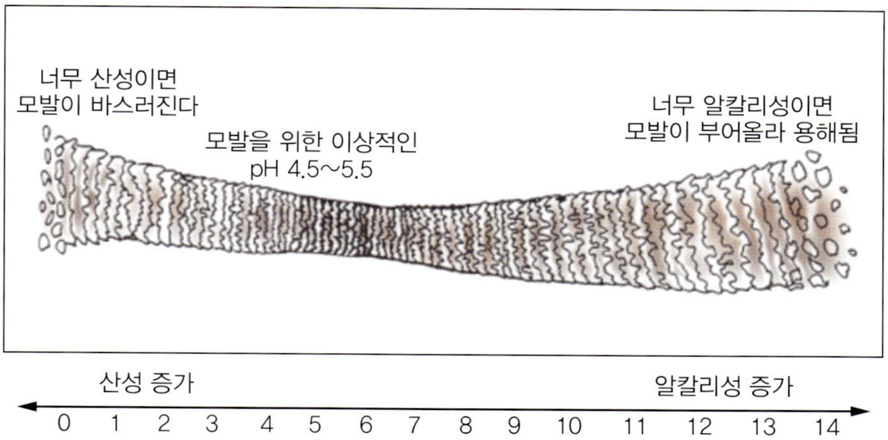

[그림 1-26] 모발과 pH

9) 대전성

모발에 물체가 닿을 때 전하에 의해 정전기가 발생하는 것을 대전성이라고 한다. 모발은 정전기에 의해 손상이 되기도 하므로 대전성을 줄일 수 있는 약산성의 성질을 가진 샴푸제를 사용하거나 나무재질로 되어 있는 브러시를 사용하면 대전성을 줄일 수 있다.

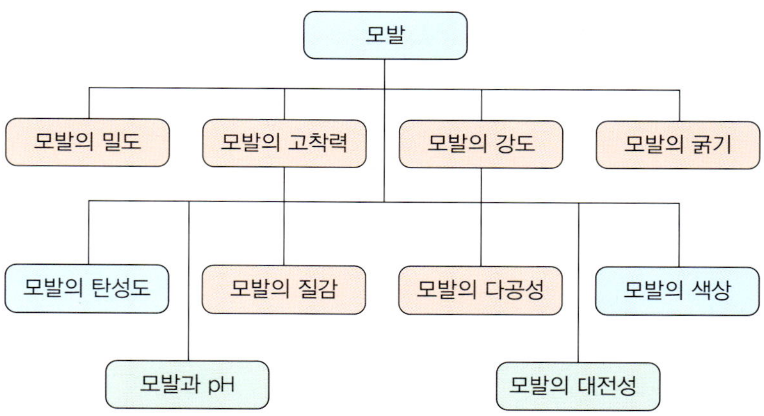

[그림 1-27] 모발의 성질

BASIC

HAIR PERMANENT

PRO 베이직 **헤어 퍼머넌트** 프로

Chapter 02

퍼머넌트 웨이브의 정의와 역사

1. 퍼머넌트 웨이브의 정의
2. 퍼머넌트 웨이브의 시술 목적
3. 퍼머넌트 웨이브의 역사
4. 시대별 유행 스타일 변천사

1. 퍼머넌트 웨이브의 정의

퍼머넌트 웨이브(Permanent Wave)란 영구적인 물결, 영속하는 물결을 뜻하며 미용에서의 퍼머넌트 웨이브란 자연 상태의 모발을 인공적인 방법 즉, 물리적·화학적 방법을 가하여 모발의 화학적 구조나 형태를 변화시켜 오랫동안 지속되는 웨이브를 형성시키는 것을 의미한다.

2. 퍼머넌트 웨이브의 시술 목적

퍼머넌트 웨이브는 다양한 목적 및 수단을 가지고 시행한다.

1. 두상이나 모질을 보완하기 위한 목적
2. 모류를 교정하기 위한 목적
3. 볼륨이나 모류의 방향성을 조절하여 자연스러운 움직임을 강조하기 위한 목적
4. 손질의 용이함을 위한 목적
5. 헤어스타일 및 디자인의 완성도를 높이기 위한 목적
6. 개성 연출 및 이미지 변화의 수단 등을 예로 들 수 있다.

최근에는 모발 손상에 대한 고객의 인식도가 높아져 퍼머넌트 웨이브 시술 시 손상을 줄일 수 있는 방법에 대한 연구가 새로운 이슈로 떠오르고 있으며 보다 퍼스널한 스타일을 권장하기 위한 지속적인 트렌드 개발이 필요하다. 또한 전세계적으로 K-Beauty가 붐을 이루면서 한국의 퍼머넌트 웨이브 기술이 주목을 받고 있는 실정이다.

3. 퍼머넌트 웨이브의 역사

퍼머넌트 웨이브는 B.C. 3000년경 고대 이집트인들은 나일강 유역에 있는 알칼리성 성분의 진흙을 모발에 바르고 둥근 막대기에 모발을 감아 태양에 건조시킨 후 웨이브를 만들어 냈는데 이것이 알칼리와 열을 이용한 퍼머넌트 웨이브의 기원이라고 할 수 있다.

[그림 2-1] 고대 이집트 여성의 헤어스타일

1872년경, 프랑스의 마르셀 그라또우(Marcel Grateau)가 일시적 웨이브를 만들어 낼 수 있는 아이롱(Iron) 기구를 발명했으나 이는 수증기가 닿거나 물이 닿으면 풀어져 버리는 일시적 형태였다.

1905년, 영국 런던 사교계의 유명한 미용사 찰스 네슬러(Charles Nessler)가 웨이브를 장기간 유지시킬 수 있는 방법을 개발하는 데 성공하였다.

지금의 세팅 펌을 연상시키는 형태에 전선을 연결해 전기로 열을 가하는 히트 웨이브(Heat Wave) 방식으로 주로 모발 끝으로 말아가는 스파이럴식(Spiral winding method) 형태로 붕사를 바른 모발을 금속성 원기둥에 감아 150℃ 정도의 열을 가해 웨이브를 형성하는 방식으로 긴 머리에만 시술이 가능했다. 붕사 대신 젖소의 소변과 물을 섞은 혼합물을 알칼리제로 사용한 기록도 남아있다.

[그림 2-2] 찰스 네슬러의 최초 히트 웨이브(Heat Wave)

이후 차츰 모선 와인딩이 가능하고 짧은 머리에 시술이 가능한 크로키놀식 와인딩(Croquignole Winding) 방식이 가능한 납작한 모양의 기구가 1925년경 조셉 메이어(Joseph Mayer)에 의해 고안되었다.

[그림 2-3] 1920년대 크로키놀식 와인딩

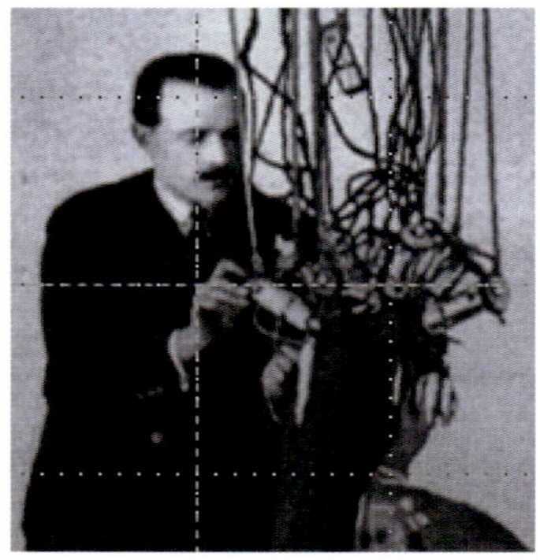

[그림 2-4] 1930년대 히트 웨이브(Heat Wave)

1934년 찰스 네슬러(Charles Nessler)는 셀로판 튜브로드를 발명하였는데 이는 건조된 모발에 로드를 감은 뒤 젖은 종이가 들어있는 속이 빈 셀로판 튜브에 집어넣는 방식이었다.

[그림 2-5]
1934년 찰스 네슬러의 셀로판 튜브로드

히트 웨이브는 건조된 모발에 고열을 사용하는 방식의 웨이브를 말한다. 히트 웨이브를 적용할 경우 콜드 웨이브보다 모발손상이 빠르다는 단점이 발견되었고 이를 보완하기 위하여 열을 가하지 않고 퍼머넌트 웨이브를 형성하는 약품의 개발이 지속적으로 진행되었다.

1936년 영국 리도 대학교수 J.B. Speakman은 아유산수소나트륨을 이용하여 40°C 정도의 온도에서 퍼머넌트 웨이브를 만들어내는 데 성공하였다. 모발 케라틴의 화학구조를 연구하여 과거에 사용하던 105~110°C의 높은 열을 사용하지 않고, 실온 즉 40°C에서 약품을 이용하여 시스틴 결합을 절단하여 웨이브를 얻어내었

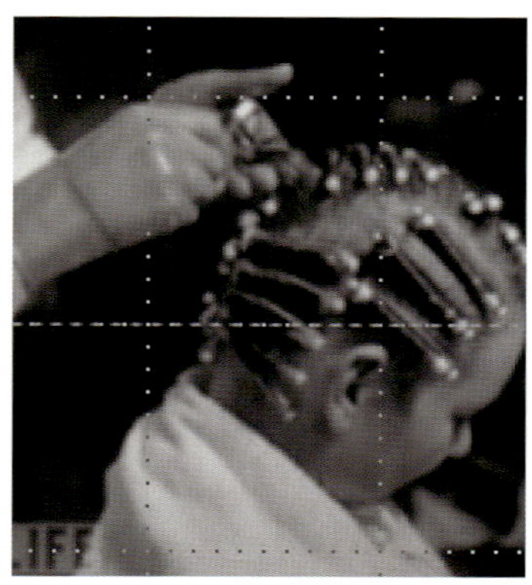

[그림 2-6]
1938년 아놀드 F.윌라트의
콜드 웨이브 발명

다. 이를 콜드(Cold)라는 명칭을 붙여 콜드 퍼머넌트 웨이브제라 하였다. 콜드 퍼머넌트 웨이브제의 도입으로 인해 시술시간을 2~3시간으로 감소시켰고, 고열로 인한 위험부담을 줄이는 등 시술과정이 매우 간편화 되었으며 이로 인해 퍼머넌트 웨이브의 대중화를 가져오게 되었다.

그 후 모발 케라틴(Keratin)의 화학구조가 해명되어 시스틴결합을 절단하는 약제의 연구가 계속 되면서 고구드란 학자가 처음으로 티오글리콜산(Thioglycolic Acid)과 케라틴의 화학반응을 학계에 발표하였다.

1941년 미국의 맥도우(Mc Donough)등이 티오글리콜산을 주원료로 한 콜드 퍼머넌트 웨이브 용액을 제조하였고, 많은 연구와 개량을 거쳐 1947년 미국의 FDA(식품의약품국)에 의해 티오글리콜산의 제조방법이 비교적 간단하면서 보건위생상 무해하며 냄새가 적으며 효과적인 웨이브를 얻는 데 적당하다는 것을 인증받았다.

1950년대 이후로 콜드 웨이브 퍼머넌트 웨이브제가 대중화 되면서 퍼머넌트 웨이브 스타일은 급격히 발전하기 시작했다.

1970년대부터는 퍼머넌트 웨이브의 전성기라 할 수 있는데 '푸들' 같은 강한 웨이브 스타일의 펑키한 머리모양이 유행했으며 퍼머넌트 웨이브의 텍스처 변화가 일어나기 시작한 시기라 할 수 있다.

[그림 2-7]
1970년대 퍼머넌트 웨이브 스타일

오늘날에는 모질이나 두상, 손상도 등에 맞게 퍼머넌트 웨이브를 시술하는 퍼스널한 스타일로 진화되고 있으며 그 범위와 방법은 매우 다양해졌다.

[그림 2-8]
현재의 퍼머넌트 웨이브 스타일

4. 시대별 유행 스타일 변천사

1)1910년대

[그림 2-9]
1910년대 유행 스타일

1910년대에는 뒤로 빗어 넘기거나 올려 리본이나 깃털 등으로 장식한 모자를 앞이마 쪽으로 기울여 쓰는 스타일인 'soft pompadour' 스타일이 유행하였다. 특히 스파이럴식 와인딩 기법(Spiral winding method)으로 형성한 웨이브를 어깨까지 늘어뜨리거나 올려 묶는 스타일이 대표적이다.

2) 1920년대

[그림 2-10]
1920년대 유행 스타일

1차 세계대전 이후 여성의 사회진출이 늘어나면서 연출시간이 길지 않은 쇼트 보브(Short bob) 스타일이 유행하게 되었고 1925년 조셉 메이어(Joseph Mayer)에의해 크로키놀식 와인딩(Croquignole Winding)기법이 고안되면서 짧은 머리에 펌을 하여 손질이 용이한 스타일이 선호되기 시작했다.

3) 1930년대

[그림 2-11]
1930년대 유행 스타일

당시 미국의 헐리우드 영화배우들 사이에서는 가르마를 타서 모근부는 자연스러운 마샬웨이브를, 길이는 곱슬거리는 웨이브를 연출하는 스타일로 세련되고 여성스러운 스타일이 유행하면서 퍼머넌트 웨이브의 급격한 붐이 일어나기 시작했다.

4) 1940년대

이 시대는 긴머리 웨이브를 위로 올려묶어 최대한 두상이 작아 보일 수 있도록 하는 스타일이 유행하였는데 이는 크리스찬 디올의 뉴룩(New look)의 영향이였다.

[그림 2-12]
1940년대 유행 스타일

5) 1950년대

이 시대는 릿지가 큰 웨이브로 볼륨감과 입체감을 강조하는 스타일이 유행하였는데 이는 50년대 대표적 여배우인 '마릴린 먼로'의 헤어스타일에서부터 유행되었다고 한다. 여성의 성숙미와 우아함을 강조하는 대표적인 스타일이다.

[그림 2-13]
1950년대 유행 스타일

6) 1960년대

이 시대의 유행 스타일은 크라운 부분으로 올려묶는 굵고 부드러운 웨이브스타일로 프랑스에서 선보인 듀오 라인(Duo line)이 영향을 미쳤다.
헤어밴드나 리본으로 여성미, 섹시미를 강조하였다.

[그림 2-14]
1960년대 유행 스타일

7) 1970년대

1970년대는 포스트모더니즘과 페미니즘(Feminism)이 시대적 배경으로 떠오르면서 자유분방하고 반문화적인 스타일이 유행하였다.
컬링으로 볼륨을 주어 부풀린 아폴로(Afro)스타일을 대표적인 예시로 들 수 있다.

[그림 2-15]
1970년대 유행 스타일

8) 1980년대

1980년대 이후에는 다양하고 자연스러운 스타일이 선호되었으며 부드럽고 굵은 웨이브의 내추럴 스타일이 선호되었다.
일명 '바람머리' 스타일이 대표적이다.

[그림 2-16]
1980년대 유행 스타일

9) 2000년대

전 세계적으로 '웰빙'열풍이 불면서 모발 손상에 민감해지기 시작했고 이로인해 손상을 최소화 하면서 개성을 살린 다양한 형태의 웨이브 스타일이 유행하고 있다.

[그림 2-17]
2000년대 유행 스타일

BASIC

HAIR PERMANENT

PRO 베이직 헤어 퍼머넌트 프로

Chapter 03

퍼머넌트 웨이브의 원리

1. 퍼머넌트 웨이브의 원리

모발은 크게 3층 구조로 나뉘는데 모발의 겉 표면을 둘러싸고 있는 모표피, 모발의 80% 이상을 차지하는 피질세포와 세포 간의 결합물질로 구성되어 있는 모피질, 모발 중심부에 있는 모수질로 나뉜다. 그 중 모피질은 탄력성이 풍부한 섬유상 경단백질로 다른 단백질에 비해 황(S)의 함유량이 많다. 이는 아미노산 구성성분 중 황을 함유한 시스틴의 이황화 결합을 멜캅단류(Mercaptane Group) 화합물인 환원제로 절단시켜 시스테인(Cysteine)으로 되며, 산화제에 의하여 시스틴으로 다시 재결합되는 것이 퍼머넌트 웨이브의 원리이다.

모발은 케라틴(Keratin)과 18가지의 아미노산의 주쇄(Polypeptide) 결합으로 나선형 구조로 되어있으며 인접한 주쇄 결합은 수소 결합, 시스틴 결합, 염 결합, 소수성 결합 등에 의해 단단한 그물모양의 연결구조를 띄고 있다. 때문에 모발은 탄력성이 풍부하며 모발을 손으로 당겼다가 놓았을 때 원래의 형태로 돌아가려고 하는 복원력이 높은 편이다. 모발 결합 중 가장 강한 결합인 시스틴 결합(S-S, disulfide bond)이 퍼머넌트 웨이브 형성에 가장 큰 영향을 미친다. 이황화 결합(Disulfide bonds)은 환원제에 의해 절단되어 시스테인(Cysteine)으로 전환되며 산화제에 의해 다시 새로운 결합을 형성하여 모발에 지속성이 있는 웨이브(Wave) 또는 스트레이트(Straight) 형태로 새롭게 형성시킨다.

이러한 원리는 열을 이용한 히트 퍼머넌트 웨이브와 약제만 활용하는 콜드 퍼머넌트 웨이브에 공통되게 적용된다.
이러한 과정을 거쳐 퍼머넌트 웨이브가 형성되는데 황 결합을 끊는 과정을 '환원작용'이라 하며, 결합되는 과정을 '산화작용'이라 한다. 모발이 환원상태가 되려면 환원제가 모발 내부에 침투해야 하는데, 이때 용액의 침투를 위하여 모표피가 열리도록 도와주는 것이 암모니아(Ammonia), 모노에탄올아민(Monoethanolamine), 중탄산암모늄(Ammonium icarbonate), 중탄산나트륨(Sodium bicarbonate)과 같은 알칼리제이다.

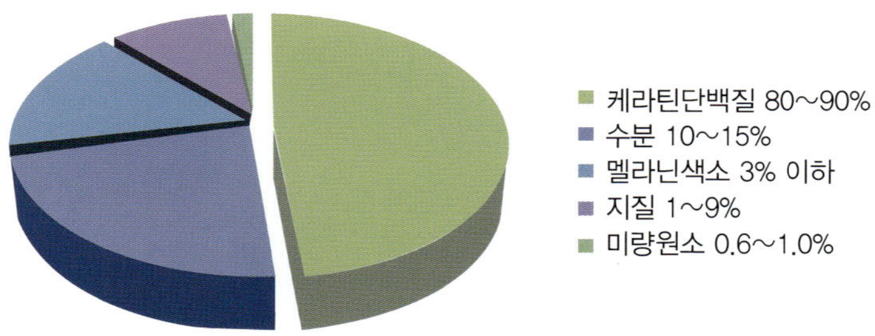

[그림 3-1] 모발 구성 성분

	아미노산	함유량	아미노산	함유량	
●	시스틴	16.6~18.0	발린(필)	4.7~5.5	
●	글루타민산	13.6~14.2	알라닌	2.8~4.4	
	이소류신(필)	11.1~13.1	페닐알라닌(필)	2.4~3.7	
●	아르기닌(필)	8.9~10.8	티로신	2.2~3.1	●
●	세린	7.4~10.6	류신	1.9~3.3	
●	트레오닌(필)	7.0~8.5	히스티딘(필)	0.6~1.2	●
●	아스파라긴	3.9~7.7	메티오닌(필)	0.7~1.0	
	프롤린	4.3~6.7	트립토판(필)	0.4~1.0	
●	글리신	4.1~6.5	리신(필)	0.2~0.8	●

붉은색 – 산성 아미노산, 파랑색 – 염기성 아미노산, 검정색 – 중성 아미노산,
보라색 – 황을 함유한 아미노산, (필) – 체내 생성되지 않는 필수 아미노산
● 친수성 아미노산 〈–〉 나머지 소수성 아미노산

[그림 3-2] 모발의 필수 아미노산 18종

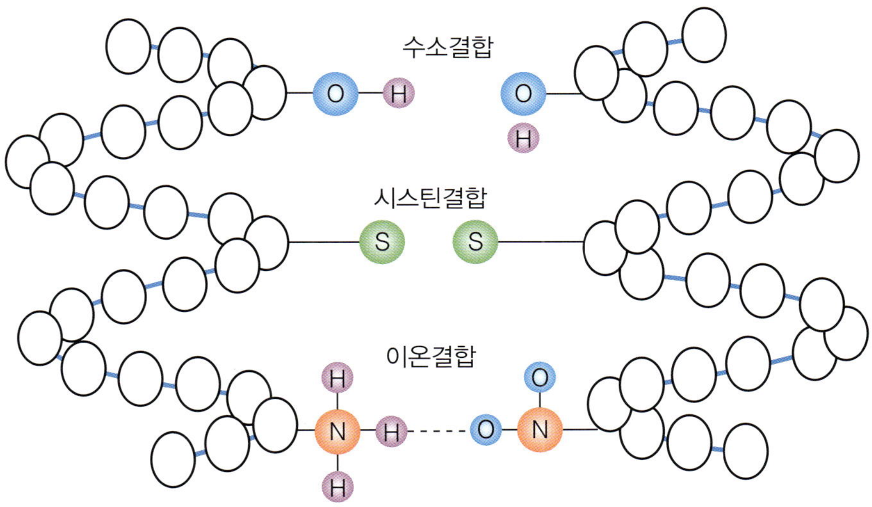

[그림 3-3] 모발 내 3대 결합

2. 퍼머넌트 웨이브의 화학적 작용

퍼머넌트 웨이브제 제1제는 환원작용을 하고 제2제는 산화작용을 하며 유기적으로 화학적 작용을 한다.

1) 환원작용

환원작용이란 1액(환원제)의 도포로써 케라틴을 연화시키고 Cystine을 절단하는 과정이다. 시스틴 결합을 절단하면 모발의 강도 및 탄력이 떨어지게 되며 알칼리에 대한 저항력 또한 낮아진다.
퍼머넌트의 원리는 모발 케라틴 구조의 특성에 기초를 두고 있는데 특히 이황화물 교차 결합(S-S)과 관계된다. 퍼머넌트의 제1액인 환원제는 수소원자를 방출 할 수 있는 티오글리콜산이 포함되어있으며 모발에 적용 시 큐티클이 팽창되며 모발 질감이 미끄럽고 부드러운 질감으로 변화가 일어난다.
퍼머넌트 1제는 S-S 결합을 전달시켜 기존에 결합을 분리시키고 새로운 형태로 와인딩을 하게 되면 단백질 섬유는 서로간의 위치가 바뀌게 된다.
물질이 산소를 잃어버리고 수소와 결합하는 과정을 거친다.

(1) 제1제의 환원작용(주요 성분 : 티오글리콜산 또는 시스테인)

$$
\begin{array}{l}
|\ \text{-S-S-}\ | + 2HSCH_2COOH \rightarrow |\ \text{-SH HS-}\ | + \begin{array}{l} S\text{-}CH_2COOH \\ \quad | \\ S\text{-}CH_2COOH \end{array}
\end{array}
$$

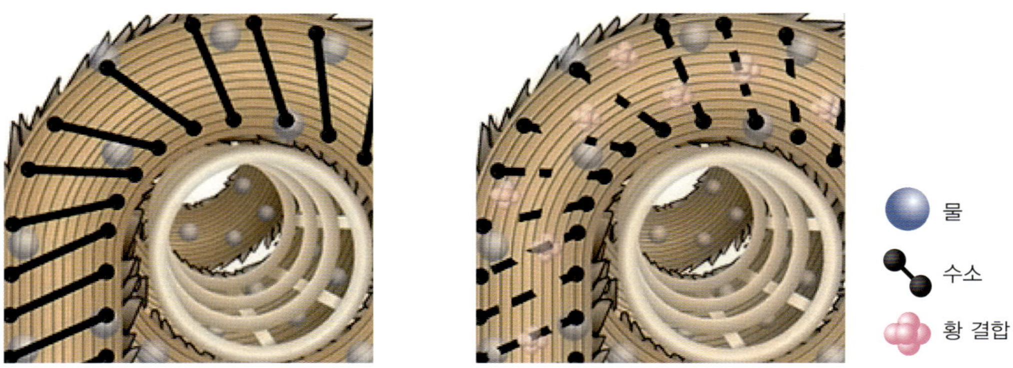

1) 모질에 따라 수분량을 조절 후 와인딩한다.

2) 모발 내 황(S-S)결합이 퍼머넌트 1제 용액에 의해 절단된다. (환원작용)

[그림 3-4] 1제 환원작용

2) 산화작용

산화작용을 일으키는 용액으로는 과산화수소, 브롬산나트륨(NaBrO_2), 브롬산칼륨(KBrO_3)이 주로 사용되며 환원제에 의해 절단된 시스틴을 재결합시키는 산화작용, 정착작용 및 중화작용을 한다.
퍼머넌트의 제2제는 산화제 또는 중화제라고 한다. 산화제는 산소를 방출할 수 있는 과산화수소, 취소산칼륨, 취소산 나트륨 등을 포함하고 있는데 모발에 스며들어 환원제에 의하여 방출된 수소원자와 결합하여 H_2O를 형성하며 수소를 잃은 황 원자는 다시 시스틴 결합을 이루게 된다. 그렇게 함으로써 기계적인 원리에 의하여 새로운 형태로 끊어진 시스틴 결합을 재구성하게 된다.
물질이 산소와 다시 결합하고 수소를 잃어버리는 과정을 거친다.

(1) 제2제의 산화작용(주요 성분 : 과산화수소 / 브롬산 나트륨 / 브롬산 칼륨)

| -SH HS- | + O → | -S-S- | + H_2O
시스테인 시스틴 결합

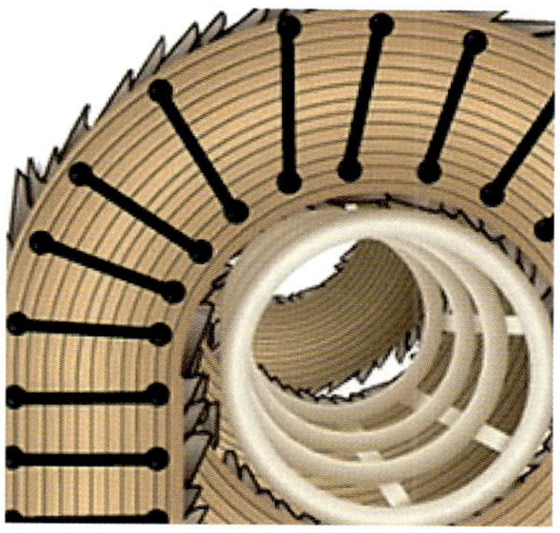

3) 새로운 퍼머넌트 스타일(웨이브 또는 스트레이트)로 퍼머넌트 2제 후 재결합이 이루어지며 형태가 고정된다. (산화작용)

[그림 3-5] 2제 산화작용

[표 3-1] 환원작용과 산화작용

환원	산화
a. 물질이 산소(O)를 잃는다. b. 물질이 수소(H)와 화합한다. c. 원자나 이온이 전자를 얻는다.	a. 물질이 수소(H)를 잃는다. b. 물질이 산소(O)와 화합한다. c. 원자나 이온에서 전자를 잃는다.
| -S-S- | +HS CH_2COOH → | -SH- |	| -SH+NaBrO_3(H_2O_2) → | -S-S- |

3. 열 펌(Heat permanent wave)의 원리

열 펌(Heat permanent wave)이란 치오글리콜산의 작용과 알칼리의 가수분해의 원리를 이용한 것으로 알칼리의 가수분해를 위해 최소 50℃의 온도를 모발에 적용하여 열기구를 사용하여 원하는 형태를 만들고 화학 반응에 의해 그 상태를 유지하는 것이다.
열 펌은 모발에 펌제 제1액(환원제)을 도포하여 측쇄결합을 끊고 1액을 물 또는 샴푸제를 사용하여 깨끗이 세척하는 것을 기본으로 한다. 1제가 모발에 남아있을 시 고온이 모발에 닿게 되면 지모, 절모 등의 부작용이 생길 수 있다.
그 후 모질과 희망하는 결과 형태에 따라 수분과 열을 조절하고 기계로 물리적 시술을 가하여 형태를 만든 후 고정하기 위해 펌제 제2제(산화제)를 사용하여 그 형태의 유지력을 높인다.
수분의 역할은 1액에 의해 환원된 모발을 사용기구의 굵기 지름의 웨이브나 스트레이트 형태로 만들어 흐트러지지 않고 그 상태로 유지하기 위해 수분을 이용한다. 모발에 물을 적시고 변형을 가해준 상태에서 모발을 건조시키면 변형된 상태(웨이브)를 유지할 수 있다. 수분의 양이 적으면 모발표면이 부스러지고 물의 양이 많으면 모양이 변형이 된다.
단백질은 물에 의해 가수분해를 일으킨다. 수소 결합은 산소와 수소 사이의 잡아 당기는 힘으로 결합하는 것으로 모발에 수분을 가해주면 단절되고 수분을 제거해주면 다시 결합하는 것을 말한다.

1) 모발과 열의 관계

우리 모발은 약 90%가 케라틴 단백질로 구성되어 있으며 케라틴은 열에 의한 영향을 많이 받는 성질을 가지고 있어 퍼머넌트 웨이브 시술 시 적용 온도는 매우 중요하다. 모발 내 적정 수분량은 평균 10~15%를 지니지만 블로 드라이, 아이롱, 전기 세팅 등의 열기구가 모발에 닿게 되면 수분이 과증발하면서 모발의 변형이 일어나기 시작한다. 젖은 상태의 모발과 건조된 모발과는 차이가 있는데 건조된 상태에서는 80~100℃가 되면 모발 강도가 약해지기 시작한다. 120℃ 전후의 열이 모발에 닿게 되면 팽화되고 130~150℃에서 모발 변색이나 시스틴 감소 등의 변화가 일어나기 시작한다. 180℃ 이상 온도에서는 케라틴의 변성이 일어나기 시작하고 270~300℃의 온도가 되면 타서 분해가 되는 탄화현상이 일어난다.
젖은 상태의 모발에서는 100℃ 전후에서 시스틴 감소가 시작되며 130℃부터 α-케라틴이 β-케라틴으로 변성이 시작된다.
특히 열 펌은 열과 압력에 의한 물리적 작용과 수분 및 열작용의 원리를 이용한 것으로 용액이 모발에 닿아 시스틴 결합이 끊어진 상태로 열이 닿게 되면 케라틴 구조 및 손상이 배가 될 수 있어 펌 시술 시 모발에 적용하는 열은 매우 유의하여야 한다.

[표 3-2] 히트 펌 시술 시 적정 온도

히트 펌 기구	적정 온도
플랫 아이롱	140~180℃
디지털기	90~110℃
세팅기	140~160℃

2) 모발과 수분의 관계

정상모발의 수분 함유량은 평균 12% 내외를 기준으로 한다. 모발 내 수분의 최대 흡수량은 약 25% 정도이며 손상모발의 수분 함유량은 10% 미만이다. 퍼머넌트 웨이브 시 수분 조절은 온도 만큼이나 중요한데, 펌 종류 및 모질에 따라 적용 온도 및 시간이 다르기 때문에 달리 적용할 필요성이 있다. 모발 내 적정 수분량이 유지되지 않을 시, 퍼머넌트 웨이브 시술 후 큐티클이 들떠 빛 반사가 난반사 되는 현상, 건조해져서 쉽게 정전기가 일어나는 현상, 모피질 층의 간충 물질이 쉽게 유실되어 퍼머넌트 웨이브의 유지력이 낮아지는 현상 등이 발생하게 된다.

퍼머넌트 웨이브 종류에 따른 적정 수분량은 다음과 같다.

[표 3-3] 퍼머넌트 웨이브 종류에 따른 적정 수분량

퍼머넌트 웨이브 종류	수분량
매직 스트레이트	약 15%
볼륨 매직	약 17%
디지털 & 세팅	약 20%
콜드펌	약 50%

3) 모발과 pH의 관계

모발을 위한 이상적인 pH는 4.5~5.5의 약산성의 수치로 음이온과 양이온의 개수가 유사해지는 시점이다. 이를 '모발의 등전점'이라고 한다.

pH의 수치가 낮아지면 산성의 성질을 띄며 모발은 수축되거나 경화되는 변화를 가진다. 너무 산성 수치가 높을 경우 바스러지기도 한다. pH의 수치가 높으면 알칼리의 성질을 띄고 모발은 팽윤되거나 연화되는 변화를 가진다. 너무 알칼리수치가 높아지면 큐티클이 부풀어 올라 탈락될 수 있다.

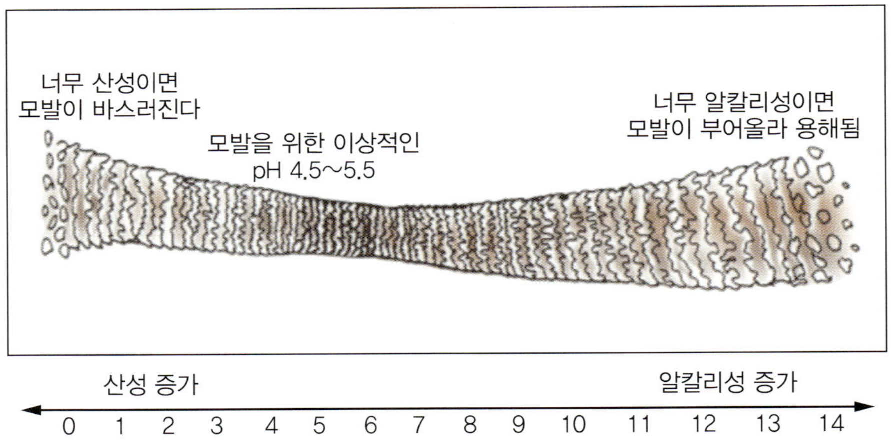

[그림 3-6] 모발과 pH

위와 같이 pH 수치에 따라 모발은 민감하게 반응하는데 우리가 실제 모발에 사용하는 제품들의 pH 수치는 다음과 같다.

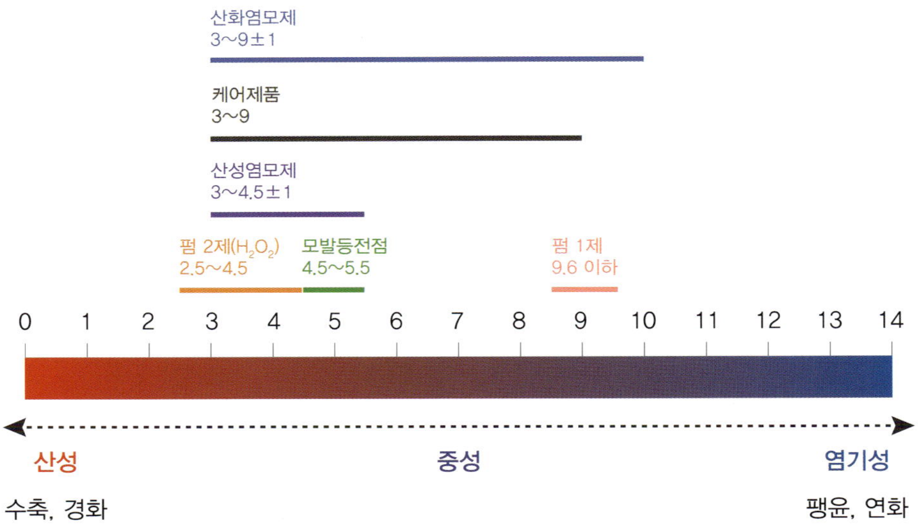

출처 : 전홍신(2017). 헤어 퍼머넌트 웨이브 시 누리장나무 (Clerodendrum trichotomum) 추출물 첨가 트리트먼트의 모발보호효과. 원광대학교 일반대학원 박사학위논문.

[그림 3-7] pH에 따른 모발 변화

BASIC

HAIR PERMANENT

PRO 베이직 **헤어 퍼머넌트** 프로

Chapter 04

퍼머넌트제

1. 퍼머넌트제의 분류
2. 사용방법에 따른 분류
3. 욕법에 따른 분류
4. 사용목적에 따른 분류
5. 성분에 따른 분류
6. pH에 따른 분류
7. 제형에 따른 분류

1. 퍼머넌트제의 분류

- 퍼머넌트 웨이브제
  - 사용방법에 따른 분류
    - 실온사용 – 콜드 웨이브(Cold permanent wave)제
    - 가온사용 – 히트 웨이브(Heat permanent wave)제
    - 실온과 가온 모두 사용 – 멀티 웨이브(Multi permanent wave)제
  - 욕법에 따른 분류
    - 1욕법
    - 2욕법
    - 3욕법
  - 사용 목적에 따른 분류
    - 웨이브 형성용
    - 모발 교정용
  - 성분에 따른 분류
    - 1제
      - 환원제
        - 티오글리콜산류
        - 시스테인류
        - 시스테아민류
      - 알칼리제
        - 암모니아류
        - 아민류
        - 중성염류
        - 무(無)알칼리제류
    - 2제
      - 브롬산나트륨류
      - 과산화수소류
  - pH에 따른 분류
    - 산성 pH 4–6
    - 중성 pH 7–8
    - 알칼리성 pH 9–11
  - 제형에 따른 분류
    - 1제
      - 액상
      - 크림
    - 2제
      - 액상
      - 거품
      - 크림

퍼머넌트 웨이브제는 제조 기준에 따라 분류하여 제조되며 화장품 법에 의해 '퍼머넌트 웨이브 용제 기준'에 따라 국가기준이 정해져 규제하고 있다. 현재 퍼머넌트 웨이브제는 모두 이 기준에 맞추어 제조되고 있다.

[표 4-1] 화장품 법 - 퍼머넌트 웨이브 용제 기준

<table>
<tr><th colspan="3">분류</th><th colspan="5">퍼머넌트 웨이브제</th></tr>
<tr><th colspan="3">분류
규격치</th><th>치오계콜드 이욕식 퍼머제</th><th>시스계콜드 이욕식 퍼머제</th><th>치오계가온 이욕식 퍼머제</th><th>시스계가온 이욕식 퍼머제</th><th>치오계콜드 이욕식 퍼머제</th></tr>
<tr><td rowspan="3">제1제</td><td colspan="2">pH(25’)</td><td>4.5~9.6</td><td>8.0~9.5</td><td>4.6~9.3</td><td>4.0~9.5</td><td>9.4~9.6</td></tr>
<tr><td colspan="2">알칼리(ml)</td><td>7ml 이하</td><td>12ml 이하</td><td>5ml 이하</td><td>9ml 이하</td><td>3.5~4.6ml</td></tr>
<tr><td colspan="2">시스틴 이외 전부 치오글리콜산</td><td>2.0~11.0%</td><td>시스틴 농도 3.0~7.5%</td><td>1.0~5.0%</td><td>시스틴 농도 1.5~5.5%</td><td>3.0~3.3%</td></tr>
<tr><td rowspan="5">제2제</td><td rowspan="2">브롬산염류</td><td>pH</td><td colspan="4">4.0~10.5</td><td rowspan="5"></td></tr>
<tr><td>산화력</td><td colspan="4">3.5 이상</td></tr>
<tr><td rowspan="3">과산화수소</td><td>pH</td><td colspan="4">2.5~3.5</td></tr>
<tr><td>산화력</td><td colspan="4">0.8~3.0</td></tr>
<tr><td>H_2O_2</td><td colspan="4">25% 이하</td></tr>
<tr><td colspan="3">사용 시 온도</td><td>실온 1~30℃</td><td>실온 1~30℃</td><td>60℃ 이하</td><td>60℃ 이하</td><td>실온 1~30℃</td></tr>
</table>

[표 4-2] 화장품 법 - 퍼머넌트 웨이브 용제 기준

<table>
<tr><th colspan="3">효능·효과</th><th colspan="3">퍼머넌트 웨이브제</th><th colspan="3">축모교정제</th></tr>
<tr><th colspan="3" rowspan="2"></th><th colspan="3">치오계 제1제 사용 시
조정 발열 이욕식 퍼머제</th><th rowspan="2">치오계 내
냉이욕식
축모
교정제</th><th rowspan="2">치오계가온
이욕식축모
교정제</th><th rowspan="2">치오계가온
아이롱사용
이욕식
교정제</th></tr>
<tr><th>제1제의
(1)</th><th>제1제의
(2)</th><th>제1제의
(1), (2)제
혼합액</th></tr>
<tr><td rowspan="4">제1제</td><td colspan="2">pH(25')</td><td>4.5~9.6</td><td>2.6~4.5</td><td>4.6~9.4</td><td>4.5~9.6</td><td>4.5~9.3</td><td>4.5~9.3</td></tr>
<tr><td colspan="2">알칼리(ml)</td><td>10ml 이하</td><td rowspan="3">과산화수소
농도
2.7~3.0%</td><td>7ml</td><td>7ml 이하</td><td>5ml 이하</td><td>5ml 이하</td></tr>
<tr><td colspan="2" rowspan="2">시스틴 이외 전부
치오글리콜산</td><td rowspan="2">8.0~19.0%</td><td>디치오
농도
3.2~4.0%</td><td>2.0~11.0%</td><td>2.0~5.0%</td><td rowspan="2">1.0~5.0%</td></tr>
<tr><td>2.0~11.0%</td><td>점도 4,
CPS 이하</td><td>점도 4,
CPS 이하</td></tr>
<tr><td rowspan="5">제2제</td><td rowspan="2">브롬산염류</td><td>pH</td><td colspan="5">4.0~10.0</td><td rowspan="5"></td></tr>
<tr><td>산화력</td><td colspan="5">3.5 이하</td></tr>
<tr><td rowspan="3">과산화수소</td><td>pH</td><td colspan="5">2.5~4.5</td></tr>
<tr><td>산화력</td><td colspan="5">0.8~3.0</td></tr>
<tr><td>H_2O_2</td><td colspan="5">2.5% 이하</td></tr>
<tr><td colspan="3">사용 시 온도</td><td colspan="3">1제는 약 40℃ 2제는 30℃</td><td>실온
1~30℃</td><td>60℃ 이하</td><td>60℃ 이하
아이롱
180℃ 이하</td></tr>
</table>

2. 사용방법에 따른 분류

1) 실온 사용 - 콜드 웨이브(Cold permanent wave)제

실온에서 사용하는 웨이브제는 '콜드 웨이브(Cold permanent wave)제/냉욕법 펌제'로 분류된다. 콜드 웨이브제는 두발을 가열하지 않고 약액에 의해 형성되는 모발의 환원·산화반응을 이용해 모발의 구조를 변화시켜 웨이브를 형성하는 제품이다.

[그림 4-1] 콜드 웨이브제

2) 가온 사용 - 히트 웨이브(Heat permanent wave)제

모발에 열을 가하여 사용하는 웨이브제는 '히트 웨이브(Heat permanent wave)제/가온식 펌제'로 분류된다. 히트 웨이브제는 모발의 측쇄 결합을 끊은(환원) 후 기계에 의한 열을 이용하여 컬을 만든 후 2제를 사용하여 탄력 있고 부드러운 약산성 상태의 원하는 웨이브를 만드는 제품이다.

열을 가함으로써 보다 많은 환원량이 발생되게 되고 수소 결합이 증가되어 모발의 탄력이 높아지고 단백질의 밀도 편차를 맞출 수 있어 축모를 교정하거나 형태를 만들 수 있는 특징이 있다.

모발 내 단백질의 녹는점까지 열을 전달하여 윤기감과 질감의 결과가 일반 펌보다 우수하다. 하지만 열과 수분, 환원작용을 컨트롤하지 못하면 일반 콜드 웨이브제를 사용한 것보다 더 못한 결과를 초래할 수 있으므로 고도의 기술을 필요로 하는 제품이다. 이러한 히트 웨이브제는 열에 의해 약액의 반응이 촉진되므로 일반 실온에서 사용되는 콜드 웨이브보다 티오글리콜산, 알칼리제, 시스테인 같은 환원제의 농도가 낮게 함유되어 있는 것이 특징이다.

대표적으로 와인딩한 후 전기 캡이나 가온기를 사용하여 열을 가하는 방식, 로드에 모발을 와인딩한 후 로드에 열을 가하는 방식, 1제 도포 후 세척한 뒤 아이롱을 사용하여 열을 가하는 방식에 사용된다.

[그림 4-2] 히트 웨이브제

(1) 머신 웨이브(Machine wave)제

알칼리성 용액인 암모니아수, 붕사, 탄산칼륨, 탄산나트륨과 환원제에 소량의 아유산염을 첨가하여 만든 수용액을 모발에 도포하여 웨이브 형태를 만들고, 전기나 증기 등의 열을 물리적으로 가하여 만드는 웨이브제이다.

(2) 프리 히트 퍼머넌트 웨이브(Preheat permanent wave)제

열을 이용하여 웨이브를 만드는 방법은 머신 웨이브와 같지만 전기를 사용하지 않고 뜨겁게 달군 히팅클립을 사용하여 웨이브를 만드는 방법이다. 전기선이 연결되지 않아 와이어리스 웨이브(Wireless wave) 라고도 한다. 사용되는 펌제에는 약간의 치오글리콜산이 들어 있다.

(3) 머신리스 웨이브(Machineless wave)

분말상의 약제를 암모니아수, 붕사, 탄산칼륨, 탄산나트륨, 소량의 아유산염 등의 알칼리성 제품을 물에 녹여 일어나는 기계 없이도 퍼머넌트 웨이브제 화학반응의 열을 이용하여 웨이브를 만드는 방법이다. 가열에 의해서 시스틴을 변화시키는 것이 아니라 화학약품을 이용하여 모발을 고정시켜 시스틴 결합의 가수분해라는 화학반응으로 웨이브를 얻는 방법이므로 케미컬 퍼머넌트 웨이브 또는 엑소더믹 퍼머넌트 웨이브라고도 한다.

머신 웨이브 기기

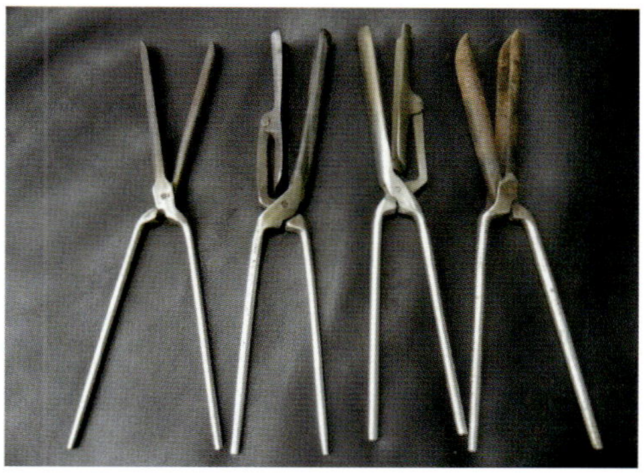

프리 히트 퍼머넌트 웨이브-숯 퍼머 아이론 기기

[그림 4-3] 웨이브 기기

3) 실온과 가온 모두 사용 – 멀티 웨이브(Multi wave)

실온과 가온 모두 사용할 수 있는 펌제로써 시중에는 '멀티 펌'제로 주로 표기하여 유통되고 있다. 멀티 펌제는 대부분 제조기준 자체가 다른 가온 2욕법과 냉 2욕법 펌제를 동시에 표기하고 일반 펌과 열펌, 직펌 등에 모두 사용할 수 있도록 유도하고 있다. 하지만 냉욕법(일반 로드 펌) 펌제를 사용해 열펌을 시술할 경우 알칼리 성분이 높아 모발이 손상될 수 있으며, 가온 2욕법, 즉 열 펌제를 이용해 일반 로드 웨이브를 시술할 경우 웨이브가 제대로 나오지 않기 때문에 각각의 다른 제품 특성상 병행 사용은 이론상으로 불가능하다.

멀티 펌 제조회사는 초기 제품의 경우 실온과 가온 모두에 적용하기 위해 빠른 시술시간과 컬력을 높이기 위해 환원제인 시스테아민의 함량 기준을 초과해 생산가온을 기준으로 만들었으나 최근에는 시스테아민과 시스테인, 시스테인 염산염 등을 복합적으로 사용한 복합 처방으로 일반 펌과 열펌, 직 펌까지 모두 가능하도록 제조하고 있다. 멀티 펌제 중 시스테아민과 시스테인 염산염 등을 활용한 제품의 경우 산성도를 낮추기 위해 알칼리 함량을 의도적으로 높여 반복 시술 시 컬이 제대로 나오지 않을 수 있다는 단점이 있다.

[그림 4-4] 멀티 웨이브 퍼머넌트제

3. 욕법에 따른 분류

1) 1욕법

1욕법이란 2제를 사용하지 않는 1제로만 구성된 퍼머넌트 웨이브제를 말한다. 콜드 웨이브제가 개발되었던 초기(1951년 전후)에 원스텝 파마라는 것이 시판되었는데 이것이 1욕법의 시초라 할 수 있다. 보통 1욕법은 콜드 펌제 중 망간의 이온을 배합하여, 이 액체를 도포하고 와인딩한 후 그대로 방치해 두면 어느 정도 환원된 뒤 망간의 촉매작용을 통해 공기 산화를 촉진시켜, 자연 건조한 뒤 로드를 풀어버리면. 파마가 되는 원리이다.

[그림 4-5] 2욕법

[표 4-3] 1욕법 퍼머넌트 웨이브제의 기준

pH	9.4 ~ 9.6
알칼리도	3.5 ~ 4.5
티오글리콜산	3.0 ~ 3.3 %

일반 2욕법에 비교해 1욕법은 티오글리콜산 농도는 약 1/2 정도로 낮은 편으로 웨이브의 형성력과 보유력이 약하다는 단점이 있다. 웨이브 고정력은 2제를 사용하지 않기 때문에, 공기를 통한 산화에 의해 시스틴결합이 복원(재결합)되므로 고정하는 데에 시간이 걸리는 편이다.

사용방법으로는 1제를 도포하여 와인딩 후, 적당한 프로세스 타임을 두고, 테스트 컬을 한 뒤 로드를 한 채로 물로 씻어내어, 남아있는 1제를 제거하고 수건으로 수분을 제거한 뒤, 그대로 드라이를 사용하여 말린 후 20분 전후에서 로드를 풀어 펌을 마무리하게 된다. 이후 공기 중에 방치하여 공기의 산소에 의해 약 8시간 이상을 자연 산화하여 웨이브를 고정시키게 된다.

욕법은 1제를 씻어낸다 하더라도 모발이 알칼리성으로 변해있기 때문에, 그대로 세팅할 경우, 모발을 손상시키는 단점이 있다. 또, 8시간 이상의 공기를 통한 산화작용으로 웨이브를 고정하게 되기 때문에 산화를 촉진하는 촉매도 없는 상태에서 로드의 웨이브의 고정이 불완전하게 되므로 웨이브가 느슨하게 되는 것도 고려해야 한다.

웨이브의 고정력을 높이기 위해 드라이 시 로드를 풀지 않고 드라이하거나 다른 큰 로드로 다시 말아 건조시키는 방법을 사용하기도 한다. 따라서. 1욕법은 약액이 알칼리성인 이상 중간세척은 필수 과정이라 할 수 있다.

(1) 티오글리콜산 또는 그 염류를 주성분으로 하는 콜드 1욕법 펌제

티오글리콜산을 주성분으로 하는 1욕제의 특징은 환원되어 생긴 시스틴 잔기의 산화를 공기중에 존재하는 산소로 서서히 산화시키는 것으로, 제2제는 사용하지 않는다. 제 1제는 주로티오글리콜산 또는 그 염류가 사용되며, 제1제의 티오글리콜산 농도가 높으면 산화가 불충분해 지기 때문에 3.0~3.3%라는 낮은 농도로 기준치가 설정되어 있다. pH 는 9.4~9.6 이라는 좁은 범위로 한정되어 있으며 알칼리도는 3.5~4.6ml로 설정되어 있다. 일반적으로 웨이브효과가 약하므로 가는 로드를 사용하여 와인딩해야 한다. 현재 퍼머넌트 웨이브제의 기준으로는 가온 1욕법이 인정되지 않고 있으며 콜드 1욕법 펌제만 인정되고 있다.

2) 2욕법

2욕법이란 1제(환원제)와 2제(산화제)를 사용하여 웨이브를 형성하는 퍼머넌트 웨이브제를 말한다.

(1) 티오글리콜산 또는 그 염류를 주성분으로 하는 콜드 2욕법 펌제

시중에 시판되고 있는 대부분의 콜드 펌제가 여기에 해당된다. 이 펌제는 웨이브를 형성시키는 공정이 실온에서 행해지며, 주성분으로 알칼리성 펌제의 경우 일반적으로 티오글리콜산 암모늄이 가장 많이 이용되고 있다.

티오글리콜산은 무색의 특이한 냄새가 있는 액체로 강한 환원작용을 한다. 환원작용이 강하다고 함은 산화되기 쉽다는 것으로 공기 중의 산소에 의해 산화되면 환원작용을 잃어버리게 된다. 그러므로 용기를 개봉했다면 빨리 사용하는 것이 좋다.

또한 철이나 금속과 같이 있으면 산화되기 쉬우므로 금속을 용기로 사용하면 안 된다. 일반적으로 티오글리콜산의 농도를 95% 이상으로 하고 암모니아나 모노에탄올아민은 5% 정도를 혼합한다.

[그림 4-6] 티오글리콜산 또는 그 염류를 주성분으로 하는 콜드 2욕법 펌제

(2) 시스테인을 주성분으로 하는 콜드 2욕법 펌제

시스테인은 모발을 가수분해해서 추출한 시스틴을 환원시켜 수소를 첨가한 것이다. 티오글리콜산과 같이 제1제의 주성분으로 사용되고 있는 환원제이다.

시스테인은 자극적 냄새가 적으며 모발의 팽윤도가 적어 모발의 손상이 적으며 시술 후 감촉이 부드럽고 웨이브가 자연스럽다.

하지만 웨이브 형성력이 약하고, 화학약품의 구조가 불안정하며, 가격이 고가이고 티오글리콜산보다 더 산화되기 쉽다. 농도는 5~7.5% 정도이며, pH는 8.0~9.5로 범위가 매우 좁은 것이 특징이다.

[그림 4-7] 시스테인을 주성분으로 하는 콜드 2욕법 펌제

3) 3욕법

3욕법이란 1제(환원제)와 2제(환원제), 3제(산화제)를 사용하여 웨이브를 형성하는 퍼머넌트 웨이브제를 말한다.

1제는 모발을 팽윤, 연화시키기 위해 와인딩하기 전에 모발에 바르는 와인딩 로션으로서의 환원제 역할을 한다.

2제는 2욕법의 1제와 같은 작용을 하는 것으로 환원작용을 하며 와인딩 후에 액티브로션으로서의 환원제 역할을 한다.

3제는 산화제로서 2욕법의 2제와 같은 작용을 한다.

3욕법 펌제는 모발에는 거의 사용하지 않으며 최근에는 속눈썹용 펌제로 개발되어 시판되고 있다.

[그림 4-8] 3욕법

4. 사용목적에 따른 분류

퍼머넌트 웨이브제는 일반적으로 웨이브 형성과 모발 교정 2가지로 크게 나뉘게 된다.

1) 웨이브 형성

웨이브 형성용 펌제란 자연상태의 모발에 로드를 사용하여 와인딩한 후 물리·화학적인 방법을 가하여 모발의 구조나 형태를변화시켜 영구적으로 지속되는 웨이브를 형성시키는 것을 말한다. 일반적으로 액상 타입으로 최근에는 젤리, 겔, 크림타입 등 다양한 제품이 나오고 있다.

[그림 4-9] 웨이브 형성용 펌제

2) 모발 교정

다음의 제품은 축모교정제로서 1978년 이후 미국에서 사용되기 시작해 우리나라나 일본에서는 1985년부터 제조되었다. 사용할 때에 액을 혼합하는 것에 의해 스스로가 발열해 펌이 지나치게 되는 것을 억제한다는 새로운 생각에서 개발된 제품이다.

점도를 가진 제품으로서 단단한 크림 혹은 겔 타입으로 만들어지고 있으며 시중에서는 흔히 스트레이트제라고 부른다.

과거 흑인의 모발을 교정하기 위한 축모 교정제로 사용되었으며 점도가 높은 제품에서 단모사고(펌 시술에 의해 모발이 끊어지는 사고)를 많이 일으킨 경우도 있다. 현재는 이를 보완하여 다양한 기법과 직모로 피는 효과를 높이기 위한 제품이 등장했으며, 펌제에 밀가루 등을 혼합해 점도를 높여 사용하기도 한다. 고점도의 축모 교정제는 상온의 콜드 2욕법과 가온 2욕법으로 나뉘게 되며 콜드 2욕법은 판넬을 사용하여 판 위에 스트랜드를 대고 약제를 발라 효과를 얻는다. 가온 2욕법의 축모 교정제는 pH 4.5~9.3 정도이며 1제 도포 시 모발의 팽윤과 연화작용 후 헹궈낸 후 가열하여 축모를 교정한 뒤 2제를 발라 효과를 얻는다. 가온 2욕법은 제품을 모발에 적용할 때 60℃이하의 온도를 사용하게끔 규정되어 있으며 일반적인 펌제로 사용할 수 없다. 특히 축모 교정제의 펌제는 모발의 손상도가 높으므로 시술 전·후 트리트먼트와 컨디셔닝을 사용해주어야 한다.

[그림 4-10] 축모 교정제

5. 성분에 따른 분류

1) 1제

[표 4-4] 성분에 따른 분류

종류	특징	형태
환원제	시스틴 결합을 일시적으로 절단하는 역할을 한다.	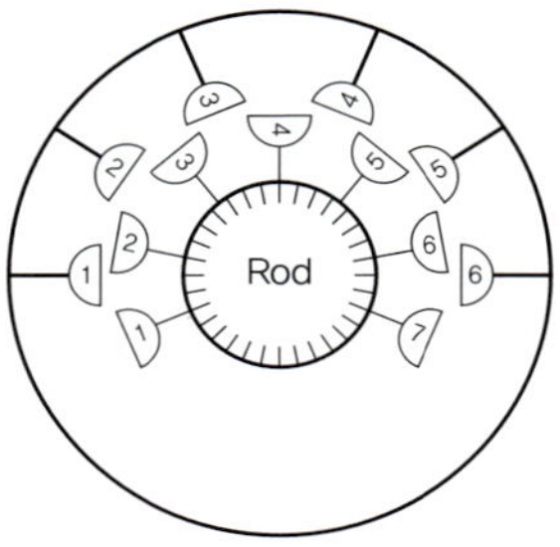 1제의 환원제에 의해 끊어진 시스틴 결합
알칼리	펌제 내 알칼리는 펌제 고유의 pH 결정 및 음이온이 발생하여 이온 결합(염)을 일시 절단하고 환원제의 작용을 극대화시키는 역할을 한다. 펌제에 반드시 필요한 물질이나 모발 잔류 시에는 모발 손상의 원인이 된다.	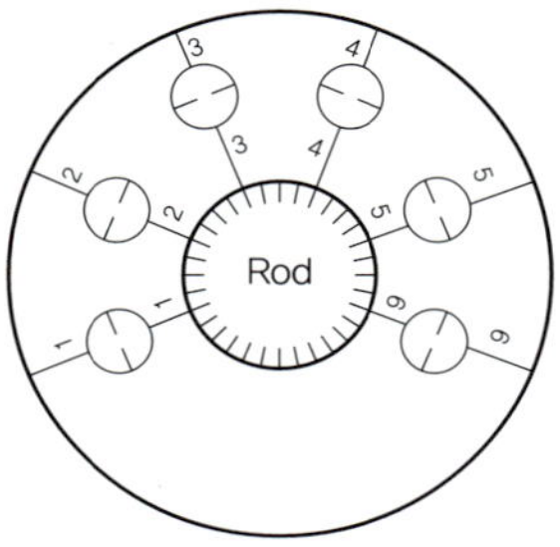 와인딩 상태의 시스템 결합

(1) 환원제

① 티오글리콜산류

대부분의 퍼머넌트 웨이브제가 여기에 포함된다. 주성분으로는 알칼리 퍼머넌트 웨이브제의 경우 암모니아가 가장 많이 사용되고, 무취 타입으로는 모노에탄올아민이 사용된다.

티오글리콜산은 시스테인계에 비해 분자량이 작기 때문에 모발 내부에 확실히 침투하며 시스틴 결합의 절단력이 강한 특징이 있다. 분자량이 작아 버진헤어 및 건강모, 발수성모 및 경모 등 약제가 잘 침투하지 못하는 모발이나 웨이브가 잘 나오지 않는 모발에 사용하는 것이 좋다. 스트레이트제 역시 티오글리콜산을 주성분으로 하기 때문에 축모가 심하거나 확실한 연화를 원할 경우 티오글리콜산계의 펌제를 첨가하여 사용하기도 한다.

티오글리콜산의 화학식은 $HSCH_2COOH$이며 pH 2 전·후의 강산으로 티오글리콜산 용액은 피부 자극이 심하여 묽게 희석한 용액도 표피 각질을 박리시키고, 염증을 일으키기 때문에 알칼리를 혼합하여 중성염으로 사용한다.

티오글리콜산은 알칼리 함유량, 알칼리의 종류에 따라 모발손상을 일으키는 원인이 되기도 하기 때문에 퍼머넌트 웨이브제의 사용 시 농도는 2~7% , pH는 4.5~9.6으로 규정하고 있다.

티오글리콜산은 무색의 액체로서 특이한 냄새가 있으며, 강한 환원작용을 한다. 환원작용이 강하면 산화되기 쉬운 특징이 있으며, 공기 중의 산소에 의해서도 티오글리콜산이 쉽게산화되어 디치오글리콜산으로 되기 쉽다. 이 디치오글리콜산으로 변화되면 환원작용이 줄어들게 되므로 보관 시에는 용기를 잘 밀봉하고 개봉된 제품은 가능한 빨리 사용한다.

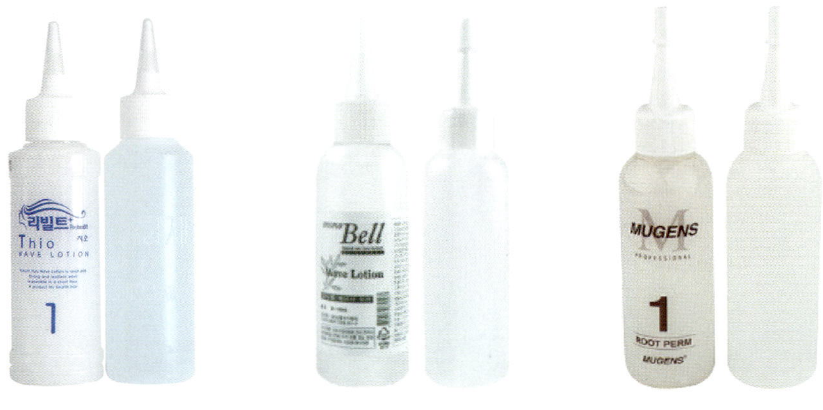

[그림 4-11] 티오글리콜산류 퍼머넌트 웨이브제

② 시스테인류

시스테인은 모발이나 새의 날개에 있는 단백질을 원료로 가수분해해서 추출한 시스틴에 수소를 첨가하여 환원시켜 만든 것이다.

시스틴은 모발을 구성하는 아미노산 중 가장 많이 함유된 아미노산으로 수소를 첨가하여 가수분해하면 시스테인으로 변화된다. 이 시스테인 환원제는 티오글리콜산과 같은 역할을 하며 퍼머넌트 웨이브 1제의 주성분으로 사용된다.

시스테인 펌제에서 시스테인의 화학식은 $HSCH_2CH(NH_2)COOH$이며 함량은 3.0~7.5%이지만 시판되는 제품의 농도는 5.0~7.5%이며, pH는 8.0~9.5이다.

시스테인 펌제는 자극취가 적고 모발의 팽윤도가 작아 모발손상이 적으며, 퍼머넌트 웨이브 후의 컬이 자연스럽다는 것이다. 하지만 가격이 티오글리콜산보다 10배 정도 비싼편이고 산화되기 쉬워 불안정하며, 공기 중에 닿으면 물에 녹기 어려운 시스테인으로 변화되어 결정이 생기기 쉽다.

시스테인 펌제는 웨이브의 형성력이 떨어져서 건강모발보다는 손상모발에 적용하면 더 효과적이며 웨이브의 형성력을 높이기 위해 열처리를 할 수도 있다.

시스테인 퍼머넌트 웨이브제의 산화제로는 취소산염을 쓰며 과산화수소는 사용할 수 없다.

[그림 4-12] 시스테인류 퍼머넌트 웨이브제

시스테인은 분자 구조에 따라 L-시스테인과 DL-시스테인으로 나눌 수 있으며 보통 이야기하는 시스테인은 L-시스테인을 말한다. 자연상태의 시스테인은 L-시스테인이며, D-시스테인은 L-시스테인을 가공한 것으로 용해도가 L-시스테인보다 높아 모발 잔여율이 낮아 모발 손상이 상대적으로 적은 것이 특징이다. L-시스테인, DL-시스테인에서 L과 D는 분자의 방향에 따라 구별 되며, D는 L과 서로 거울을 보고 있는 것처럼 대칭인 상태로 똑같은 시스테인이기는 하지만 분자의 방향에 따라 약간의 특성이 달라지게 된다.

[표 4-5] 시스테인의 종류와 특징

시스테인 종류	세부 특징
L-시스테인(분자량 : 121)	• 중성의 아미노산으로 모발을 구성하는 아미노산과 동일하다. • 산화되어 시스틴을 생성하기 쉽다. • 천연 시스테인이라고 한다.
L-시스테인HCL(분자량 : 121)	• L-시스테인 염산염으로 불린다. • 시스테인 중 퍼머넌트 형성이 가장 좋아,흔히 사용되는 환원제다.
DL 시스테인(분자량 : 121)	• 모발에 불용성 산화물이 남지 않아 모발 손상을 끼치지 않는다. • L-시스테인보다 시스틴 생성이 어렵다.
N-아세틸시스테인(분자량 : 161)	• 보습성이 좋고, 시술 후 모발의 윤기가 향상된다 • 시스틴 생성이 어려워 늘어지는 컬과 방향성 유지에 많이 사용되는 환원제다.

③ 시스테아민류

환원제 중 가장 분자량이 작기 때문에 모발 내부에 확실히 침투하며 시스틴 결합의 절단력 역시 강해지는 특징이 있다. 주로 강한 웨이브를 완성할 때 사용하며 분자량이 가장 작기 때문에 높은 알칼리도를 쓰지 않는 것이 좋다. 시중에는 약산성 시스테아민 펌제가 출시되고 있는데 이는 손상모의 경우 높은 알칼리제를 쓰지 않아도 되고 소수성 케라틴단백질 활용이 가능하기 때문에 손상모 대응 펌제로 적절하게 사용될 수 있다. 시스테아민류 펌제는 중손상 및 강손상모에 복합 환원제 또는 더블 환원의 관점에서 잘 활용할 수 있으나 건강모에 고알칼리의 시스테아민을 사용하는 것은 좋지 않다.

[그림 4-13] 시스테아민류 퍼머넌트 웨이브제

환원제 종류	주요 특성	손상 레벨	환원제 작용 pH 영역 산성 ← 중성 ← 알칼리성 pH 4	pH 5	pH 6	pH 7	pH 8	pH 9	pH 10
치오	주로 고알칼리 타입 → 주로 건강모 대상	0~2				약손상모		건강모	
시스테인	고탄력, 입체적인 컬 형성, 촉감·컨디셔닝 효과	0~3					약손상모	건강모	
시스테아민	극손상에서 건강모까지 넓은 대응력	0~5			극손상모	중손상모	약손상모	건강모	
치오글리세린	손상모발 친화적, 건조·구불거림·쭈글거림 대응	4~5				극손상모	극손상모	중손상모	
락톤치올	논알칼리펌제, 극손상모 전용	4~5	극손상모	극손상모	중손상모				
산성 GMT	논알칼리펌제, 극손상모 전용	4~5	극손상모	극손상모	중손상모				

※ GMT : 치오클리콜산 글리세린(Glycerin Mono Thioglycollate) 출처 : 신비요(일본) 2017년 11월호, 내용 편집

[그림 4-14] 환원제의 종류와 특성

(2) 알칼리제

일반적으로 알칼리제를 암모니아 타입과 아민 타입으로 분류하는데, 이는 배합되는 알칼리제의 종류에 따른 펌제의 분류이다.

일반적으로 사용되는 알칼리제는 크게 암모니아, 아민, 중성염, 3가지로 분류되는데 이들 모두 각각의 장·단점이 있다.

① 암모니아류

암모니아는 휘발성 알칼리제로서 펌제나 염모제에 가장 많이 사용되는 알칼리제이다. 암모니아는 모발을 적당하게 팽윤시키는 작용이 있으며, 티오글리콜산의 양이나 비율을 조절하여 소프트한 웨이브에서 하드한 웨이브까지 폭넓게 연출할 수 있다.

펌 시술 시 암모니아(NH_3)가 휘발하기 때문에 약제의 pH가 낮아지므로 모발에 잔류하여 과잉 작용을 일으키는 것을 방지한다.

고객의 두피나 시술자의 손에도 알칼리제의 잔류가 적기 때문에 피부자극도 적은 장점이 있지만 암모니아 특유의 강한 냄새가 난다.

티오글리콜산과 암모니아에 의한 모발의 팽윤도 및 웨이브 효율은 pH 4~5에 가장 낮으며 pH 8~9에서 급격히 높아진다. 강산인 pH 2에 가까우면 모발은 가수분해를 하여 팽윤도가 증가된다.

[그림 4-15] 암모니아 타입의 알칼리제

② 아민류

비휘발성의 알칼리제로 대표적인 아민으로는 모노에탄올아민을 들 수 있다. 이 약제는 냄새가 적으면서 웨이브 형성력이 강하다는 장점이 있으나 암모니아에 비해서 휘발성이 없어 모발과 피부에 잔류성이 높다. 그러므로 모발 손상과 피부자극에 유의해야 한다.
시술 후 약제가 잔류하지 않도록 산성 샴푸나 린스를 사용하여 알칼리를 중화시키거나 충분히 씻어내야 한다.

[그림 4-16] 아민 타입의 알칼리제

③ 중성염류

약알칼리제로서 탄산수소암모늄, 탄산수소나트륨,인산수소나트륨 등의 종류가 사용되고 있다. 이는 pH가 낮아 모발의 팽윤도가 크지 않기 때문에 과잉작용의 우려가 없고 암모니아 같이 강한 냄새가 없으며 아민과 같은 피부자극이 적다는 것이 장점이다.
그러나 모발의 팽윤도가 적기 때문에 강한 웨이브를 얻는것이 어렵다.
따라서 이 알칼리제는 암모니아와 아민이 가진 단점을 보완하기 때문에 다른 알칼리제와 혼합하여 함께 사용되고 있다.

[그림 4-17] 중성염 타입의 알칼리제

④ 무(無)알칼리제류

무알칼리 제품은 최근 들어 나오기 시작한 펌제로 화학적 알칼리제가 함유되지 않은 저자극 제품을 말한다. 모발에 과도한 팽윤 없이 시술할 수 있어 모발 내 CMC나 단백질의 유출 없이 컬을 탄력있게 만드는 고기능성 펌제로 알칼리 성분이 없이도 삼투압 현상에 의해 펌제가 모발 내부로 흡수돼 알칼리 성분 없이도 컬 형성이 가능하다. 하지만 일반 알칼리 펌제보다 웨이브 형성력이 매우 떨어지는 단점이 있어 극손상 모발이 아니면 주로 사용하지 않는다.

[그림 4-18] 무알칼리제

[표 4-6] 알칼리제의 종류와 특성

알칼리제	사용하는 원료	특징	
암모니아	암모니아수	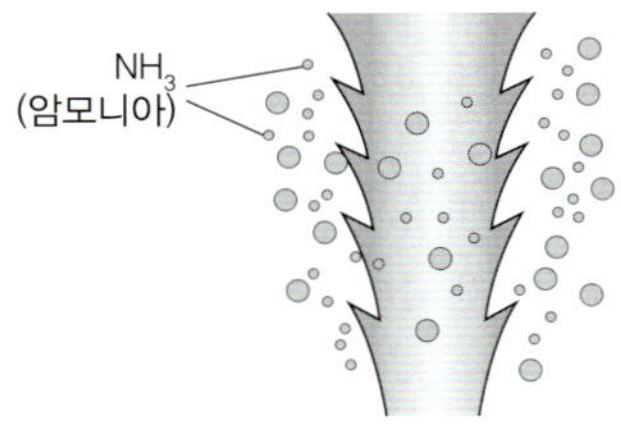	자극취가 강한 편이다. 휘발성이라 1제의 오버타임으로 인한 모발 손상과 피부에 대한 자극이 적다. 첨가량을 늘리면 1제의 pH가 급상승하여 강한 웨이브 형성 효과를 낼 수 있다.
아민	모노에탄올아민 (monoethanolamine) 트리에탄올아민 (triethanolamine) 디에탄올아민 (diethanolamine) 이소프로판올아민 (isopropanolamine) 등	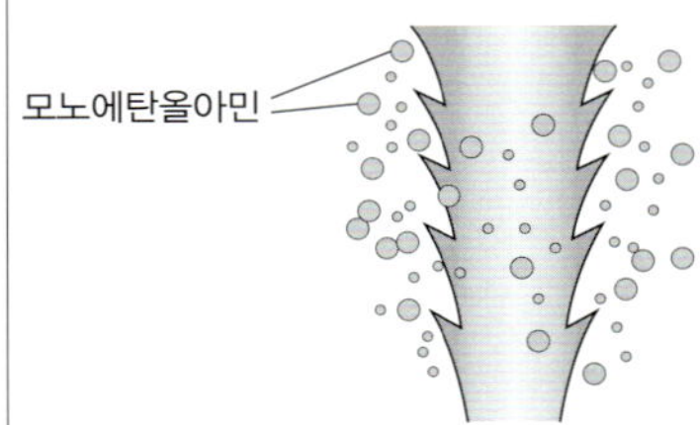	모노에탄올아민을 가장 일반적으로 사용한다. 자극취가 적다. 불휘발성이라 모발과의 친화성 및 잔류성이 높아 오버타임으로 인한 모발 손상과 피부에 대학 자극이 많다. 첨가량을 늘리면 1제의 pH가 급상승하여 강한 웨이브 형성 효과를 낼 수 있다.
중성염	탄산수소암모늄 탄산수소나트륨 인산수소암모늄 등	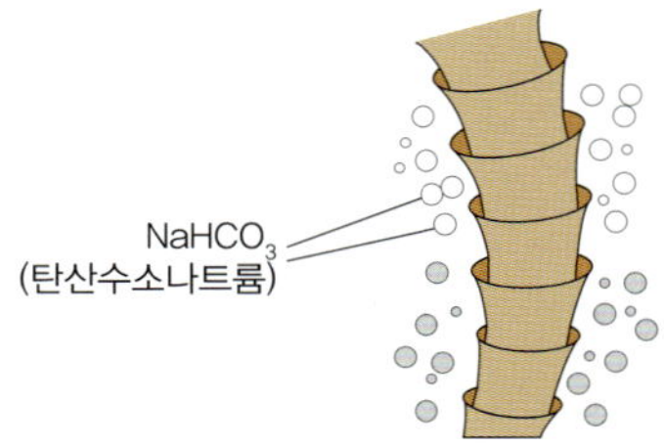	탄산수소암모늄을 가장 일반적으로 사용한다. 자극취가 적고, 오버타임 시 자극이 적다. 배합량이 증가해도 1제의 pH가 상승하기 어려워 웨이브 형성 효과는 약한 편이다.

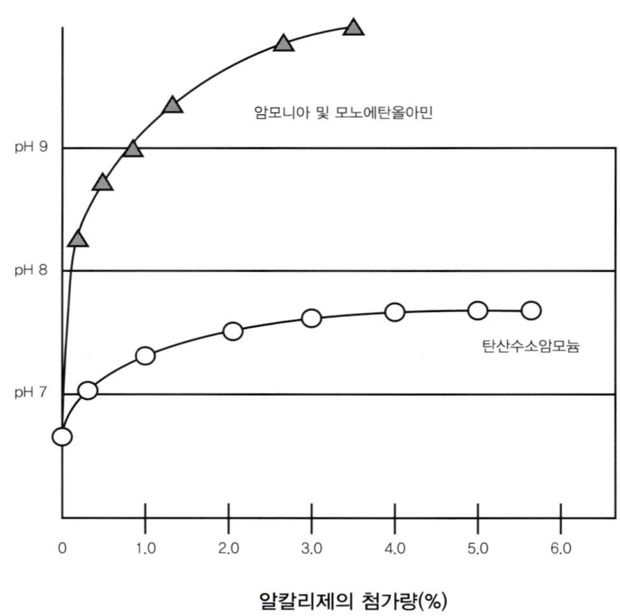

[그림 4-19] 알칼리제의 종류와 1제의 pH

2) 2제

2제의 주성분으로서 취소산나트륨, 과붕산나트륨 및 과산화수소를 사용한다. 서양에서는 80~90%가 과산화수소를 사용하고 있으며, 10~20%가 취소산염류를 사용한다. 동양권에서는 반대로 과산화수소 보다 일반적으로 취소산염류를 많이 사용하고 있다.

[표 4-7] 2제에 배합되는 성분

2제	
유효성분	산화제 ① 취소산염 ② 과산화수소
첨가제	안정제 ① pH 조정제 ② 계면활성제 ③ 컨디셔닝제

(1) 브롬산나트륨류

브롬산염류에는 브롬산칼륨과 브롬산나트륨이 주로 사용되는데 상화작용에 관한 것은 같으나 브롬산칼륨이 브롬산나트륨보다 물에 녹는 양이 적다. 브롬산나트륨쪽이 상온에서 진한 수용액이 만들어지고 제2제의 처리시간이 짧아지므로 많이 사용되고 있다. 브롬산염의 경우 산성에서 안정된 상태를 유지하기 어려우므로 시판되는 액상의 제2제의 pH는 5.0~7.5가 많다.

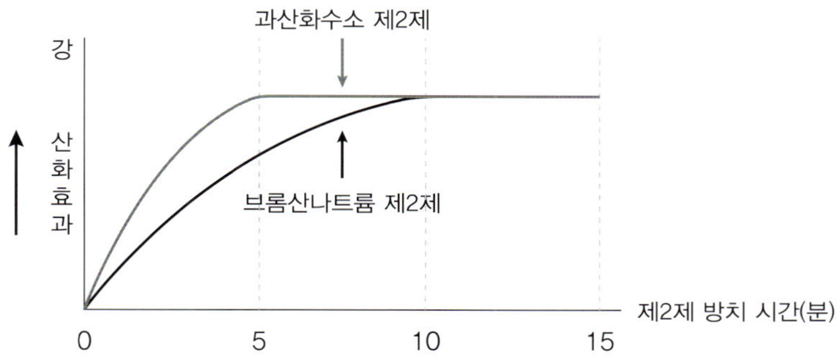

[그림 4-20] 방치시간에 따른 과산화수소와 브롬산나트륨의 산화 효과

(2) 과산화수소류

과산화수소는 산성에는 안정되고 알칼리성에는 불안정하므로 pH가 낮게 설정되어 있으며 시판품은 pH 2.5~3.5가 많다. 또한 과산화수소는 브롬산염에 비해 화학적으로 불안정하고 햇빛이나 미량의 중금속에 쉽게 분해되기 때문에 처방에 따라 특별한 주의가 필요하다. 모발의 팽윤은 pH의 차이에 의해 변화되기 쉬우므로 사전처리의 잘못에 의해 제2제의 pH가 달라지면 모발의 팽윤이나 산화속도, 모발의 작용에 영향을 끼친다. 따라서 항상 일정한 pH 수치로서 반응이 진행되는 것이 안전하다.

[표 4-8] 브롬산나트륨과 과산화수소의 차이

브롬산나트륨($NaBrO_3$)	과산화수소(H_2O_2)
작용 시간이 느림	작용 시간이 빠름
피부 자극이 상대적으로 적음	산화력이 강함
산화력이 과산화수소에 비해 약함	모발 퇴색 우려가 있음
모발이 퇴색될 우려가 적음	모발 손상도가 상대적으로 높음
일반 펌에 주로 사용	열펌(아이롱/세팅/매직 등)에 주로 사용

6. pH에 따른 분류

1) 산성 – pH 4~6

산성 펌제는 제 1제의 pH가 4.0~6.5 정도의 산성~약산성이며, 시판품은 5~5.5의 범위에 있는 것이 많다.

산성 펌제에는 알칼리제가 pH 7 이상을 넣지 않는 제품으로 유리알칼리가 포함되어 있지 않는 제품이다. 콜드 2욕법의 경우 pH의 하한치는 4.5로서 시판품은 일반적으로 pH 5.0~6.5 전후의 제품이 많다.

모발의 등전점은 pH 4.5~5.5 약산성이기 때문에 산성 펌제를 사용한다 하더라도 모발은 거의 팽윤되지 않는다. 모발은 시스틴 결합과 티오글리콜산 사이의 환원반응에 있어 알칼리에서의 반응속도는 빠르지만 pH 3~6인 산성에서는 환원 반응의 속도가 느려지게 된다. 그러므로 산성 펌제는 모발의 웨이브 형성력이 매우 약하므로 시술 시 주의해야 한다.

산성 펌제 사용 시 웨이브 형성력을 높이기 위해 가는 로드를 주로 사용하고, 모발의 슬라이스 폭을 얇게 잡으며 텐션을 확실히 주어 와인딩해야 한다. 이러한 과정은 산성 펌제의 약한 웨이브 형성력을 물리적인 힘으로 보조하게 된다.

[그림 4-21] 산성 펌제

2) 중성 – pH 7~8

중성 펌제란 pH가 7~8에 해당되는 펌제로 약알칼리제로서 탄산수소암모늄, 탄산수소나트륨, 인산수소나트륨 등의 종류가 사용되고 있다. 이는 pH가 낮아 모발의 팽윤도가 크지 않기 때문에 과잉작용의 우려가 없고 암모니아 같이 강한 냄새가 없으며 아민과 같은 피부자극이 적다는 것이 장점이다. 그러나 모발의 팽윤도가 적기 때문에 강한 웨이브를 얻는 것이 어렵다.

따라서 이 알칼리제는 암모니아와 아민이 가진 단점을 보완하기 때문에 다른 알칼리제와 혼합하여 함께 사용되고 있다.

[그림 4-22] 중성 펌제

3) 알칼리성 - pH 9~11

알칼리성 펌제란 pH가 9~11에 해당되는 펌제를 말한다.

pH가 높을수록 모발의 팽윤도가 높고 환원력이 높아지므로 강한 웨이브를 얻기 쉽다. pH가 높고 강한 환원력 때문에 건강모 용 펌제가 주로 여기에 속한다. pH가 높기 때문에 방치 시간을 정확하게 체크해야 하며 오버타임 할 경우 모발의 손상을 초래하고 심할 경우 모발이 녹거나 끊어질 수 있으므로 조심하여야 한다.

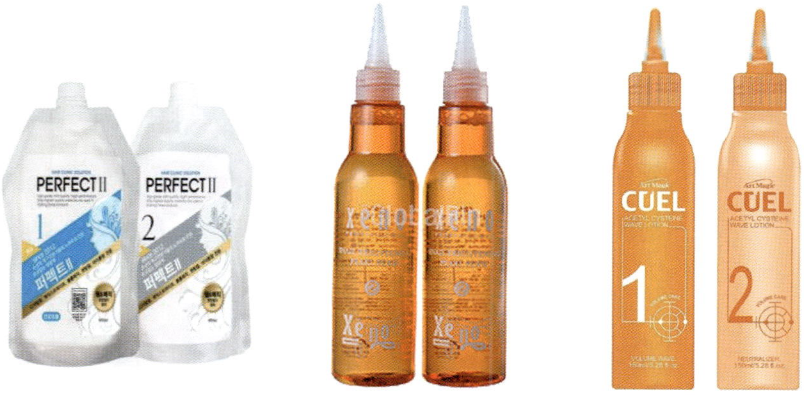

[그림 4-23] 알칼리성 펌제

7. 제형에 따른 분류

1) 1제

내가 원하는 컬을 잘 만들려면 제형에 따라 액상과 크림 타입의 비율을 조절하고 잘 섞어서 모질에 따라 농도를 조절하여 사용할 수 있다.

(1) 액상

풍성한 웨이브를 연출할 경우 가장 선호되는 제형의 제품이다. 액상타입을 사용하여 연화를 볼 경우 모발의 숨이 잘 죽지 않기 때문에 축모를 교정하기 위해서는 액상타입을 사용하지 않는 것이 좋다. 점성이 낮아 시술 시 약액이 흘러내리는 불편함이 있으나 와인딩 시 사용이 편리하고 웨이브가 잘 형성되는 장점이 있다.

[그림 4-24] 액상 퍼머넌트 웨이브제

(2) 크림

차분한 매직 스트레이트를 연출할 경우 가장 선호되는 제형의 제품이다. 크림타입을 사용하여 연화를 볼 경우 모발의 숨이 죽어 컬이 잘 형성되지 않기 때문에 컬을 형성하기 위해서는 크림타입을 사용하지 않는 것이 좋다. 주로 축모를 교정하기 위해 사용하며 점성이 높아 도포 후에도 흐르지 않고 모발을 고정시키는 역할을 하게 된다. 이러한 크림타입은 약액이 모발에 머물러 있어 액상타입에 비해 환원력이 크고 손상도가 크기 때문에 주로 건강모에 사용한다.

[그림 4-25] 크림 타입의 퍼머넌트 웨이브제

2) 2제

(1) 액상

2제 제형이 액상일 경우 모발 내 침투력이 강하며 점성이 낮으나 흘러내리는 것이 특징이다. 모발 내 침투력이 강해 로드를 말아놓은 상태에서 사용하는 경우도 있지만 로드를 풀어서 사용하는 경우도 있다.

점성이 낮기 때문에 일반 곱슬 매직스트레이트일 경우에는 관계없으나 악성 곱슬일 경우 액상으로 중화하게 되면 축모가 잘 교정되지 않고 다시 곱슬이 올라오는 경우가 있어 스트레이트 매직일 경우 액상타입은 부적합하다. 액상타입은 흘러내리는 특징이 있어 고객의 얼굴이나 목, 귀 쪽으로 흐를 수 있으니 주의하여야 한다.

(2) 거품

액상타입의 2제를 거품기를 사용하여 인위적으로 거품 제형으로 변형하여 사용하는 방식이다.

거품 제형은 2제가 모발에 머물러 있어 액상의 흘러내리는 단점을 보완할 수 있다.

또, 2제가 액상에서 거품으로 제품의 부피가 늘어남으로써 액상에서의 2제 부족량을 보완할 수 있다. 하지만 액상타입의 2제보다 침투력이 낮아 2바퀴 이상 웨이브되어 있는 펌에는 속 안까지 침투가 안 될 수 있으므로 1바퀴 정도의 남자머리 펌 정도에 사용하면 적당하다.

(3) 크림

크림 타입의 2제는 점성이 높아 사용 시 모발에 머물러 있는 것이 특징으로 스트레이트(경모) 펌에 사용할 경우 매우 편리하다. 하지만 크림 타입은 액상 타입보다 무겁다는 단점이 있어 얇고 가늘고 연모에 웨이브를 건 모발에 크림 타입의 2제를 사용하면 모발이 처질 수 있다.

크림 타입은 고정력을 필요로 하는 스트레이트 펌을 한 모발에 사용하면 용이하나, 웨이브의 컬 형성력에 중점을 두는 고객에게 사용하게 되면 컬의 웨이브가 늘어지는 경우가 있다.

[표 4-9] 제형 타입에 따른 특징

제형 타입	액상	크림
시술 펌	C컬, S컬 웨이브	매직, 다운펌
장점	컬 유지력	강한 고정력
단점	액상은 액상 타입으로 약액이 흘러내리는 불편함이 있다.	크림 타입은 약액이 모발에 머물러 있으므로 액상에 비해 손상도가 있다.

BASIC

HAIR PERMANENT

PRO 베이직 **헤어 퍼머넌트** 프로

Chapter 05

퍼머넌트 웨이브의 분류

1. 로드에 따른 분류
2. 가온 방식에 따른 분류
3. 웨이브의 형태에 따른 분류
4. 시술 방식에 따른 분류

1. 로드에 따른 분류

1) 로드 모양에 따른 분류

(1) 일반 펌형 로드

일반 펌에 가장 많이 사용되는 로드이다. 로드는 1~10호까지 10단계로 구성되어 있으며 1호가 가장 크고 10호가 가장 작은 로드이다.

[그림 5-1] 일반 펌형 로드

(2) 롤형 로드

일반 로드보다 굵고 평평한 롤을 사용함으로써 자연스러운 굵은 C컬의 형태를 연출할 수 있는 로드이다. 주로 볼륨 매직 스트레이트나 앞머리 볼륨을 잡기 위해 사용된다.

[그림 5-2] 롤형 로드

(3) 열 펌형 로드

열 펌을 시술할 때 사용되는 로드로 전기선을 연결하면 열이 발생되는 로드이다. 대표적으로 세팅 펌 로드와 디지털 펌 로드가 있다.

① 직펌 로드

로드 안에 미리 열이 공급되어 1제를 바른 후 와인딩하면 로드 자체에 열이 공급되어 따로 열처리를 하지 않아도 된다.

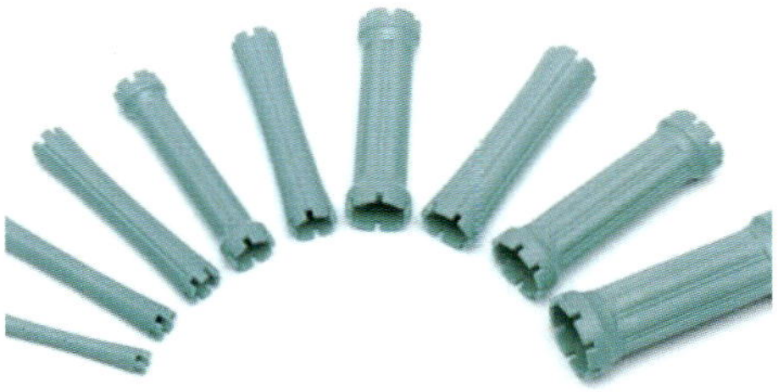

[그림 5-3] 직펌 로드

② 디지털 펌 로드

플라스틱 재질로 만들어져 있으며 전기를 연결하여 로드에 열을 전달한다.

[그림 5-4] 디지털 펌 로드

③ 세팅 로드

세라믹 재질로 만들어졌으며 전기를 공급하여 열을 주며 디지털보다 열 전도율이 높아 강한 펌을 만들며, 단점으로는 모발 손상도가 크다.

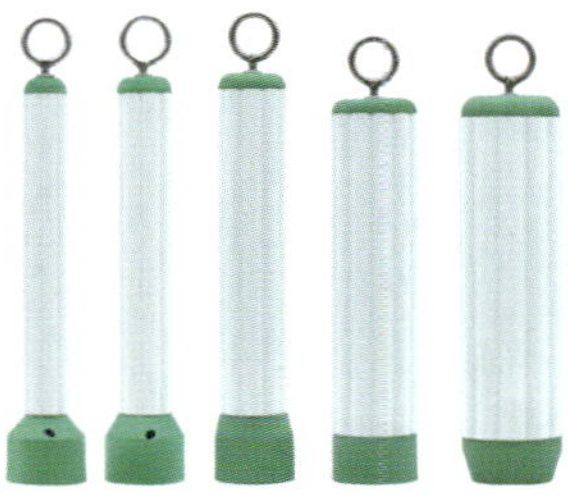

[그림 5-5] 세팅 로드

(4) 스틱형 로드

가늘고 세로로 긴 스틱형태의 로드로 주로 세로 웨이브인 스파이럴 컬을 만들 때 많이 사용하는 로드이다. 긴 모발을 일정한 두께의 컬을 만들 때 사용하는 로드이다.

[그림 5-6] 스틱형 로드

(5) 고리형 로드

부메랑 로드라고도 불리우며 짧은 머리에 시술이 가능하다. 뿌리쪽의 볼륨보다는 웨이브가 쌓여서 생기는 부피감으로 인한 볼륨이 형성된다.
자연스러운 세로 웨이브를 형성할 때 주로 사용하나 시술 시간이 오래 걸려 현재는 많이 사용하지 않는 로드이다.

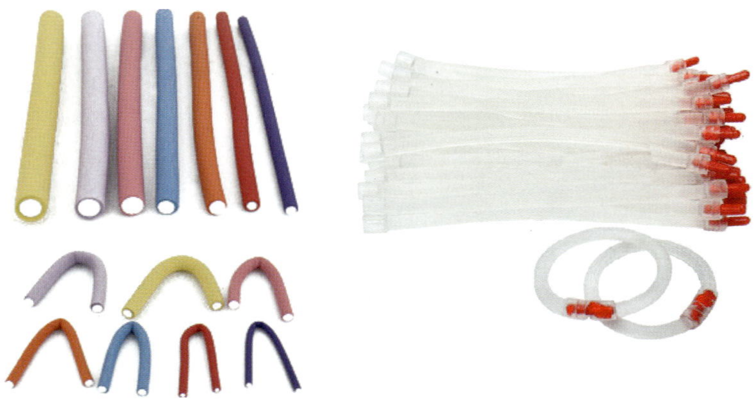

[그림 5-7] 고리형 로드

(6) 압축형 로드

로드의 판넬 사이에 환원제 처리를 한 모발을 끼워놓고 압축시켜 웨이브를 형성하는 원리이다. 뿌리 볼륨을 살리거나 나이아가라 펌을 하기위해 주로 사용된다.

① 다이렉트/나이아가라

빨래판 형태의 로드를 사용하여 지그재그한 형태의 컬을 찍어내는 펌을 말한다.

부시시한 머리를 만들기 위한 목적의 파마 중 가장 간편한 방법의 파마이며, 비교적 가격이 저렴한 장점이 있는 반면에 모양이 부자연스러운 단점이 있다.

[그림 5-8] 다이렉트/나디아가라 로드

② 물결

물결펌이란 컬이 물결치는 듯한 웨이브의 형태로 있다 해서 물결펌이라 한다. 물결펌에는 많은 종류가 있지만 압축식의 로드로 물결펌을 연출할 수 있다.

와인딩 시 가장 중요시해야 하는 부분은 컬의 위치가 같아야 한다는 점이다.

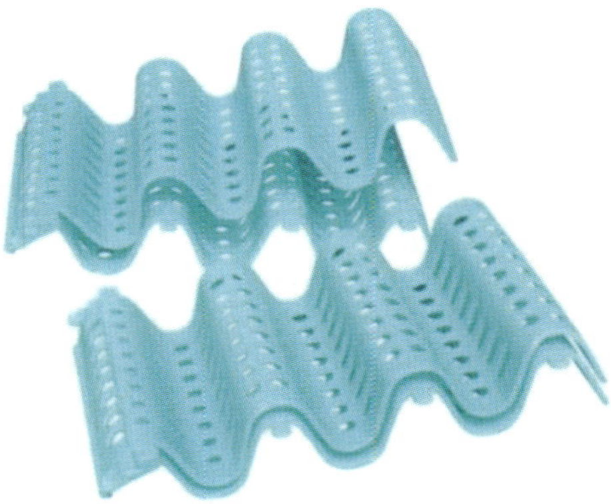

[그림 5-9] 물결 펌 로드

[그림 5-10] 압축형 로드

(7) 구르프형 로드

로드 주위에 찍찍이나 돌기가 있어 일반 와인딩 로드보다 볼륨이 더 많이 형성되는 특징이 있다. 모근 부위의 뿌리 볼륨을 살리거나 자연스러운 굵은 웨이브를 형성할 때 사용된다. 이 로드는 펌 시술 시에만 사용하는 것이 아니라 약제 도포 없이 모발에도 사용가능한 제품이다.

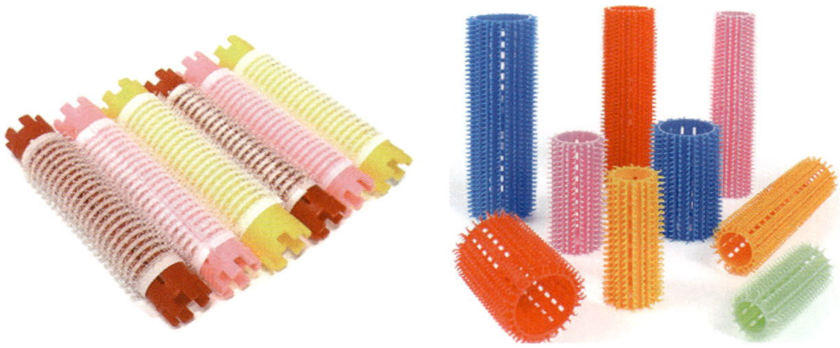

[그림 5-11] 구르프형 로드

(8) 고깔형 로드

샤기펌 로드라고 불리우며 샤기 커트한 모발에 전체적으로 굵고 자연스러운 컬을 표현하기 위한 로드이다. 이 로드는 굵은 쪽으로 와인딩을 먼저 해야 하며 얇은 부분이 두피쪽으로 가고 두꺼운 부분이 모발 끝쪽으로 가도록 와인딩한다. 샤기커트의 형태를 그대로 살려주면서 펌을 하기 때문에 일반 커트에 이 로드를 적용하여 와인딩할 경우 윗부분이 뜨는 현상이 생긴다.

[그림 5-12] 고깔형 로드

(9) 모발 걸이형 로드

로드에 모발을 좌우로 걸거나 스파이럴 형식으로 돌돌 감아 거는 형식의 로드이다.

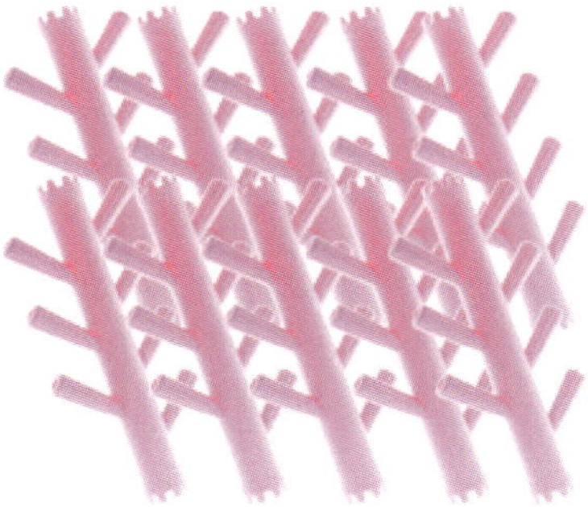

[그림 5-13] 모발 걸이형 로드

(10) 판넬형 로드

판넬 스트레이트를 할 때 주로 사용되는 로드이다. 펌제에 밀가루 같은 가루를 섞어 점도를 높인 다음 모발을 판넬 위에 놓고 펌제를 도포하며 빗어내려준다. 이후 파지를 얹어 마르지 않도록 해준다. 매직 스트레이트가 많이 보편화되지 않았을 때 사용되던 로드로 곱슬이 잘 펴지지 않는 단점이 있다. 이러한 단점으로 현재는 거의 사용되지 않고 있다.

[그림 5-14] 판넬형 로드

2) 로드 재질에 따른 분류

(1) 플라스틱

일반 퍼머 로드에서 가장 많이 사용되는 재질로 가볍고 저렴하여 사용하기 쉬운 장점이 있다. 로드에서 열이 발생되지 않고 열 전도율이 낮은 것이 특징이다.

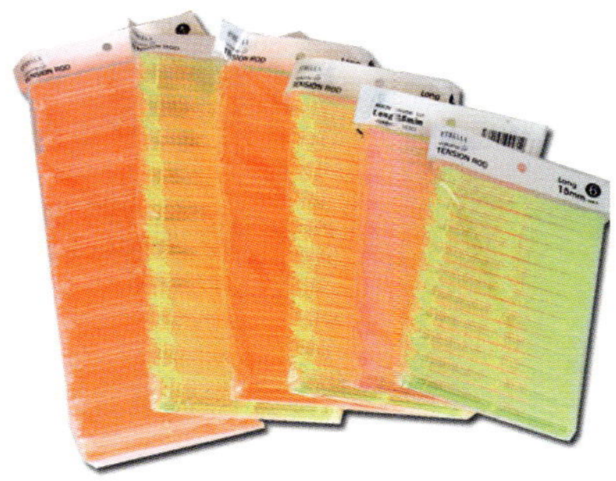

[그림 5-15] 플라스틱 로드

(2) 세라믹

일반적으로 세라믹 로드라 불리는 대다수의 로드는 플라스틱과 세라믹을 합성한 로드를 주로 말한다. 세라믹 재질은 펌 시술 시 열 전도율이 높고 단단한 재질이지만 가격이 비싸고 무겁다는 단점이 있다. 플라스틱과 합성되지 않은 세라믹 재질의 로드는 도자기처럼 두껍게 형성되어 있고 가격이 매우 비싸며 무거워 사용하기 불편하지만 열전도율이 매우 높고, 원적외선이 방출되는 세라믹의 특징과 견고한 내구성을 가진 로드로 세팅펌 시에 주로 사용된다.

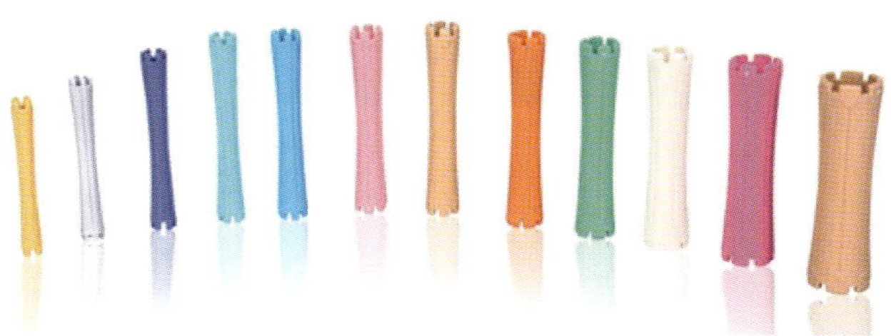

[그림 5-16] 세라믹+플라스틱 로드

[그림 5-17] 세라믹 로드

(3) 고무

와인딩 시 웨이브의 형태가 구부러지는 특징이 있으며 고무의 탄성과 내열성을 가진 로드이다.

[그림 5-18] 고무 로드

(4) 나무

나무로 만들어진 로드로 주로 우드 로드라 부른다. 펌 시 나무 재질의 로드가 약제를 빨아들여 손상도가 낮으나 시술시간이 오래 걸리는 단점이 있다. 로드의 변형, 시술시간, 컬의 처짐 등의 단점으로 인해 현재는 거의 사용하지 않고 있다.

[그림 5-19] 우드 로드

(5) 스펀지

스펀지 재질의 로드는 매우 가볍고 사용이 편리한 장점을 가지고 있으나 오래 사용할 경우 뜯어지거나 떨어지는 등 내구성이 낮은 것이 특징이다. 매장에서는 거의 사용하지 않고 있다.

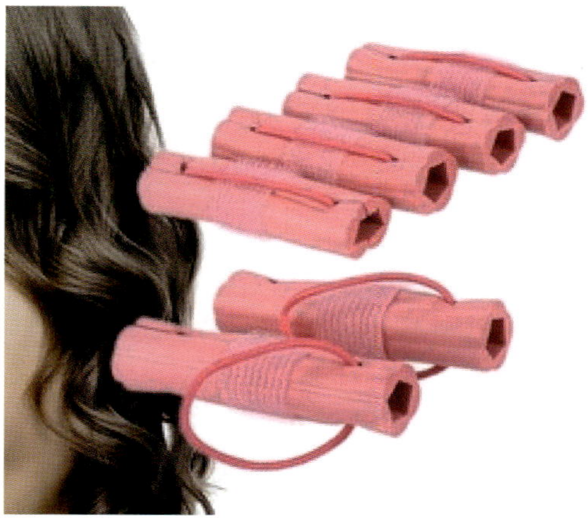

[그림 5-20] 스펀지 로드

2. 가온 방식에 따른 분류

1) 일반 펌

시중에서는 '일반 펌'이라고 지칭하고 있으며 일반 펌은 열을 가하는 펌에 비해 손상도가 적고 수분감이 있을 땐 컬이 많이 생기는 특징이 있다.

일반 펌은 시술시간, 손질시간이 짧고 가격이 저렴하며 퍼머를 자주하거나 탱글탱글한 웨이브 스타일을 원하는 고객에게 알맞다. 모발 손상이 걱정되는 사람에게는 일반 펌을 추천한다.

모발에 수분이 있을 경우 컬이 많은 펌이기 때문에 이를 유지시키려면 모발이 건조해지기 전에 충분히 에센스를 도포한 후 말려야 부스스함을 방지할 수 있다.

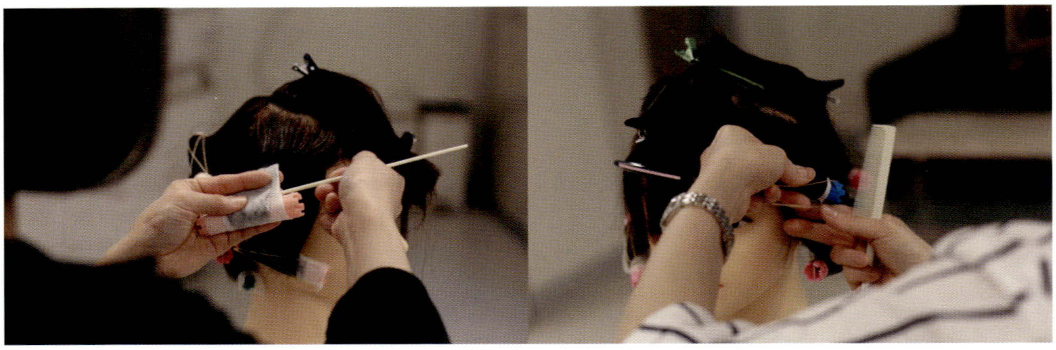

[그림 5-21] 일반 펌

2) 디지털 펌

디지털 펌은 로드에서 발생되는 열이 70~120℃ 정도로 세팅 펌보다 낮은 것이 특징이다. 또, 로드의 폭이 좁고 가벼우며 크기도 다양하여 머리 길이에 크게 상관없이 사용이 가능하다. 또 온도가 세팅 펌에 비해 상대적으로 낮아 두피 가까이 와인딩도 가능하나 두피에 닿지 않도록 주의하며 시술해야 한다.

디지털 펌의 로드는 크기가 종류별로 다양하여 디테일하고 섬세한 시술이 가능하며 손상모에도 효과적으로 컬을 연출할 수 있다. 세팅 펌보다는 상대적으로 낮은 온도를 사용하여 시술하므로 시술시간이 세팅 펌에 비해 길지만 로드에 열을 가할 경우 수증기가 발생하여 화상이나 염증을 일으킬 수 있으므로 주의하여야 한다.

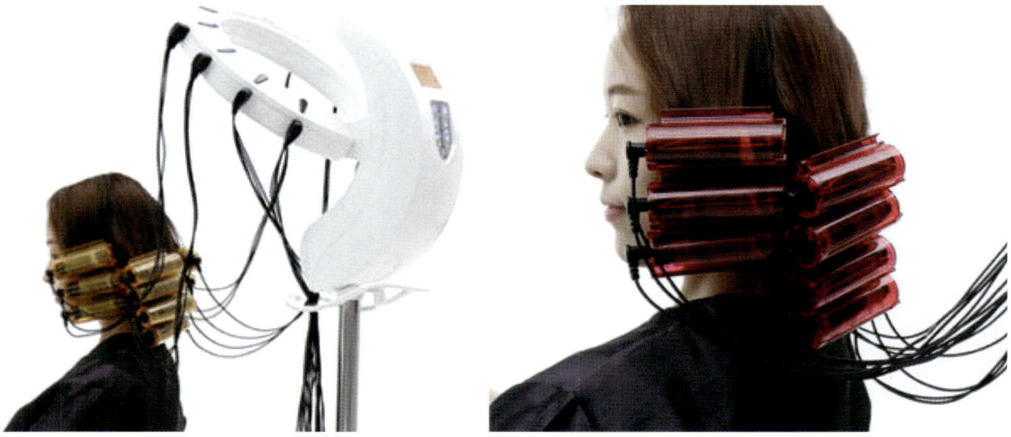

[그림 5-22] 디지털 펌

3) 세팅 펌

세팅 펌은 로드의 온도가 110~180℃ 로 높게 설정되어 있으며 로드 속 절연도체에 AC220V가 다이렉트로 들어가게 되는 것이 특징이다. 로드의 폭이 커서 긴머리 고객에게 사용할 경우 매우 용이하며 어깨 이하의 짧은 머리의 고객일 경우 사용이 불가능하다.

세팅 펌의 로드는 도자기로 제작되어 상당히 무거운 편이 속하며 로드의 크기는 대, 중, 소, 소소 4가지로 나뉘어져 있어 다양한 컬의 크기를 연출하기에는 무리가 있다.

세팅 펌은 로드의 열 자체가 높아 시술시간이 짧고 컬의 탄력이 좋으나 손상모에 시술할 경우 머리카락이 타거나 녹을 수 있으므로 주의하여 사용하여야 한다. 상대적으로 디지털 펌에 비해 높은 열을 사용하여 빠른 환원작용을 하므로 유지력이 긴 것이 특징이나 시술 시 높은 온도로 인해 두피 가까이 와인딩을 할 수 없고 고객이 뜨거워할 수 있어 주의하여야 한다.

[그림 5-23] 세팅 펌

3. 웨이브의 형태에 따른 분류

1) 뿌리 펌

모근의 뿌리 볼륨을 살리기 위해 주로 사용하는 퍼머 방법이다. 모근에 얇은 로드를 감아 볼륨을 살리거나 각도를 높게 잡아 시술하는 방법이다.

[그림 5-24] 뿌리 펌

2) 다운 펌

다운 펌이란 머리를 자연스럽게 눌러주는 펌으로 최근 남성 헤어 스타일링의 기본 단계로 자리 잡은 스타일을 말한다. 모근의 뿌리 볼륨을 죽이기 위해 주로 사용하는 퍼머 방법으로 펌제에 점성을 높일 수 있는 밀가루 등을 섞어 되직하게 만든 후 뿌리 볼륨을 죽이고 싶은 부위에 약액을 펴바르며 뿌리 볼륨을 최대한 없애도록 한다. 모발이 긴 경우에는 mm수가 가장 작은 아이롱으로 모류를 교정한 후 약제를 도포하여 볼륨을 죽이는 방법도 있다.

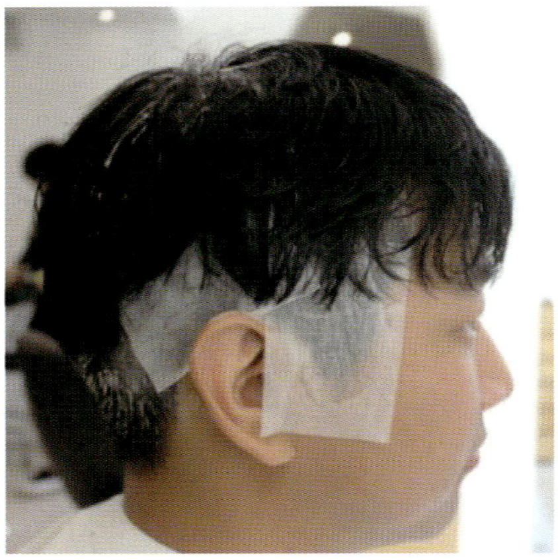

[그림 5-25] 다운 펌

3) 스트레이트 펌

퍼머넌트액을 이용해서 머리카락을 곧게 펴는 방법을 말한다. 판넬에 모발을 붙여 약액을 도포하는 방법과 1제 도포 후 아이롱으로 모발을 편 후 2제를 사용하는 방식이 있다.

4) C컬 펌

모발 끝부분에 C의 형태로 컬을 드는 방법을 말한다. 볼륨 매직 스트레이트가 여기에 해당된다.

5) 웨이브 펌

모발을 S자 형태의 웨이브로 컬을 만드는 방법을 말한다.

4. 시술 방식에 따른 분류

1) 간접와인딩

간접와인딩이란 물에 적신 상태에서 와인딩이 다 끝나면 파마약을 도포하는 방식이다. 시술자의 와인딩 속도가 느릴 경우 시간의 구애를 덜 받는다. 손상이 적어 손상모에 적합하다. 모발이 많이 손상된 고객일 경우 물 대신 트리트먼트를 사용하여 시술하기도 한다.

2) 직접와인딩

직접와인딩은 퍼머 1제를 도포한 후 와인딩하고 다시 1제를 도포하는 방식이다. 와인딩 속도가 느릴 경우 이미 1제가 도포되어 환원작용이 일어나고 있으므로 웨이브가 균일하지 않게 연출된다. 약의 작용 시간이 빠르므로 경모에 적합하며 시술자의 능숙도가 매우 중요하다.

3) 혼합와인딩

직접와인딩과 간접와인딩의 방식을 섞어서 하는 기법이다. 동일 모발 내에서 손상 정도가 다른 모발을 퍼머할 때 주로 사용되는 기법이다.

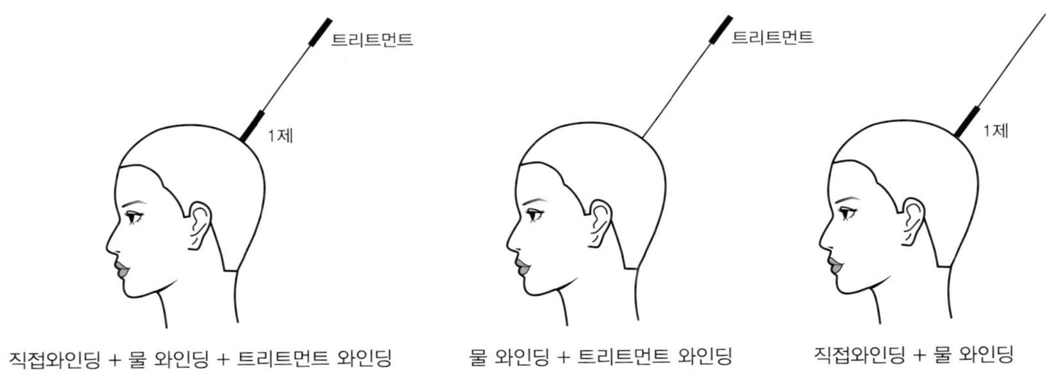

[그림 5-26] 혼합와인딩

4) 세척중화

연화 후 1제의 작용이 끝나면 모발에 잔류하는 알칼리를 중성으로 내려주고 모발에 남아있는 1제를 헹궈줌으로써 제거해 주는 것이 좋다.
그렇지 않으면 1제와 제2제가 반응하여 웨이브의 고정이 불완전하게 되는 경우도 있다. 1제의 알칼리가 남아있는 상태에서 2제를 도포하면 취소산염의 산화하는 힘이 약해져 웨이브가 고정되는 시간이 오래 걸리게 되며 불완전한 상태가 된다. 경우에 따라서는 모발이 탈색되고 손상되는 경우가 있으니 중간에 세척이 필요하다.

BASIC

HAIR PERMANENT

PRO 베이직 **헤어 퍼머넌트** 프로

Chapter 06

로드 회전수와 모발 길이

1. 웨이브 효율 측정

2, 퍼머넌트 웨이브제의 시간에 따른 차이

3. 와인딩 위치에 따른 웨이브 차이

4. 와인딩 각도에 따른 예시

5. 베이스 잡는 법

1. 웨이브 효율 측정

퍼머넌트 웨이브 시, 고객의 모질 및 길이, 모발 상태 등을 고려하여 로드 크기를 선정하게 된다. 시술 전 모질에 따른 C컬이나 S컬에 대한 로드 회전수를 계산할 수 있다면 시술 후 결과도 충분히 예측 가능할 것이다.

먼저 모발에 볼륨을 형성하는 C컬을 연출하는 데 필요한 로드 회전수는 1~1.5바퀴가 필요한데 이는 와인딩 시 사용하고자 하는 로드 지름의 1~1.5배의 모발 길이가 필요함을 의미한다. 예를 들면 지름이 1cm인 로드로 C컬을 형성하는 데 필요한 모발의 최소 길이는 3.14cm~4.71cm인 것이다. 모질이 굵거나 곱슬기가 있는 경우에는 로드 회전수가 약 1바퀴이면 충분히 C컬을 형성할 수 있지만 직모이거나 모질이 가는 경우에는 최소 1.5배에서 최대 2바퀴까지 모발 길이가 필요할 수 있다.

모발에 웨이브를 형성하는 S컬을 연출하는 데 필요한 로드 회전수는 2~2.5바퀴가 필요한데, 로드 지름의 2~2.5배의 모발 길이가 필요함을 의미한다. 예를 들면 지름이 1cm인 로드로 S컬을 형성하는 데 필요한 모발 최소 길이는 6.28~7.85cm 정도의 길이가 필요한 것이다. 모질이 굵거나 곱슬기가 있는 경우에는 로드 회전수가 약 2바퀴이면 충분히 S컬을 형성할 수 있지만 직모이거나 모질이 가는 경우에는 최소 2.5배에서 최대 3바퀴까지 모발 길이가 필요할 수 있다.

따라서 연출하고자 하는 컬의 스타일에 따라 필요한 로드 지름 및 모발 최소길이를 사전에 계산할 수 있어야 한다.

(1) 웨이브 효율 측정 방법

[표 6-1] 웨이브 효율 측정 방법

로드의 둘레	로드 지름 × 3.14 1cm × 3.14 = 3.14cm
C컬	3.14cm × 1(or 1.5) = 3.14cm(or 4.71cm)
S컬	3.14 × 2(or 2.5) = 6.28cm(or 7.85cm)

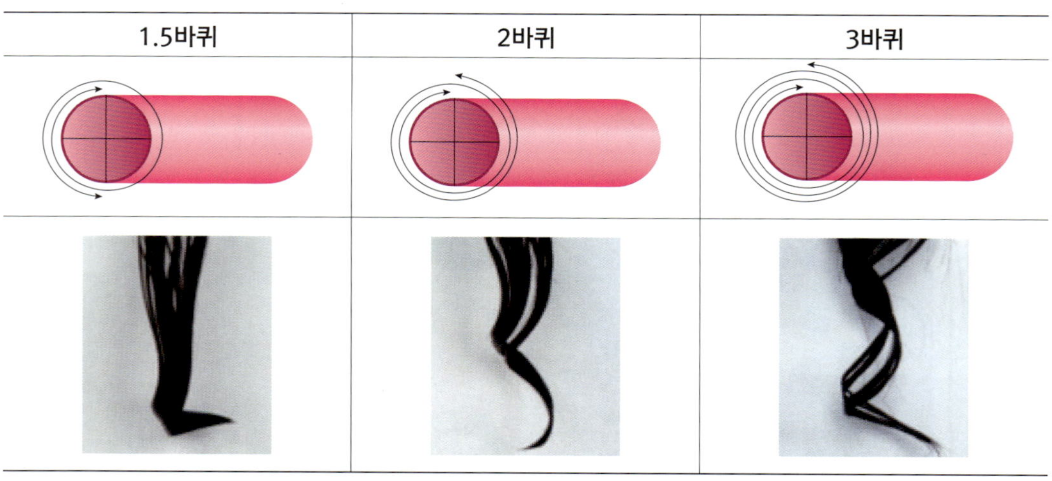

[그림 6-1] 로드 회전수에 따른 웨이브 형성율

2. 퍼머넌트 웨이브제의 시간에 따른 차이

퍼머넌트 웨이브 약제는 1, 2제 모두 주성분에 따라 권장 방치 시간이 다르다. 이유는 환원력 및 고정력이 약제의 주성분에 따라 분명한 차이가 있기 때문이다. 퍼머넌트 웨이브제의 제1제는 주로 시스테인과 티오글리콜산을 가장 많이 사용한다.

시스테인은 입자가 커 환원력이 낮은 특징을 가지고 있고 손상모에 적합하다. 평균 방치시간이 자연방치 기준으로 20~30분을 기준으로 한다.

반면 티오글리콜산은 입자가 작아 침투력이 빠른 편이며 이에 따라 환원력이 높은 특징을 가지고 있어 보통모~건강모에 적합하다. 평균 방치시간은 자연방치 기준 10~15분 이내로 한다. 만약 모질에 따라 열처리가 필요하다고 판단된다면 평균 7~10분 정도의 가온처리가 가장 적당하며 열처리 시 자연방치시간은 줄이도록 한다.

만약 1제 도포 시간 10분이 경과 후 시스틴 결합이 잘 끊어지지 않는다 판단되면 1제를 한번 더 도포하여 웨이브 효율성을 높일 수 있다.

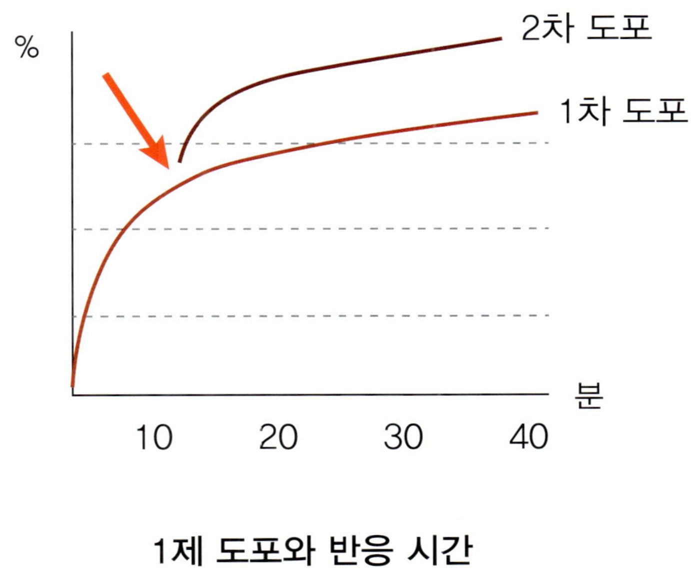

[그림 6-2] 제1제 도포와 반응시간

제2제는 주로 과산화수소(H_2O_2)와 브롬산나트륨($NaBrO_3$)을 가장 많이 사용하는데, 과산화수소는 1회만 도포하여 5~7분만 방치해도 시스틴 재결합에 효과적임에 반해, 브롬산나트륨은 15~20분의 시간 동안 2번의 도포를 진행해야 시스틴 재결합이 단단히 이루어진다.

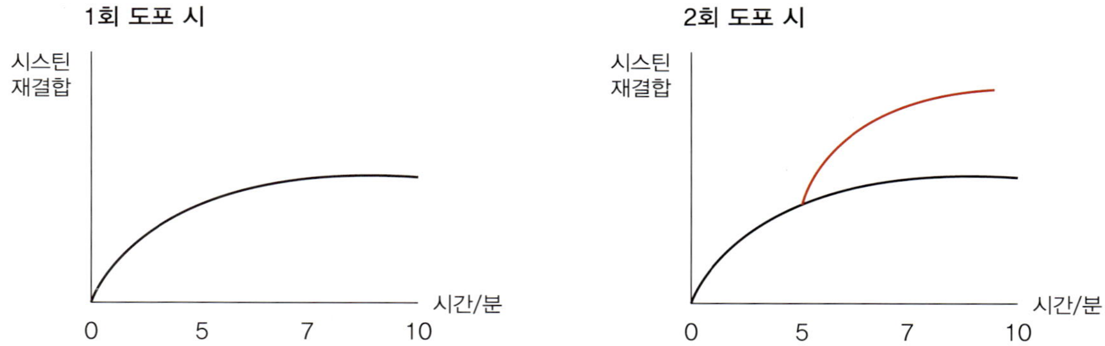

※ H_2O_2(과산화수소) : 5~7분
$NaBrO_3$(브롬산나트륨) : 15~20분

[그림 6-3] 제2제 작용시간

여기서 잠깐! 펌이 잘 안 나오는 경우는?

어린 아이들

콜드 웨이브의 반응 대상인 시스틴과 모수질이 적기 때문

→ 해결방안 : 1제 도포 후 스티머를 사용하여 팽윤효과 증대

모발에 이물질이 부착되어 있는 경우

- 튀김요리를 하는 식당 주인
- 철을 다루는 선반 공장의 직원
- 염분 함유량이 많은 해안가 거주민
- 금속성, 식물성 염색모발

→ 해결방안 : 1제와 물을 1 : 2로 섞어 도포한 다음 7~8분 방치 후 따뜻한 물로 2번 헹군 뒤 펌 시술

3. 와인딩 위치에 따른 웨이브 차이

다운스템	업스템
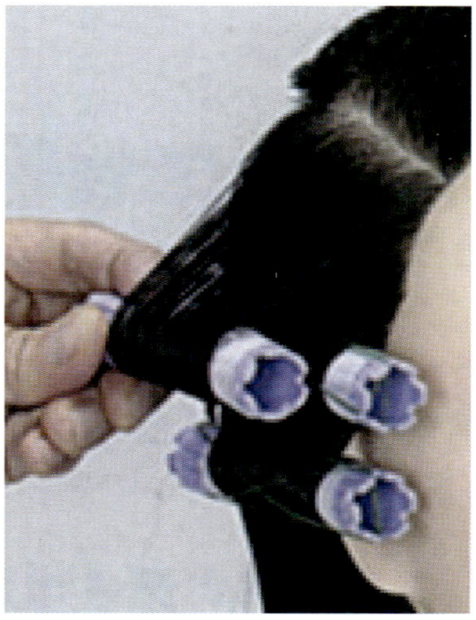	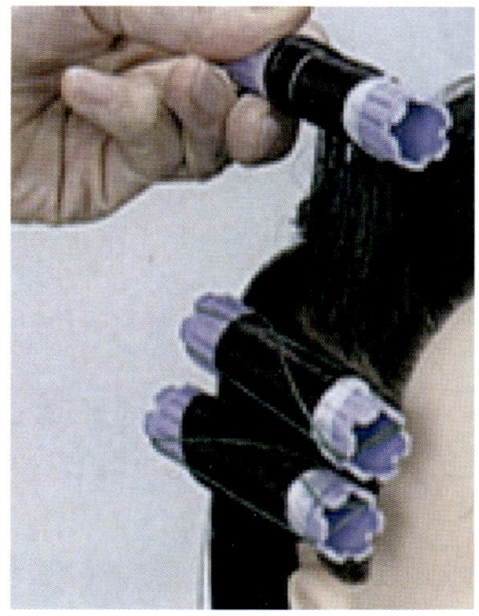

[그림 6-4] 와인딩 각도에 따른 볼륨 차이

4. 와인딩 각도에 따른 예시

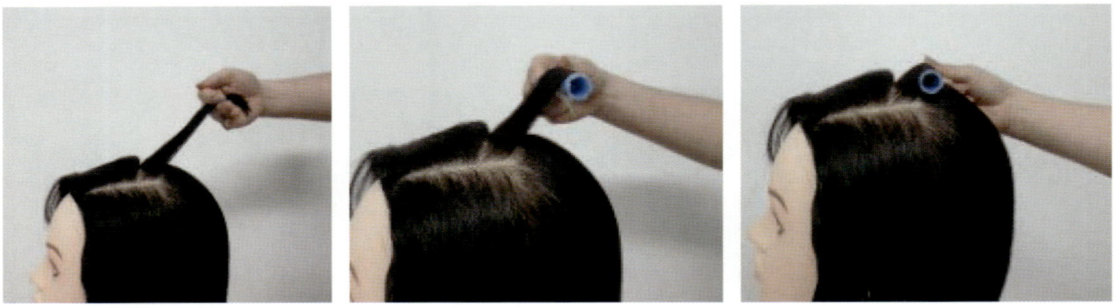

[그림 6-5] 45도 각도 와인딩 예시

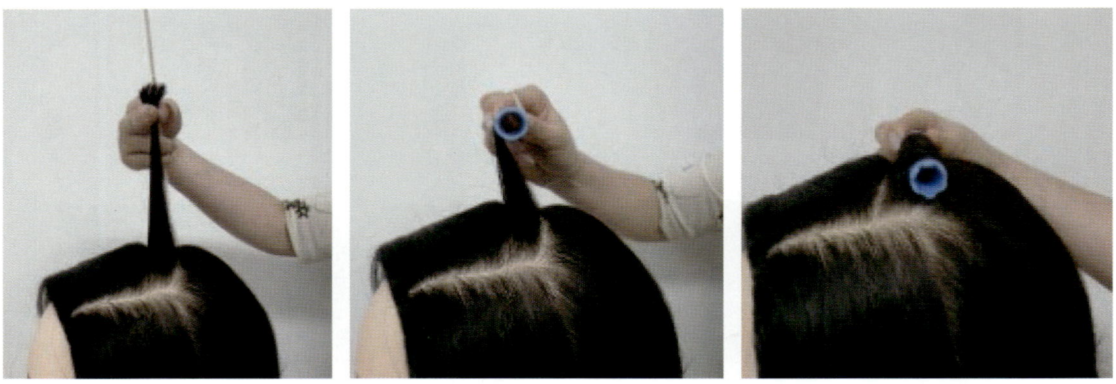

[그림 6-6] 90° 각도 와인딩 예시

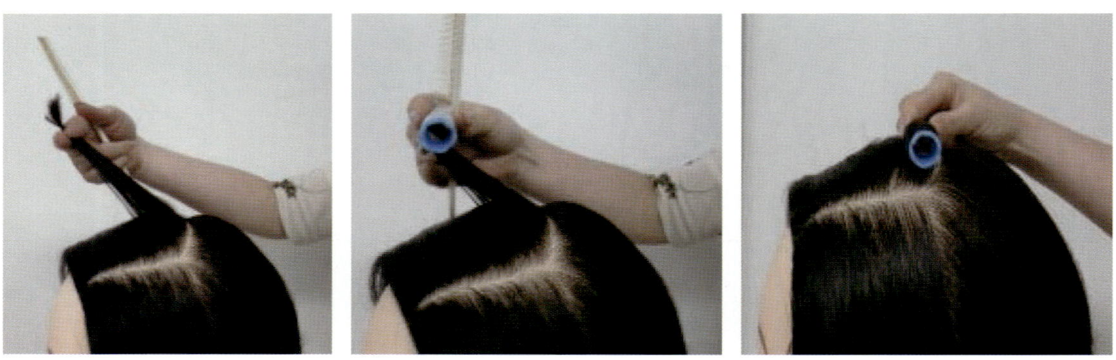

[그림 6-7] 120도 각도 와인딩 예시

5. 베이스 잡는 법

1) 베이스 모양

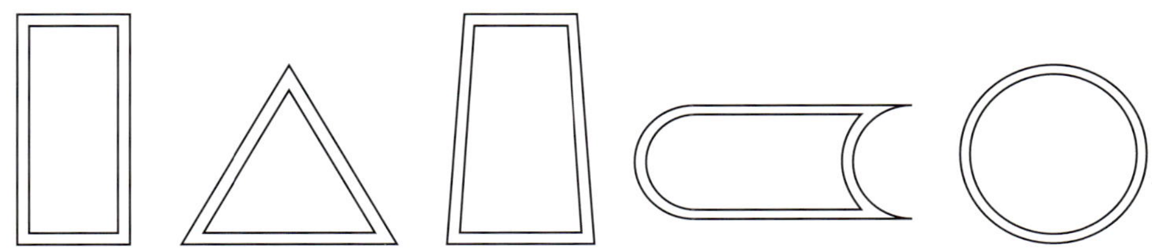

[그림 6-8] 베이스 모양

(1) 직사각형(Rectangle)

프론트 중앙이나 백 포인트(B.P) 중앙에 위치할 수 있다. 직사각형 섹션은 직사각형 베이스로 소구분한다. 직사각형의 넓이는 사용되는 로드의 길이와 일치해야 한다.

(2) 삼각형(Triangle)

베이스 모양이 삼각형과 사다리꼴이다. 머리 전체에 위치할 수 있고 연결지역에 많이 쓰인다.

(3) 사다리꼴(Trapezoid)

탑 부분이나 백 그리고 만나는 지점 즉, 크라운 사이드 연결지역에 쓰인다.

(4) 오브롱(Oblong)

두 개의 평행면과 하나의 오목선, 하나의 볼록선을 가진 각각의 끝을 늘어뜨린 곡면형이다. 이 모양은 머리의 어느 곳에도 위치할 수 있으며, 오브롱이 교차할 때 웨이브가 생긴다.
오브롱은 장사방형의 베이스로 소구분된다.

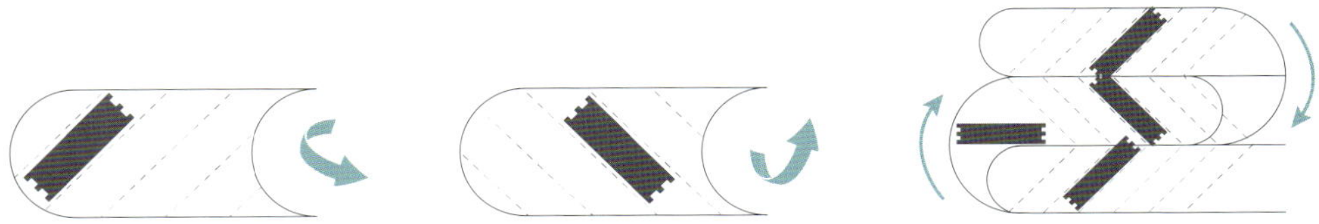

[그림 6-9] 오브롱 종류

(5) 원형(Circle)

원형은 중앙으로부터 모두 같은 거리에 있는 점들을 선으로 그렸을 때 만들어지는 형태이다. 퍼머넌트에서 반원과 1/4원은 두상의 곡면에 위치하고 다른 모양들의 블렌딩을 위해 사용된다. 이러한 원형을 만들기 위해서는 삼각형 모양의 베이스를 요하게 되고 만일 원형이 확장되면 바깥쪽 부분은 사다리꼴 베이스로 소구분된다.

2) 베이스 크기

베이스 크기는 사용된 퍼머넌트 기구의 지름과 길이에 의해 결정된다.

1직경 베이스 크기가 가장 기본적으로 사용되며 퍼머넌트 기구의 길이는 베이스의 길이를 결정한다.

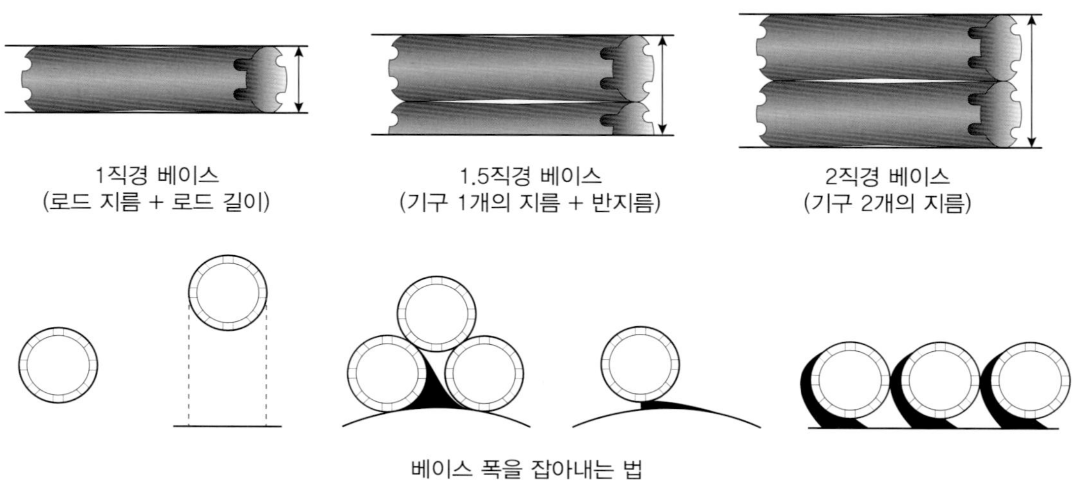

[그림 6-10] 베이스 크기에 따른 종류

3) 베이스에 따른 로드의 위치(Base Control)

머리의 시술각도가 로드의 위치에 직접적으로 영향을 주며 그 결과 볼륨과 팽창감이 생기게 된다.

(1) On Base(1직경)

- 강한 웨이브, 큰 볼륨에 사용
- 파팅 자국이 선명하다.
- 지그재그 파팅을 사용한다.

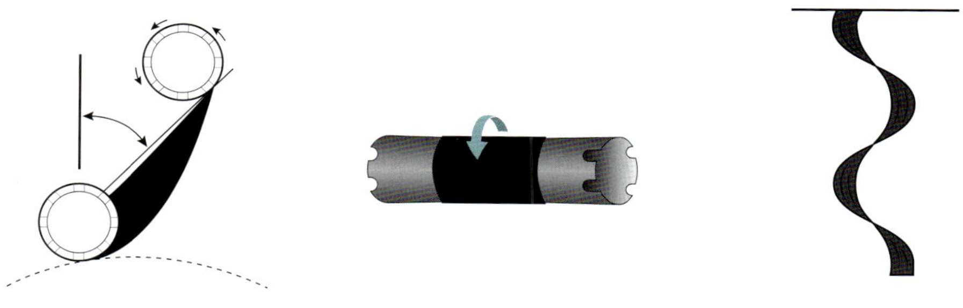

[그림 6-11] On Base

(2) 1/2 Off Base(1직경)

- 파팅 자국이 약하고, 볼륨감 있음
- 일반적으로 80~90% 사용하며 연결이 잘 된다.

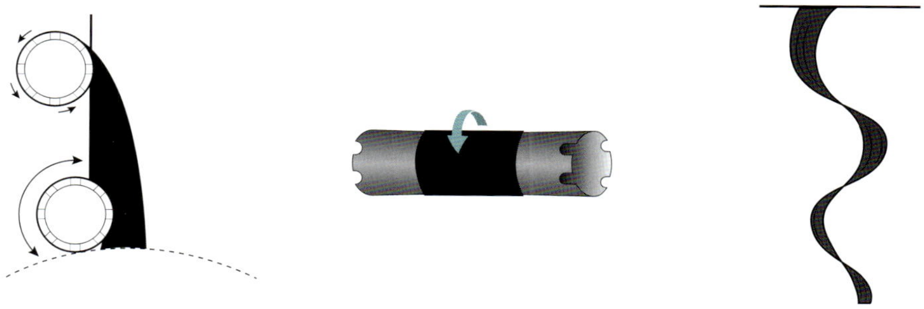

[그림 6-12] 1/2 Off Base

(3) Off Base(1직경)

- 볼륨이 약하고, 헤어라인 주변에 쓰인다.
- Back Nape Line에 사용한다.

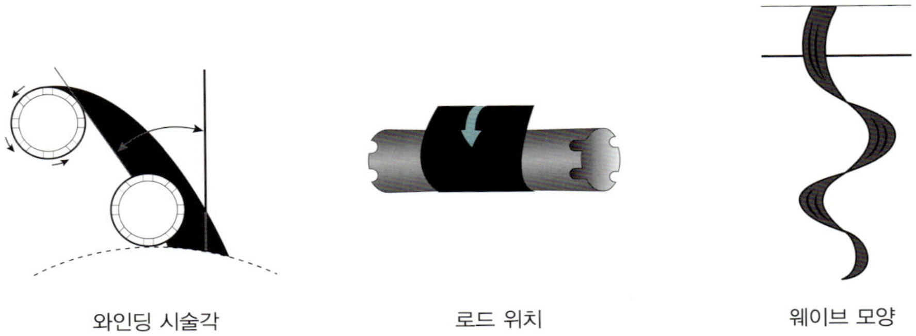

[그림 6-13] Off Base

(4) Under Directed(1.5~2직경)

- Nape 지역, 카우릭 지역에 사용한다.
- 볼륨이 적다.

[그림 6-14] Under Directed

(5) Over Directed(1.5~2직경)

- 모근이 꺾여 퍼머넌트에는 곤란하다.
- 볼륨이 없고 방향감만 형성한다.
- 세팅, 드라이에 사용한다.

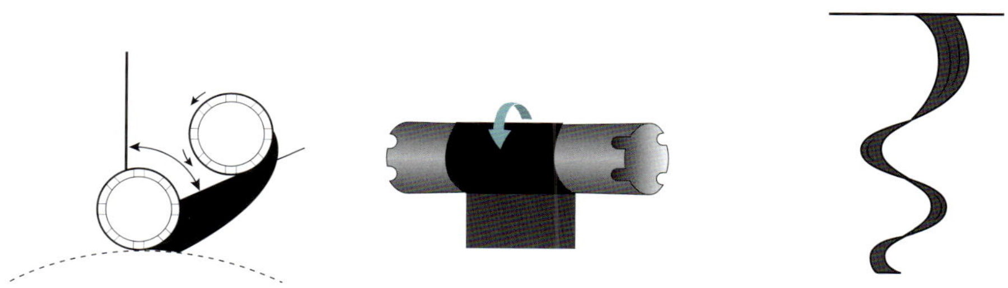

와인딩 시술각　　로드 위치　　웨이브 모양

[그림 6-15] Over Directed

4) 스템의 방향성

스타일에 따른 모발의 흐름을 퍼머넌트 웨이브로 연출하고자 할 때는 스템의 각도와 동시에 스템의 방향성도 중요하다. 스템의 방향성은 수평, 수직 ,대각선이 있다.
수평은 일반적으로 볼륨을 형성하고 대각은 방향감을 주며 수직은 컬의 움직임을 표현한다.
이러한 위치는 특히 짧은 헤어스타일의 방향에 많은 영향을 준다.

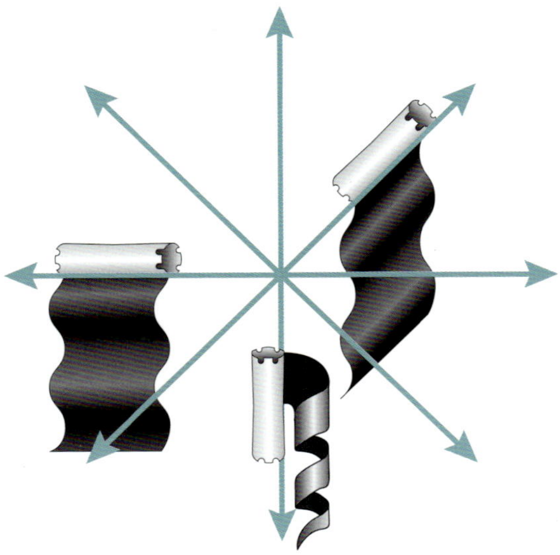

[그림 6-16] 스템의 방향성

(1) 전대각 / 포워드(Forward) 와인딩

전방을 향해서 와인딩한다.

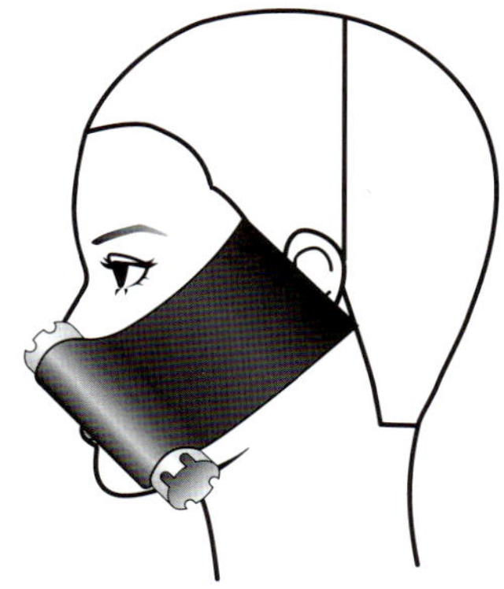

[그림 6-17] 포워드 와인딩

(2) 후대각 / 리버스(Reverse) 와인딩

뒤쪽을 향해서 와인딩한다.

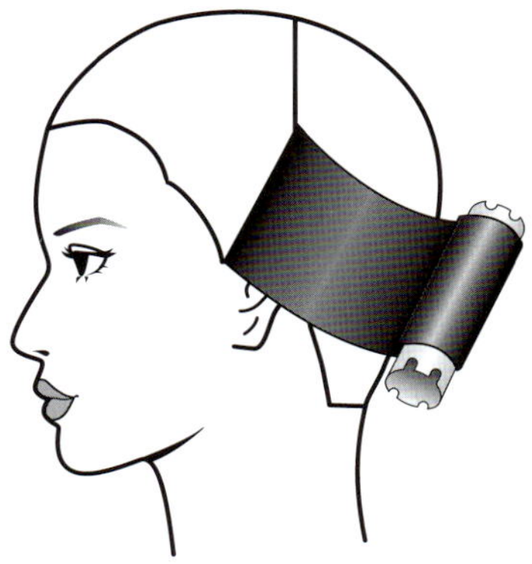

[그림 6-18] 리버스 와인딩

(3) 라운드(Round) 와인딩

둥근 곡선을 그리면서 와인딩한다.

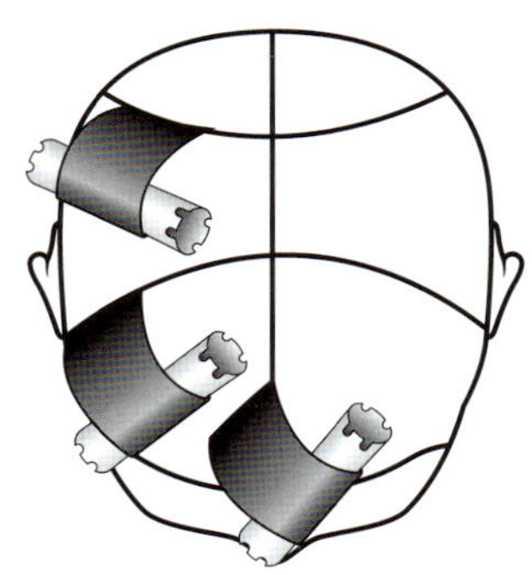

[그림 6-19] 라운드 와인딩

(4) 인덴테이션(Indentation) 와인딩

반대 방향으로 머릿단의 안쪽에 로드를 대고 와인딩하며, 볼륨이 없는 겉말음 효과를 얻는다.

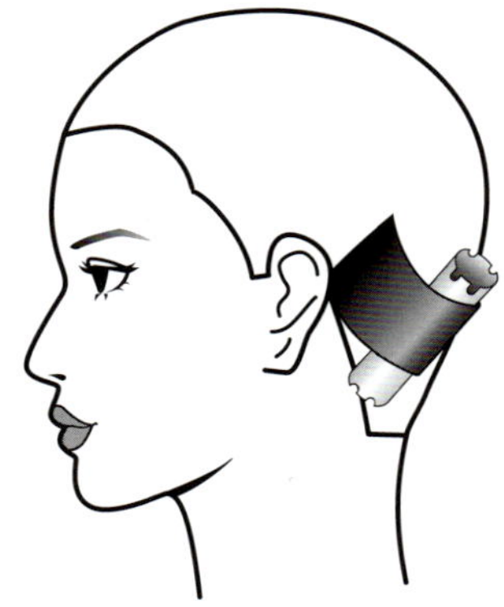

[그림 6-20] 인덴테이션 와인딩

여기서 잠깐!

웨이브가 깔끔하게 안 나오는 경우

- 웨이브가 있는 모발에 좀 더 굵은 컬을 원하는 경우

※ 해결방안 : 펌 1액을 모발에 발라 환원 후 헹구고 나서 와인딩 후 도포한다.

모근은 살리면서 모발 끝 쪽으로만 컬을 원하는 경우

※ 해결방안 : 섹션을 두껍게 잡고 원하는 컬 형태보다 작은 로드로 최대한 높게 들어 와인딩한다.

양쪽 컬이 손질하는 방향대로 똑같이 잘 안 나오는 경우

- 같은 자세로 와인딩을 했을 때
- 커트 시 질감 방향이 역으로 되어진 경우

※ 해결방안 : 와인딩 시 왼쪽과 오른쪽을 서로 다르게 반대방향으로 한다.

1) http://blog.daum.net/yang-stone/8121957 (검색일 : 2020.08.08.)
2) http://blog.daum.net/priee7/17(검색일 : 2020.08.08.)
3) 전홍신(2017). 헤어 퍼머넌트 웨이브 시 누리장나무(Clerodendrum trichotomum) 추출물 첨가 트리트먼트의 모발보호효과. 원광대학교 일반대학원 박사학위논문.

BASIC HAIR PERMANENT PRO

베이직 **헤어 퍼머넌트** 프로

Chapter 07

퍼머넌트 웨이브 실제

1. 퍼머넌트 웨이브 도구 및 재료 사용방법
2. 밴딩 기법
3. 페이퍼 사용법
4. 퍼머넌트 웨이브 시술과정
5. 기본 와인딩 테크닉 기법

1. 퍼머넌트 웨이브 도구 및 재료 사용방법

(1) 로드

웨이브의 형태를 결정하는 로드는 굵기에 따라 웨이브의 굵기가 달라지며 로드의 모양에 따라 다양한 웨이브를 만들 수 있다.

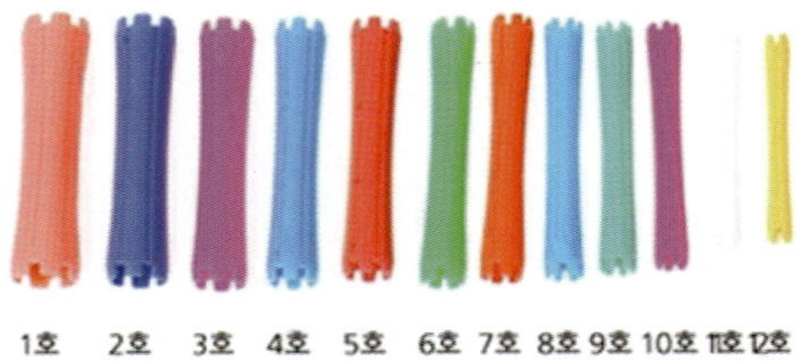

[그림 7-1] 일반 로드

(2) 페이퍼

와인딩 시 모발이 로드에 잘 감기게 하기 위한 재료로 모발 기장에 따라, 와인딩 목적에 따라 다양한 페이퍼 기법을 사용할 수 있다.

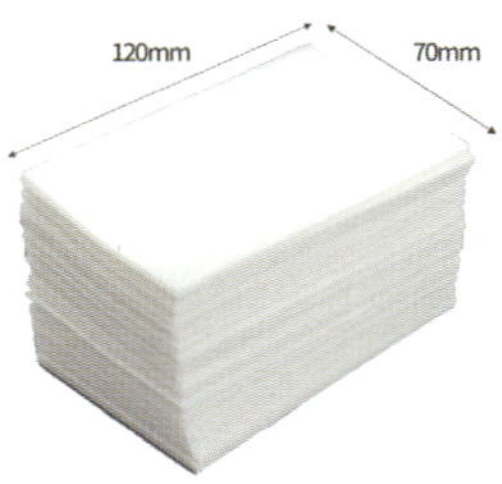

[그림 7-2] 페이퍼

(3) 고무줄

와인딩 후 로드를 고정하기 위해 사용하는 도구로 다양한 밴딩 기법에 따라 고정력과 탄성이 다르다.

[그림 7-3] 고무줄

(4) 꼬리빗

모발을 빗질할 때 사용하며 꼬리를 이용해 섹션을 나눈다.

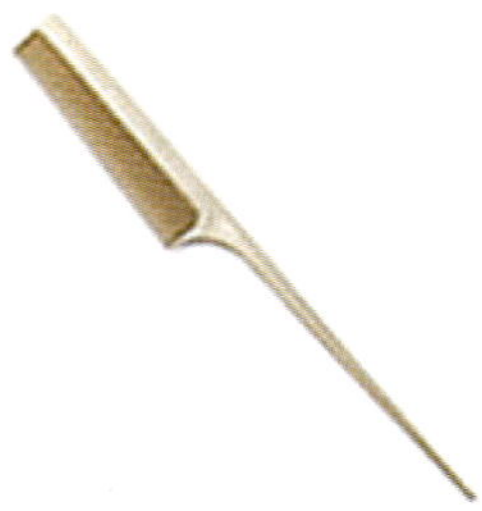

[그림 7-4] 꼬리빗

(5) 스틱

밴딩 후 모발에 밴딩 자국이 나지 않도록 스틱을 끼워준다

[그림 7-5] 스틱

(6) 장갑

퍼머넌트 약품이 손에 묻지 않도록 손을 보호하기 위한 제품이다.

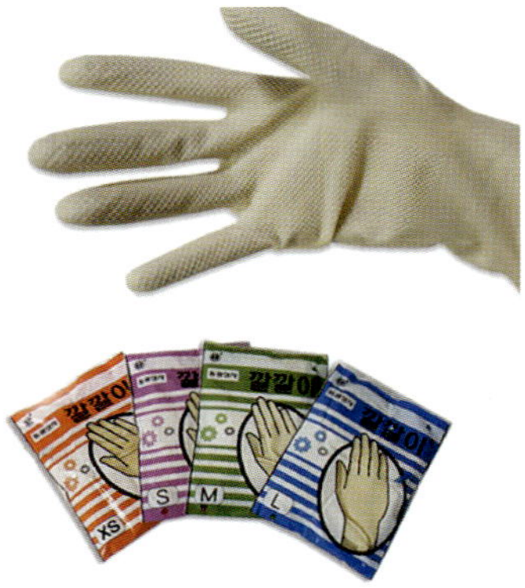

[그림 7-6] 장갑

(7) 비닐캡

1제 도포 후 와인딩을 한 뒤 방치 시간 동안 1제가 산화되는 것을 방지한다. 또한 비닐캡을 씌워 보온 효과를 주어 약제 작용을 촉진시킨다.

[그림 7-7] 비닐캡

(8) 헤어밴드

와인딩 후 약제가 얼굴로 흐르는 것을 방지하기 위해 헤어라인 쪽에 두르는 밴드이다.

[그림 7-8] 헤어밴드

(9) 분무기

모발에 수분을 공급하기 위한 재료로 물이 고운 입자로 넓게 분사된다.

[그림 7-9] 분무기

(10) 핀셋

모발의 구획을 나누거나 모발이 흘러내려오는 것을 방지하기 위해 고정하는 제품이다.

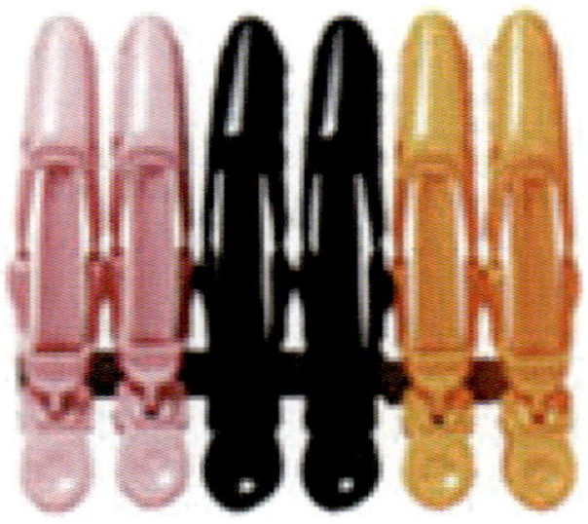

[그림 7-10] 핀셋

(11) 2제(중화) 받침대

2제를 도포할 때 2제가 고객의 어깨에 흐르는 것을 받아주기 위한 도구이다.

[그림 7-11] 2제(중화) 받침대

(12) 전기모자

퍼머넌트 와인딩 후 열처리를 하기 위해 두상에 씌우는 제품이다.

[그림 7-12] 전기모자

(13) 열롤러

퍼머넌트 와인딩 후 열처리를 하기 위한 제품으로 모발 타입에 따라 온도를 설정할 수 있다.

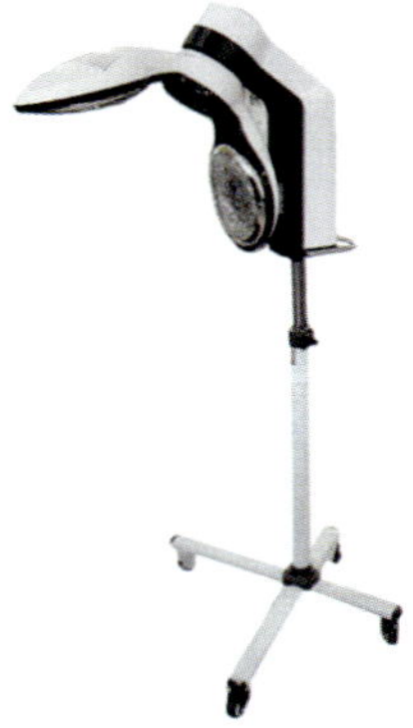

[그림 7-13] 열롤러

(14) 아이롱

둥근 형태의 아이롱 기기로 열 퍼머넌트 시 사용한다. 웨이브 굵기에 따라 아이롱 굵기를 선택하여 사용한다.

[그림 7-14] 아이롱

(15) 세팅기

로드가 굵고 무거워 긴 머리 웨이브 시 주로 사용하여 모근 근처까지 와인딩은 불가능하다. 온도는 150~190℃까지 조절 되어 고온으로 굵은 웨이브 연출이 가능하다.

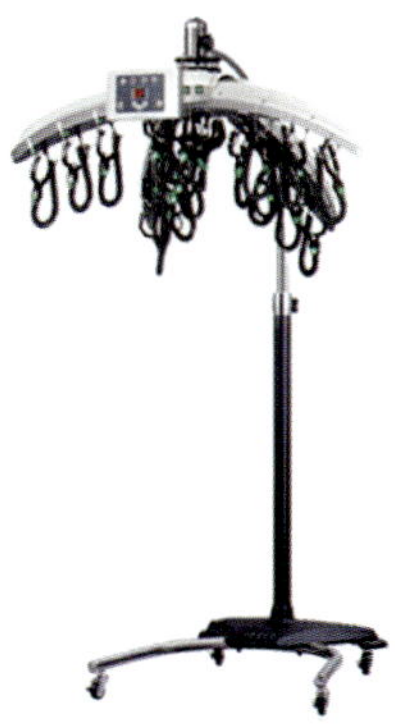

[그림 7-15] 세팅기

(16) 디지털 세팅기

로드 사이즈가 5~6cm 정도로 작아 짧은 머리를 와인딩하기 용이하고 두피까지 와인딩이 가능하다. 온도는 110~130℃로 세팅기에 비해 낮아 모발 손상이 적고 탄력 있는 컬을 완성할 수 있다.

[그림 7-16] 디지털 세팅기

(17) 직펌기

모발 연화 과정을 거치지 않고 약제를 바른 후 바로 열에 데워진 로드를 와인딩하여 사용한다.

[그림 7-17] 직펌기

2. 밴딩 기법

모발에 와인딩을 한 뒤 고정하기 위해 로드를 모발에 고정하기 위해 사용한다.

(1) 11자 밴딩

가장 기본적인 밴딩 방법이다. 단점으로는 모근의 와인딩 각도를 높게 들지 않으면 고무줄 자국이 남을 수 있다 .

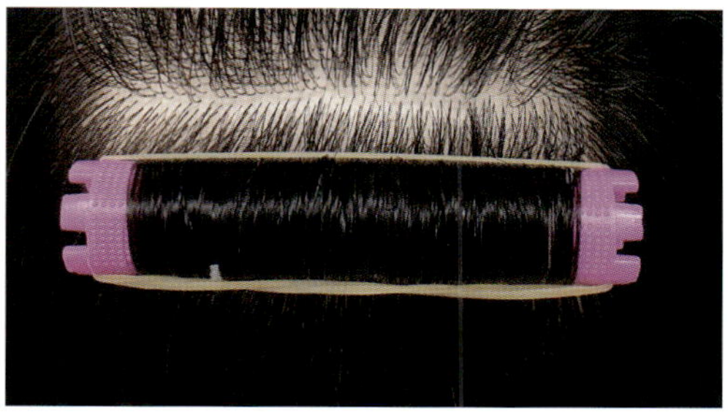

[그림 7-18] 11자 밴딩

(2) X자 밴딩

와인딩 시 텐션을 최소화하기 위한 밴딩 방법으로 고무줄 자국을 최소화할 수 있다.

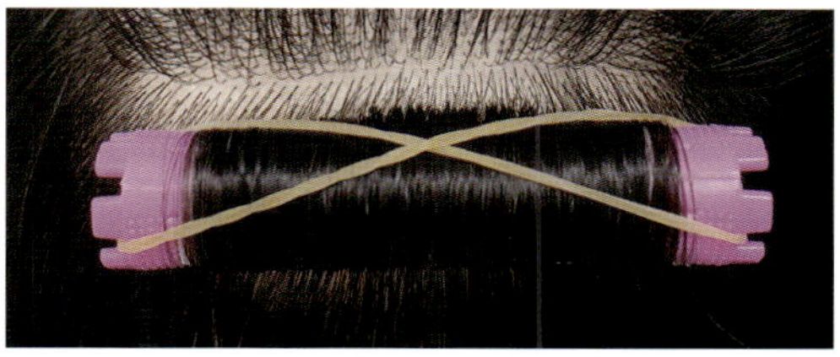

[그림 7-19] X자 밴딩

(3) X, 11자 밴딩

와인딩 시 밴딩의 텐션을 골고루 분배하기 위해 사용하는 방법이다.

[그림 7-20] X, 11자 밴딩

3. 페이퍼 사용법

모발을 와인딩할 때 보다 쉽게 와인딩할 수 있도록 도와주는 부재료이며 페이퍼에 퍼머넌트제가 골고루 퍼질 수 있도록 한다.

(1) 기본 페이퍼

가장 많이 사용하는 기법으로 모발 끝쪽 위에 페이퍼를 올려놓고 와인딩한다.

(2) 더블 페이퍼

모발에 단차가 많이 날 경우, 손상모일 경우 모발을 보호하기 위해 모발에 앞뒤로 페이퍼를 놓고 와인딩한다.

(3) 북 앤드 페이퍼

페이퍼를 반으로 접어서 사용하는 기법으로 모발 양이 적거나 모발에 단차가 있을 때, 짧은 모발을 와인딩할 때 사용한다.

(4) 쿠션 앤드 페이퍼

모발 끝 쪽에 페이퍼를 대고 와인딩을 하다가 모발 중간에 다시 페이퍼 한 장을 더 대는 기법으로 미세한 웨이브의 두께 조절이 가능하며 얇은 모발 와인딩 시 지지대 역할을 한다.

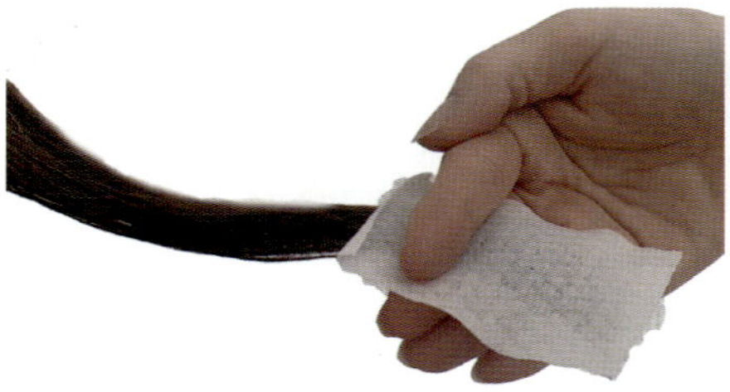

기본 페이퍼

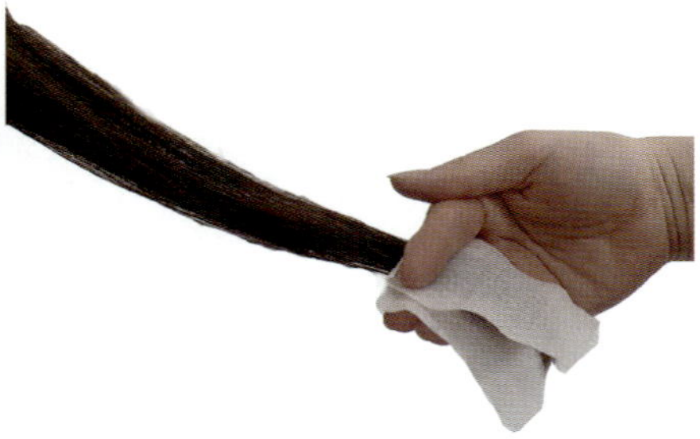

더블 페이퍼

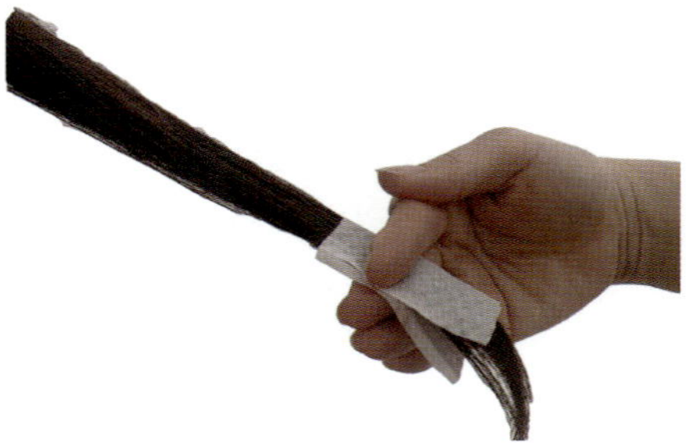

북 앤드 페이퍼

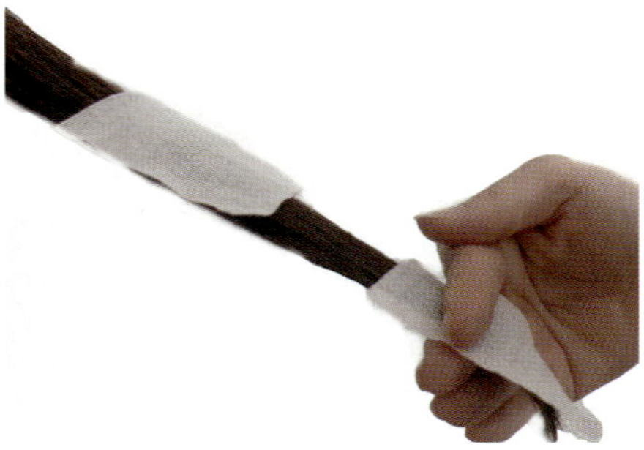

쿠션 앤드 페이퍼

[그림 7-21] 페이퍼 사용법

4. 퍼머넌트 웨이브 시술과정

(1) 사전샴푸

시술 전 고객 두피와 모발에 남아있는 이물질을 제거하기 위해 가볍게 샴푸를 진행한다.

(2) 고객 상담

고객 상담과정을 통해 고객이 원하는 퍼머넌트 디자인을 결정하고 고객의 두피 상태, 모질을 파악, 모발 시술 이력(스트레이트나 열 펌 시술 여부, 염색 여부) 등을 파악한다.

(3) 시술 방법 결정

고객이 원하는 디자인에 따라 어떠한 방법으로 시술을 진행할 것인지를 파악한다.

(4) 1제 약액 도포

고객의 모질 상태에 따라 1제를 선택하여 모발에 전체적으로 도포한다. 이때 모근쪽에 약액이 닿을 경우 트러블을 일으킬 수 있으므로 묻지 않도록 주의한다.

(5) 브로킹 & 와인딩

디자인에 따라 브로킹을 나누고 와인딩을 진행한다.

(6) 스틱 끼우기

와인딩 후 모발에 고무줄 자국이 남지 않도록 밴딩과 모발 사이에 스틱을 끼워준다.

(7) 비닐캡 씌우기

비닐캡을 씌워 1제 약액이 휘발되는 것을 방지하며 보온효과로 1제의 작용을 촉진시킨다.

(8) 열처리 및 자연방치

열처리 과정을 통해 1제의 작용을 촉진시킨다. 10분 열처리 후 10분 자연방치를 진행한다. 단 모발 손상도에 따라 열처리 시간과 자연방치 시간을 조절한다.

(9) 테스트 컬

컬이 잘 형성이 되었는지 한 개의 로드를 오프하여 컬을 확인한다.

(10) 2제 약액 도포

2제를 7분 간격으로 2번 도포한다.

(11) 헹구기

로드를 오픈한 뒤 모발을 물로 헹군 뒤 린스를 도포한다.

(12) 스타일링

모발을 건조하고 스타일링하여 마무리한다.

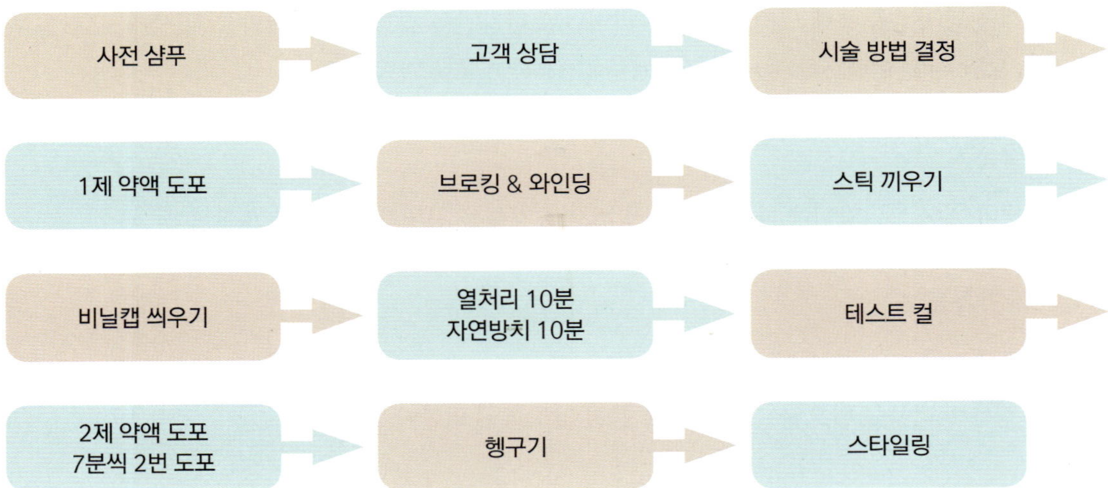

[그림 7-22] 퍼머넌트 웨이브 시술과정

5. 기본 와인딩 테크닉 기법

1) 크로키놀식 와인딩

크로키놀식 와인딩 기법은 모발 끝에서 와인딩하는 기법으로 가장 일반적으로 많이 사용되는 기술이다. 모발의 길이와 상관없이 와인딩이 가능하며 수평, 수직, 사선 파팅에 따라 와인딩한다. 모발끝부터 와인딩하기 때문에 모발 끝이 웨이브가 더 작고 강하게 형성되므로 텐션을 잘 조절하여야 한다. 모근의 볼륨을 조절할 수 있는 장점이 있다.

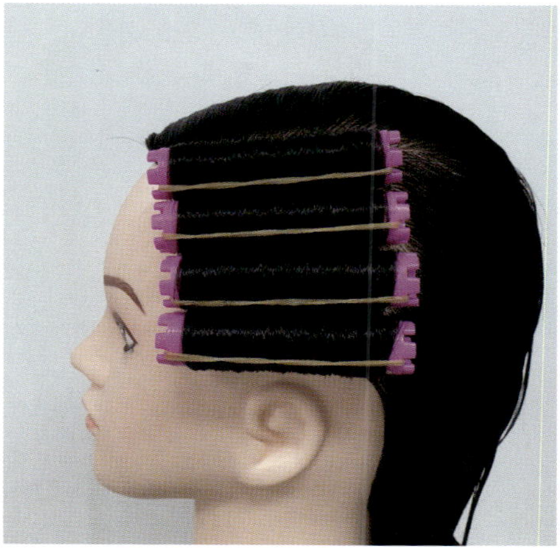

[그림 7-23] 크로키놀식 와인딩

(1) 수평 / 호리존탈

베이스를 가로로 잡아 와인딩하는 방법이다.

(2) 버티컬

베이스를 세로로 잡아 와인딩하는 방법이다.

(3) 다이애거널

베이스를 사선으로 잡아 와인딩하는 방법이다.

2) 스파이럴식 와인딩

모근부분부터 모발 끝으로 와인딩하는 방법을 말하며 웨이브의 굵기가 모근쪽과 모발 끝쪽이 동일하다.

(1) 면 와인딩

모발을 꼬지 않고 세로로 모근에서 모발 끝으로, 모발 끝에서 모근으로 말아가는 와인딩 기법이다. 면을 모근부터 모발 끝까지 와인딩한다.

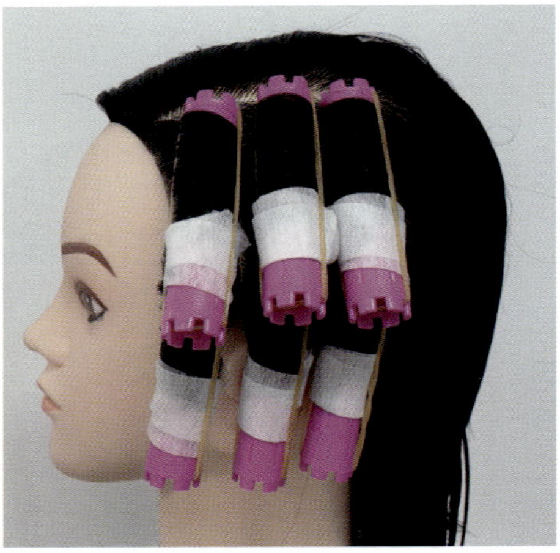

[그림 7-24] 면 와인딩

(2) 트위스트 와인딩

트위스트란 '꼬아주다, 비틀다'라는 의미로서 머리다발을 가늘게 잡아 손가락으로 꼬아 나선상으로 시술한 펌을 말한다. 철사나 긴 막대기를 주로 사용하며 로드로 와인딩하여 펌하는 경우도 있다. 모발을 꼬아준 상태로 모근부터 모발 끝까지 와인딩한다.

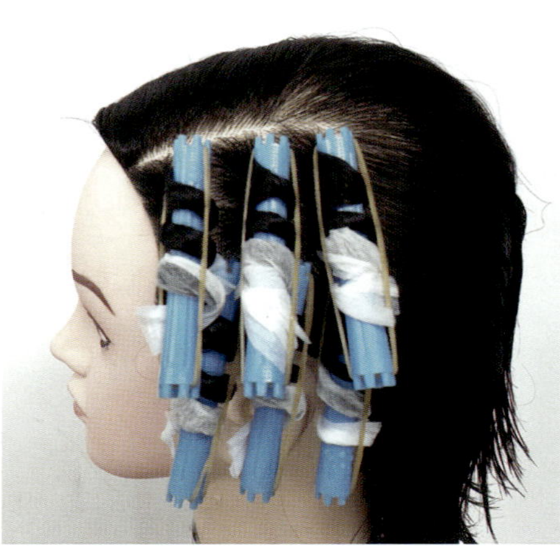

[그림 7-25] 트위스트 와인딩

3) 압착식 와인딩

(1) 다이렉트/나이아가라

빨래판 형태의 로드를 사용하여 지그재그한 형태의 컬을 찍어내는 펌을 말한다.
부시시한 머리를 만들기 위한 목적의 파마 중 가장 간편한 방법의 파마이며, 비교적 가격이 저렴한 장점이 있는 반면에 모양이 부자연스러운 단점이 있다.

[그림 7-26] 다이렉트/나이아가라 로드

(2) 물결

물결펌이란 컬이 물결치는 듯한 웨이브의 형태로 있다 해서 물결펌이라 한다. 물결펌에는 많은 종류가 있지만 압축식의 로드로 물결펌을 연출할 수 있다.
와인딩 시 가장 중요시해야 하는 부분은 컬의 위치가 같아야 한다는 점이다.

[그림 7-27] 물결 펌 로드

4) 와인딩 방향에 따른 와인딩

(1) 인컬

얼굴 안쪽 방향으로 말려있는 스타일이다.

[그림 7-28] 인컬

(2) 아웃컬

얼굴 바깥쪽으로 말려 있는 스타일을 말한다.

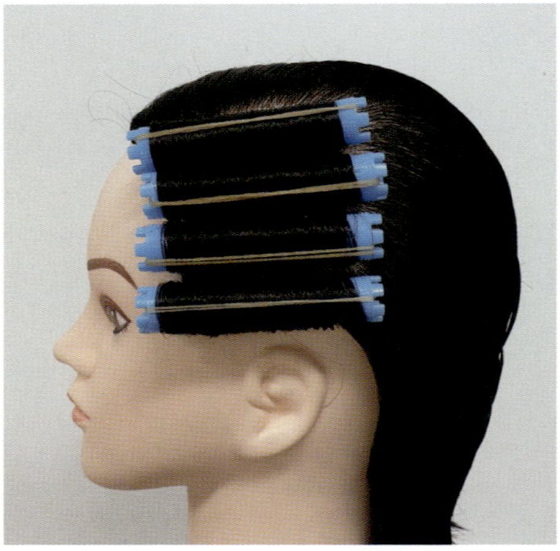

[그림 7-29] 아웃컬

(3) 리버스

얼굴을 기준으로 얼굴 뒤쪽 방향으로 와인딩한 것을 말한다.

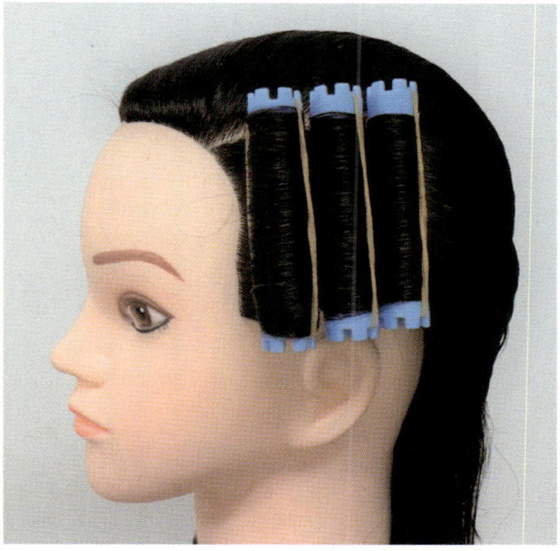

[그림 7-30] 리버스

(4) 포워드

얼굴을 기준으로 얼굴 앞쪽 방향으로 와인딩한 것을 말한다.

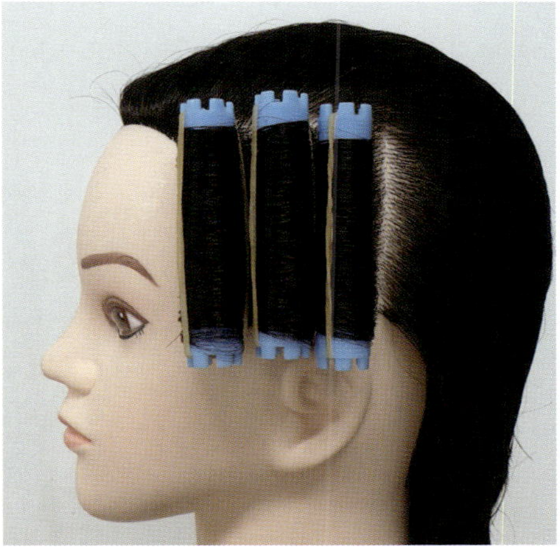

[그림 7-31] 포워드

(5) 교대(얼터네이트)

리버스 포워드 방향으로 서로 교대로 와인딩 하여 웨이브의 흐름을 다양하게 만든다.

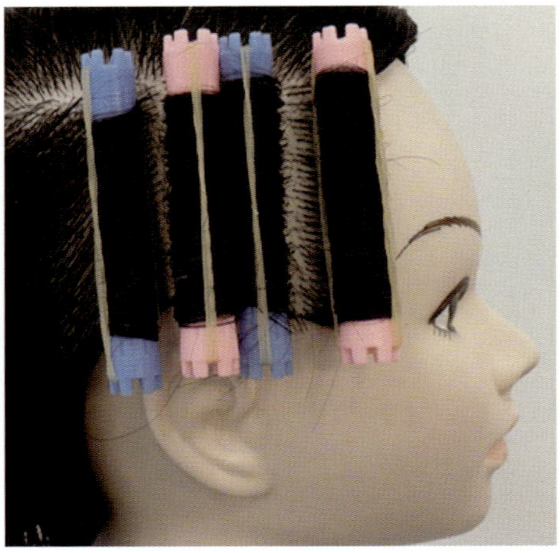

[그림 7-32] 교대(얼터네이트)

(6) 더블

하나의 패널에 얇게 슬라이스를 나누어 작은 로드로 와인딩한 후 그 위에 큰 로드로 와인딩 하는 기법으로 모근부분에 볼륨을 살리며 전체적으로 굵은 웨이브를 표현하고자 할 때 와인딩 한는 기법을 말한다.

[그림 7-33] 더블

(7) 피기백

첫 번째 로드는 스파이럴 컬 형식으로 와인딩하고 남은 꼬리 부분은 반대쪽으로 와인딩하여 첫 번째 롯드 위에 위치하도록 한다. 강한 컬의 율동감을 준다.

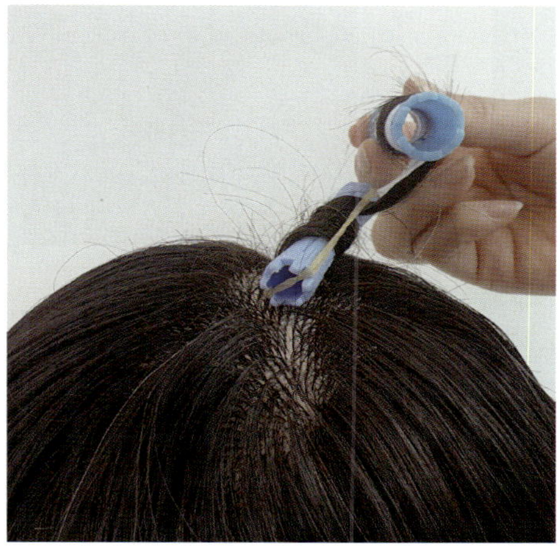

[그림 7-34] 피기백

(8) 캔들스틱

캔들 형태로 와인딩된 형태를 말한다.

[그림 7-35] 캔들스틱

(9) 핀컬

짧은 모발 와인딩 시 자연스러운 컬을 만들고자 할 때 사용하는 와인딩 기법이다.

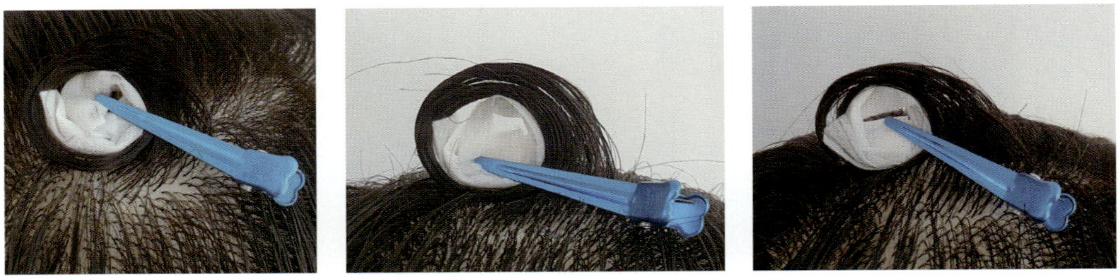

플랫 핀컬 리프트 핀컬 스탠드 업 핀컬

[그림 7-36] 핀컬

(10) 홉스카치

가로와 세로 방향의 교차된 컬을 형성하고자 할 때 사용하는 와인딩 기법이다.

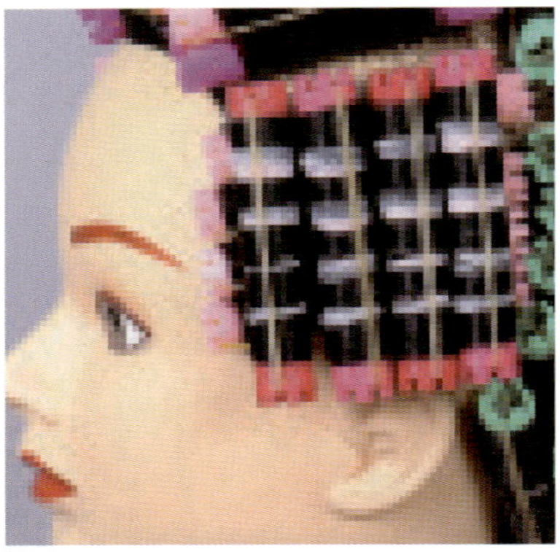

[그림 7-37] 홉스카치

(11) 프로젝션

모발의 끝 부분에만 웨이브를 주고자 할 때 사용한다.

수평 프로젝션 업 프로젝션 다운 프로젝션

[그림 7-38] 프로젝션

5) 섹션 형태에 따른 와인딩

(1) 수평

섹션을 수평으로 하여 와인딩한 기법을 말한다.

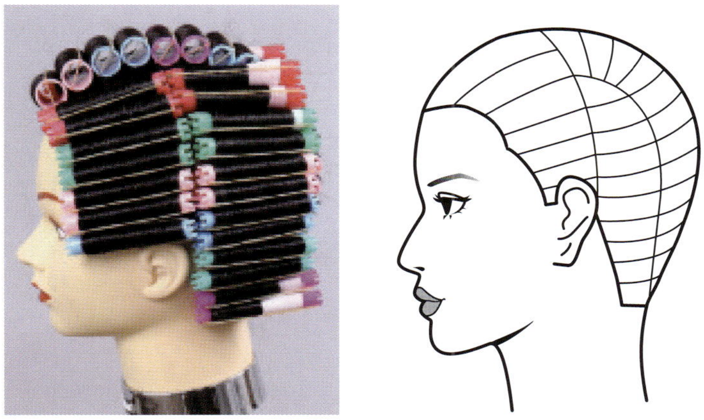

[그림 7-39] 수평 와인딩

(2) 수직

섹션을 수직으로 하여 와인딩한 기법을 말한다.

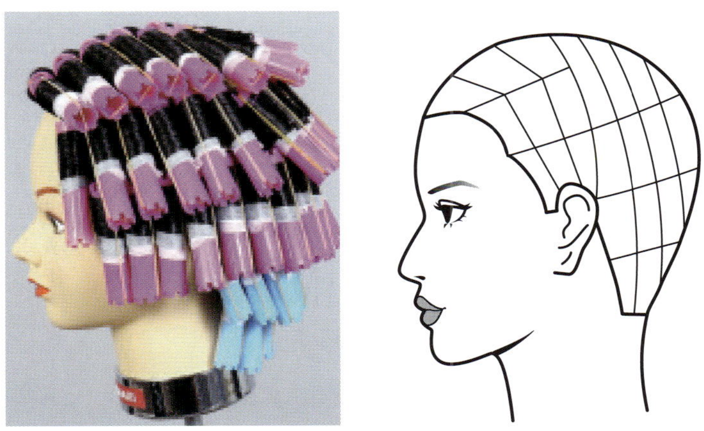

[그림 7-40] 수직 와인딩

(3) 사선

섹션을 사선으로 하여 와인딩한 기법을 말하며 전대각, 후대각이 있다.

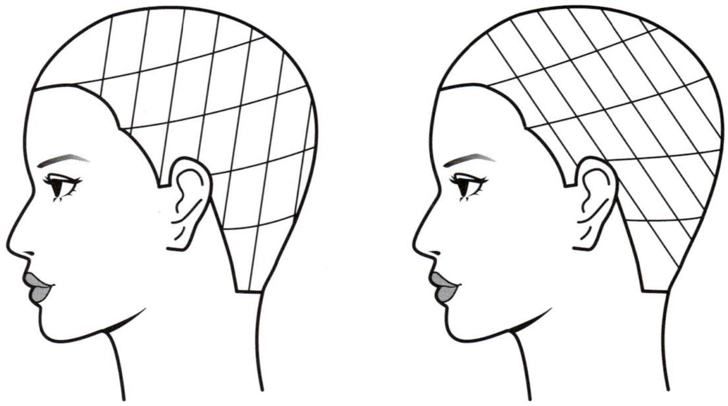

전대각 후대각

[그림 7-41] 사선 와인딩

(4) 오브롱

섹션에 따라 시계방향과 반시계 방향으로 자연스럽게 회전하며 연결되며 볼륨과 오목함이 교차하여 만들어진다.

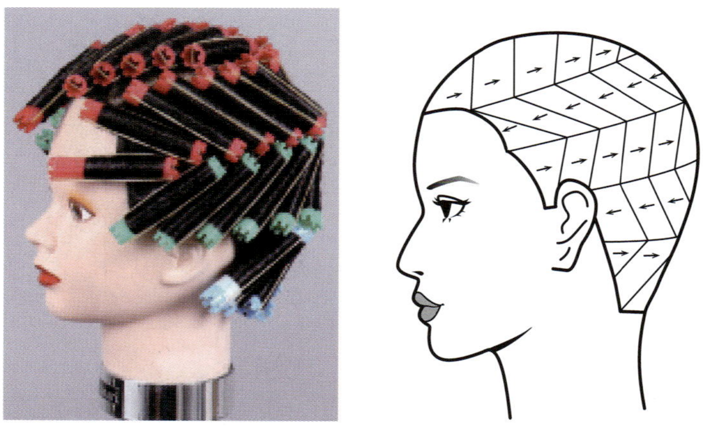

[그림 7-42] 오브롱 와인딩

(5) 윤곽

백사이드 부분에 두상의 윤곽을 따라 와인딩한 형태이다.

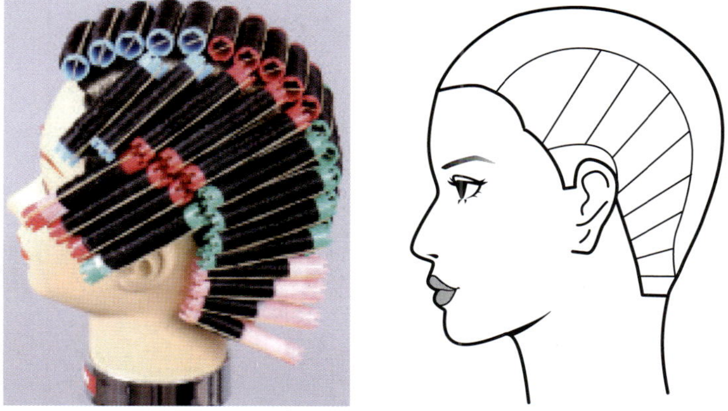

[그림 7-43] 윤곽 와인딩

(6) 확장 원형

두상 곡면에 따라 확장형으로 와인딩한 형태이다.

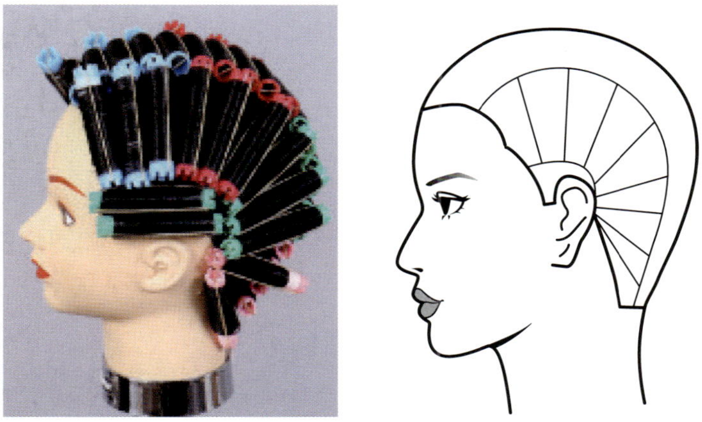

[그림 7-44] 확장 원형 와인딩

(7) 벽돌 쌓기

위 섹션과 교차시켜 와인딩하는 방법으로 섹션의 갈라짐을 방지하기 위해 진행하는 와인딩 기법이다.

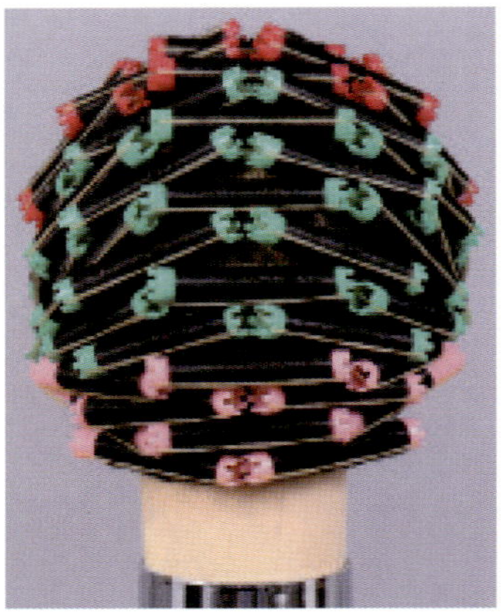

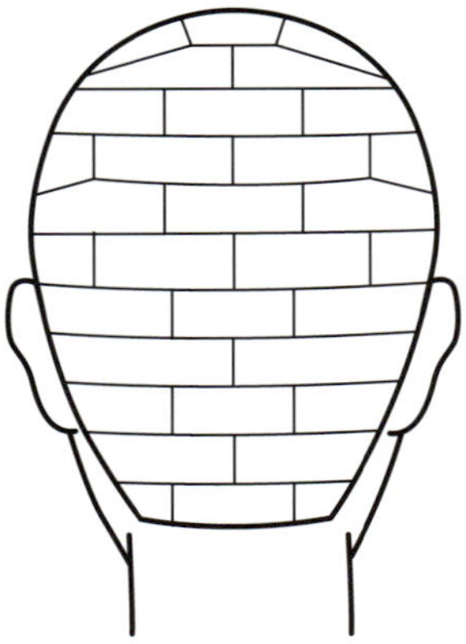

[그림 7-45] 벽돌 쌓기 와인딩

BASIC

HAIR PERMANENT

PRO 베이직 **헤어 퍼머넌트** 프로

Chapter 08

기본 퍼머넌트 웨이브

1. 9등분 와인딩
2. 혼합형 와인딩
3. 5등분 와인딩(센터 파트)
4. 5등분 와인딩(좌파트)
5. 5등분 와인딩(우파트)

기본 퍼머넌트 웨이브

1. 9등분 와인딩

2. 혼합형 와인딩

3. 5등분 와인딩(센터 파트)

4. 5등분 와인딩(좌파트)

5. 5등분 와인딩(우파트)

1. 9등분 와인딩

미용사 일반(헤어) 자격증 실기 퍼머넌트 웨이브 과제 중 하나로 기본 와인딩 기법이다.

[그림 8-1] 완성사진

브로킹 : 9등분
섹션 : 수평, 사선
각도 : 90°
베이스 : 직사각형 On Base(1직경)
고무 밴딩 : 11자 밴딩
로드 개수 : 55개 이상(파랑 22개, 노랑 15개, 빨강 10개, 분홍 6개, 초록 6개)
와인딩 기법 : 크로키놀식

1) 9등분 와인딩 브로킹

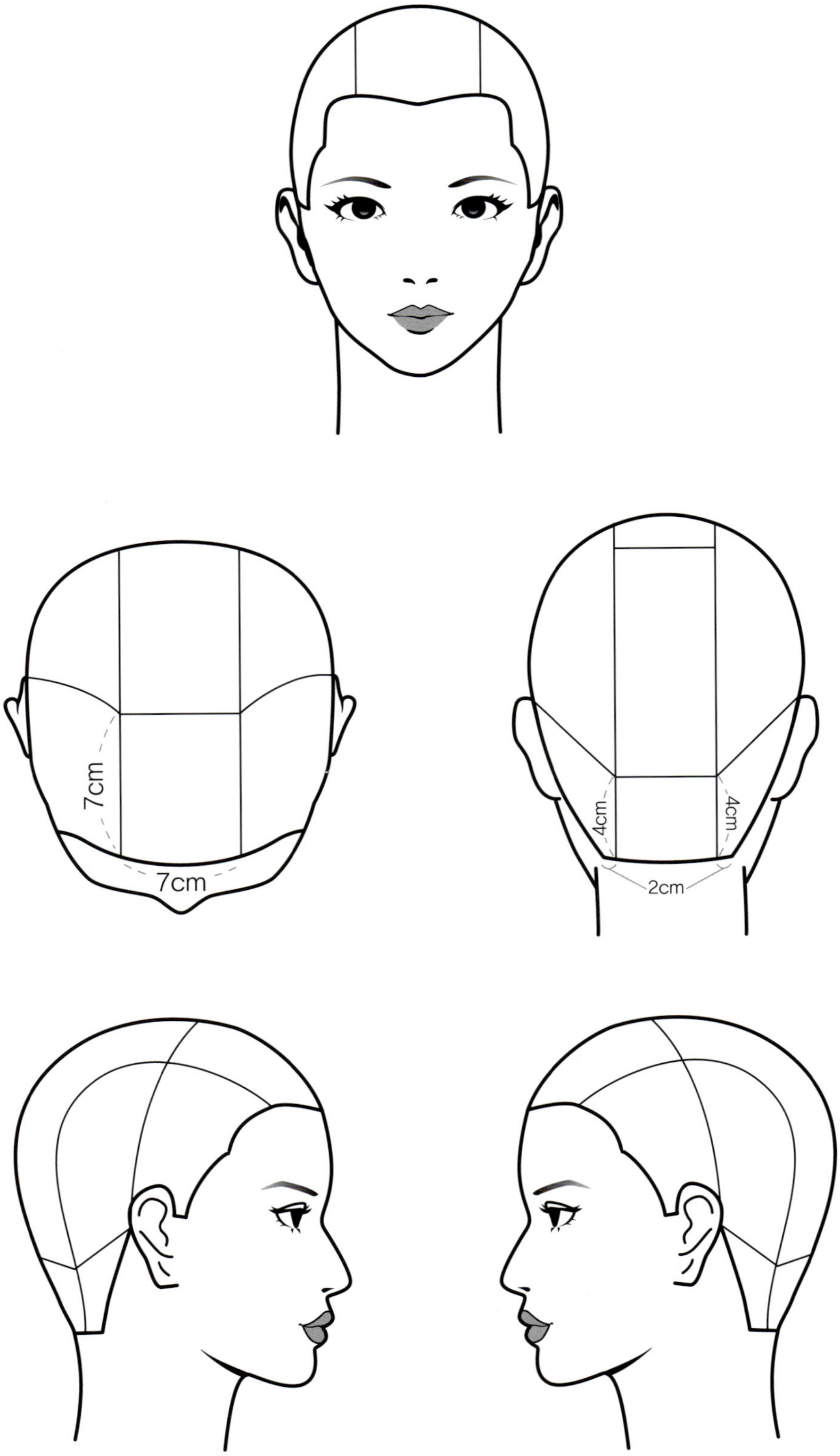

[그림 8-2] 9등분 와인딩

2) 9등분 와인딩 시술과정

1~3. 네이프 중앙부터 수평섹션, 9호 2개 10호 2개 순서로 와인딩한다.

4~6. 오른쪽 사이드와 왼쪽 사이드는 사선 섹션으로 9호 2개, 10호 2개 순서로 와인딩한다.

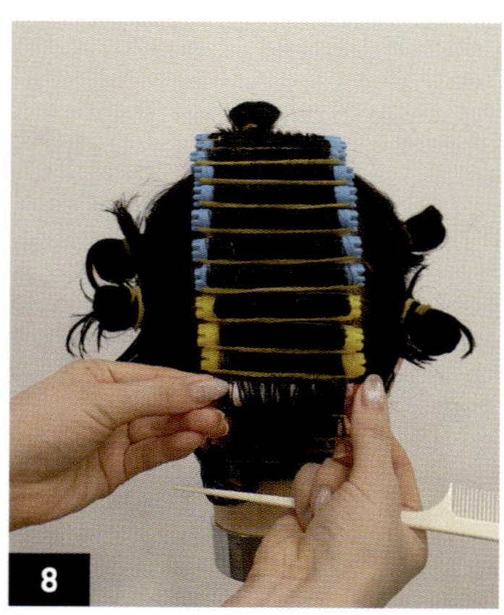

7~9. 크라운 부분 중앙, 수평 섹션, 두상각도 90°로 모발을 빗질하여 6호 8개, 7호 3개, 8호 2개로 와인딩한다.

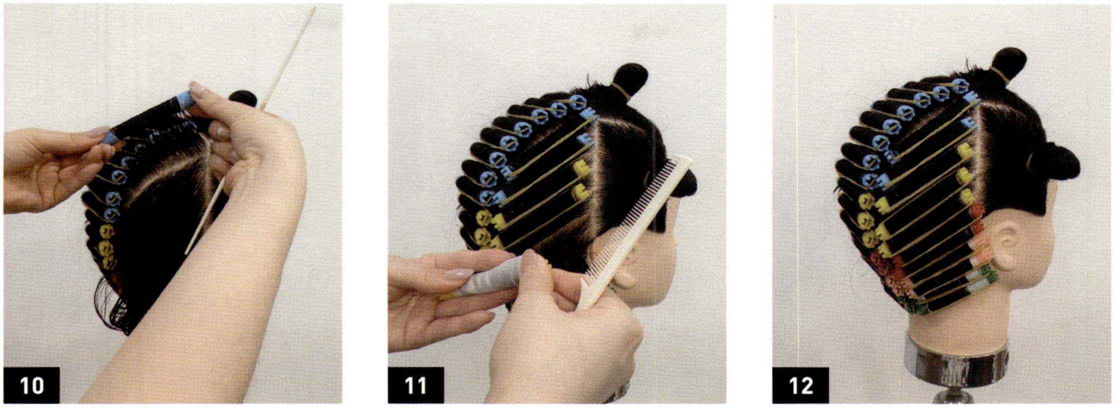

10~12. 오른쪽 백 사이드, 사선 섹션, 두상각도 90°로 모발을 빗질하여 6호 2개, 7호 3개, 8호 2개로 와인딩한다.

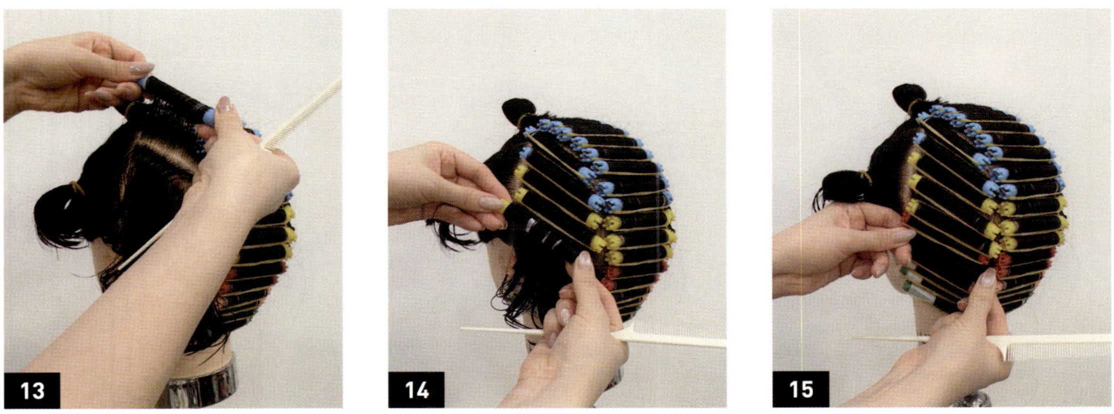

13~15. 왼쪽 백 사이드, 사선 섹션, 두상각도 90°로 모발을 빗질하여 6호 2개, 7호 3개, 8호 2개로 와인딩한다.

16~18. 오른쪽 사이드, 수평 섹션, 두상각도 90°로 모발을 빗질하여 6호 2개, 7호 3개, 8호 2개로 와인딩한다.

19~21. 왼쪽 사이드, 수평 섹션, 두상각도 90°로 모발을 빗질하여 6호 2개, 7호 3개, 8호 2개로 와인딩한다.

22~24. 탑 부분, 수평 섹션, 두상각도 90°로 모발을 빗질하여 6호 6개로 와인딩한다.

3) 9등분 와인딩 완성

[그림 8-3] 완성사진

2. 혼합형 와인딩

미용사 일반(헤어) 자격증 실기 퍼머넌트 웨이브 과제 중 하나로 오블롱 기법, 벽돌쌓기 기법이 혼합되어 있는 와인딩 기법이다.

[그림 8-4] 혼합형 와인딩

브로킹 : 4등분
섹션 : 오브롱, 벽돌쌓기
각도 : 90°
베이스 : 직사각형 On Base(1직경), 삼각형, 사다리꼴
고무 밴딩 : 11자 밴딩
로드 개수 : 57개 이상(파랑 14개, 노랑 30개, 빨강 13개)
와인딩 기법 : 크로키놀식

1) 혼합형 와인딩 브로킹

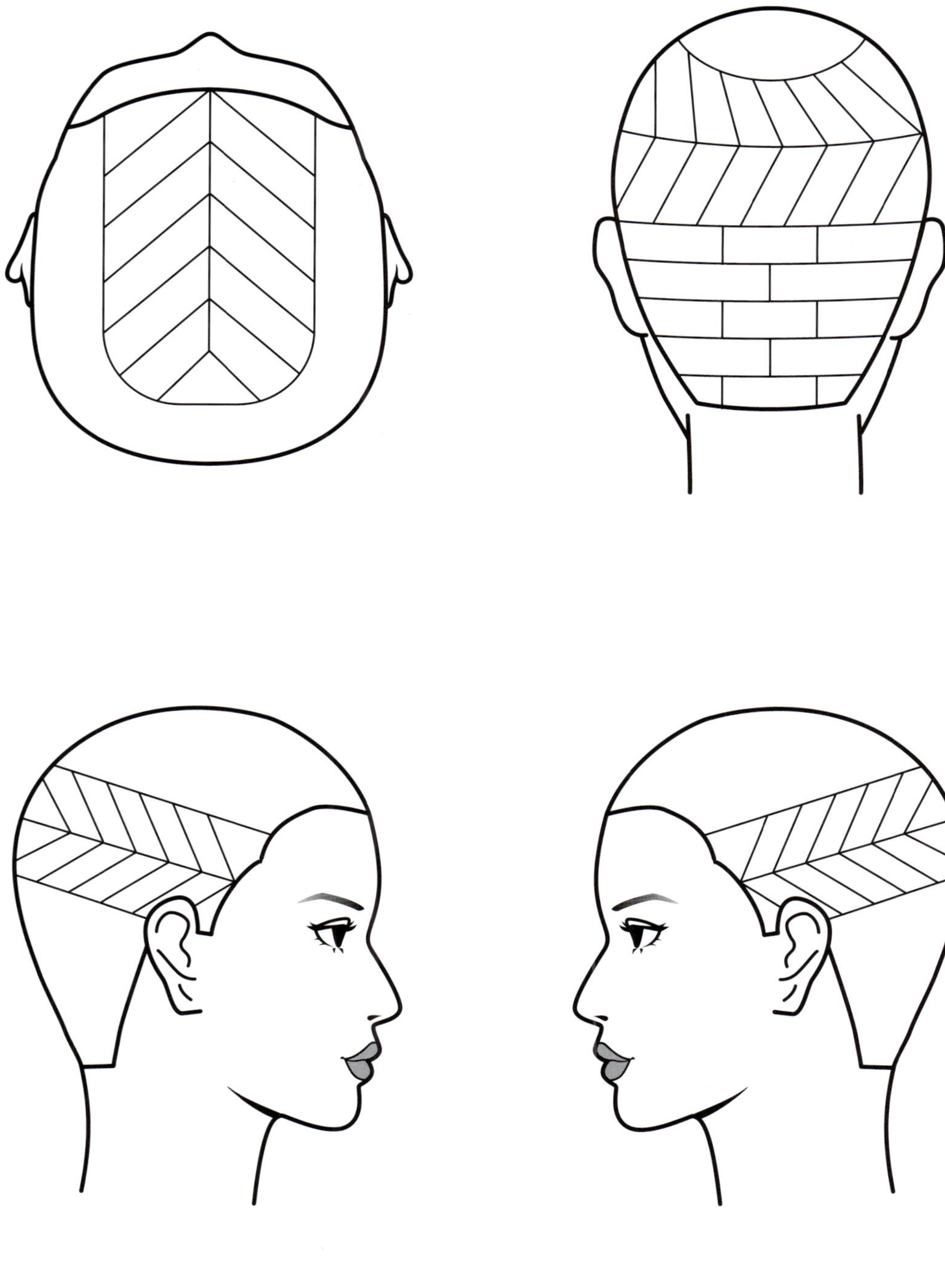

[그림 8-5] 브로킹

2) 혼합형 와인딩 시술과정

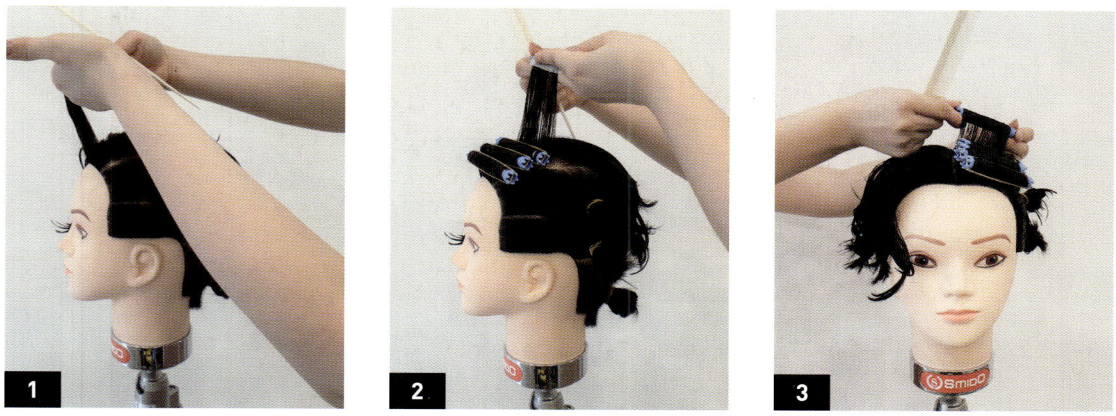

1~3. 탑 부분, 사선 섹션, 6호 로드, 첫 번째 로드는 사이드 베이스로 빗질하여 와인딩한다. 2, 3, 4번째 로드는 두상각 90°로 빗질하여 와인딩한다.

4~6. 5번째 로드부터 마름모 섹션, 사이드 베이스로 빗질하여 와인딩한다. 7번째 로드는 중앙에 올 수 있도록 사이드 베이스로 빗질하여 와인딩한다.

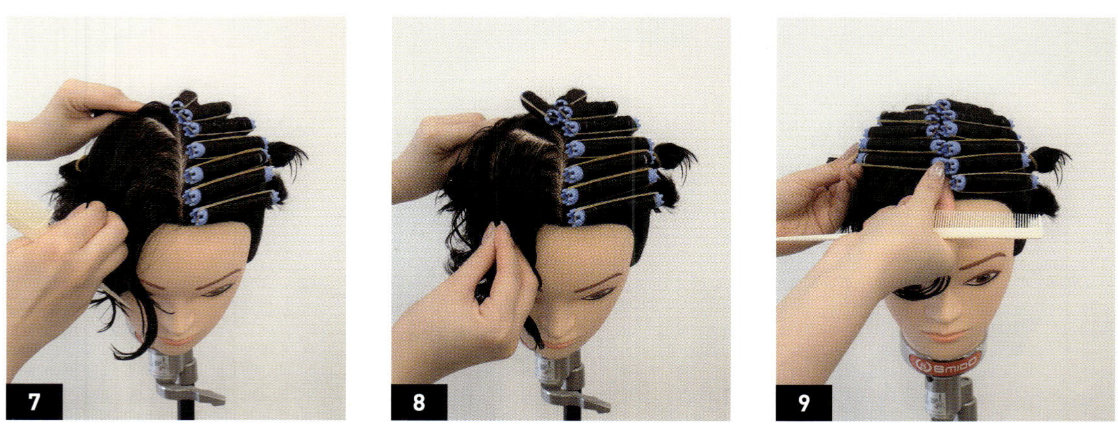

7~9. 사선 섹션을 유지하며 두상각 90°로 빗질하여 와인딩한다.

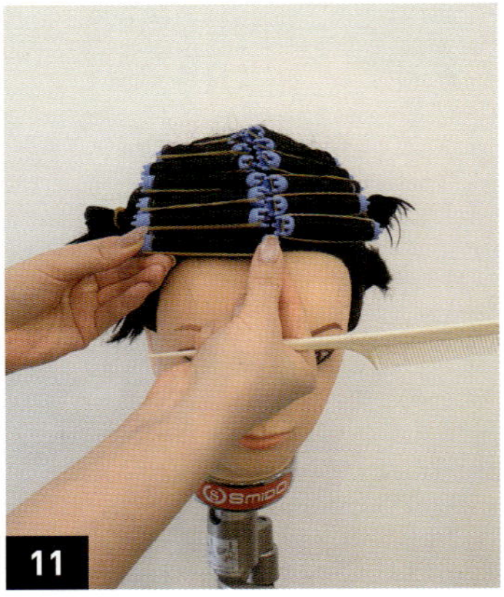

10~12. 동일한 각도로 빗질하여 총 14개 오브롱으로 와인딩한다.

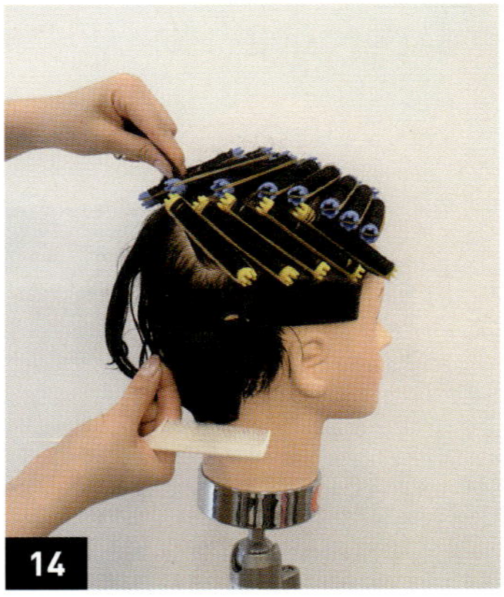

13~14. 사선 섹션, 7호 로드, 15개 와인딩하고 사이드 베이스로 빗질하여 와인딩한다.

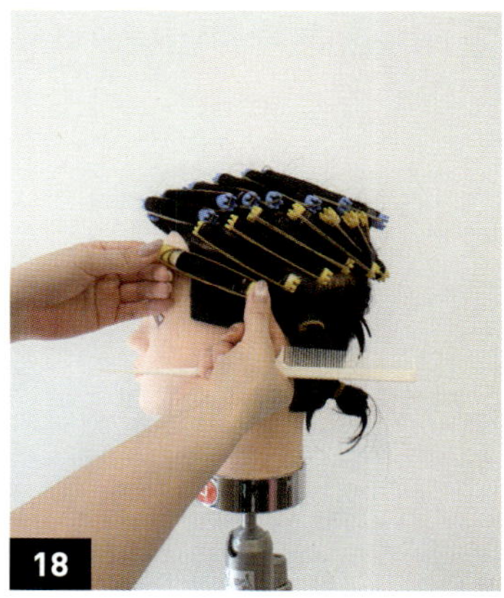

15~18. 아래 베이스를 더 넓게 잡아 사선 섹션을 나누어 와인딩한다. 마지막 로드는 수평으로 와인딩한다.

19~21. 위 베이스에 맞추어 사선 섹션을 나누어 와인딩한다.

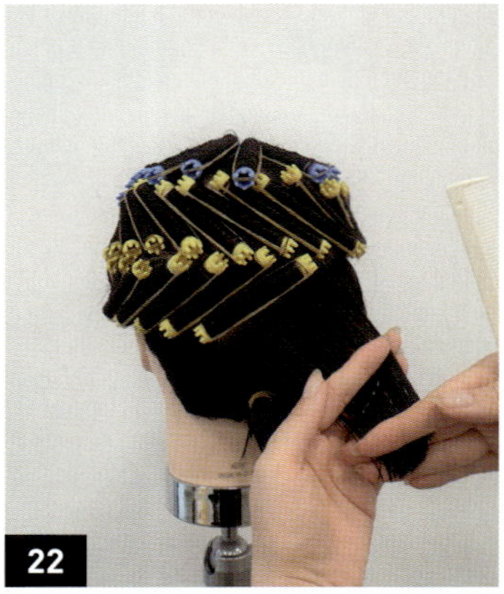

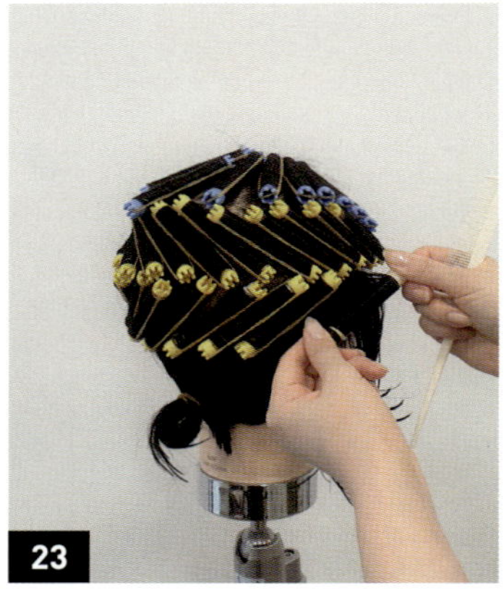

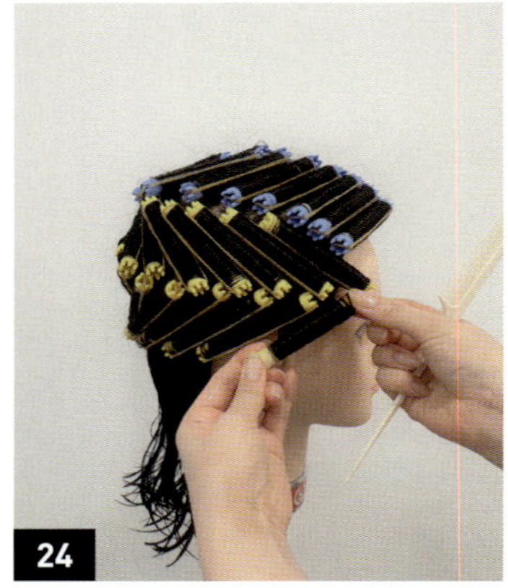

22~24. 두상각 90°로 빗질하여 와인딩한다.

25~27. 벽돌 섹션, 8호 로드 총 13개로 두상각 90°로 빗질하여 와인딩한다.

3) 혼합형 와인딩 완성

[그림 8-6] 완성사진

3. 5등분 와인딩(센터 파트)

[그림 8-7] 5등분 와인딩(센터 파트)

브로킹 : 5등분(센터 파트)
섹션 : 수평, 사선
각도 : 90°
베이스 : 직사각형 On Base(1직경)
고무 밴딩 : 11자 밴딩
로드 개수 : 55개 이상(파랑 22개, 노랑 15개, 빨강 10개, 분홍 6개, 초록 6개)
와인딩 기법 : 크로키놀식

1) 5등분 와인딩(센터 파트) 브로킹

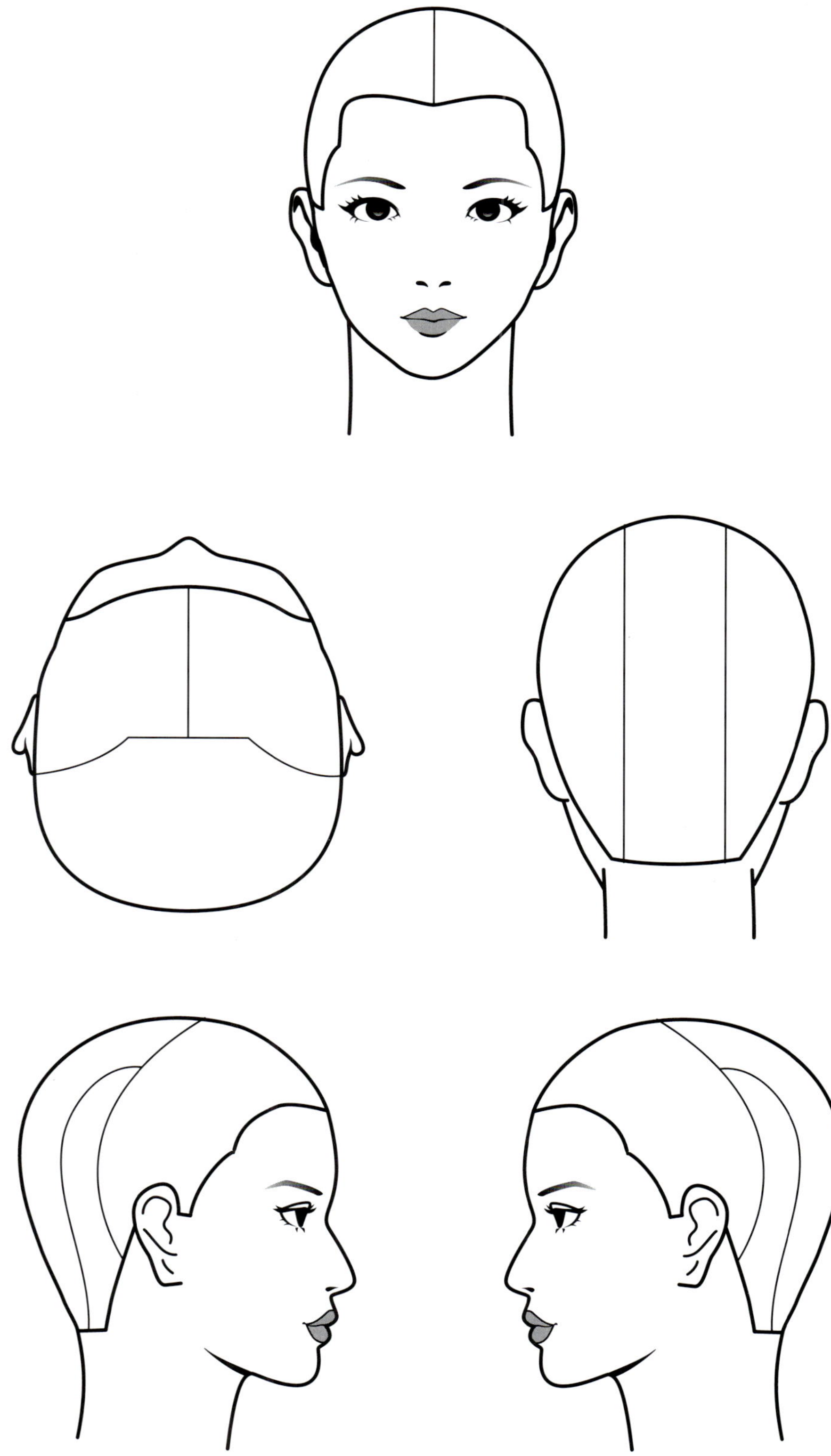

[그림 8-8] 브로킹

2) 5등분 와인딩(센터 파트) 시술과정

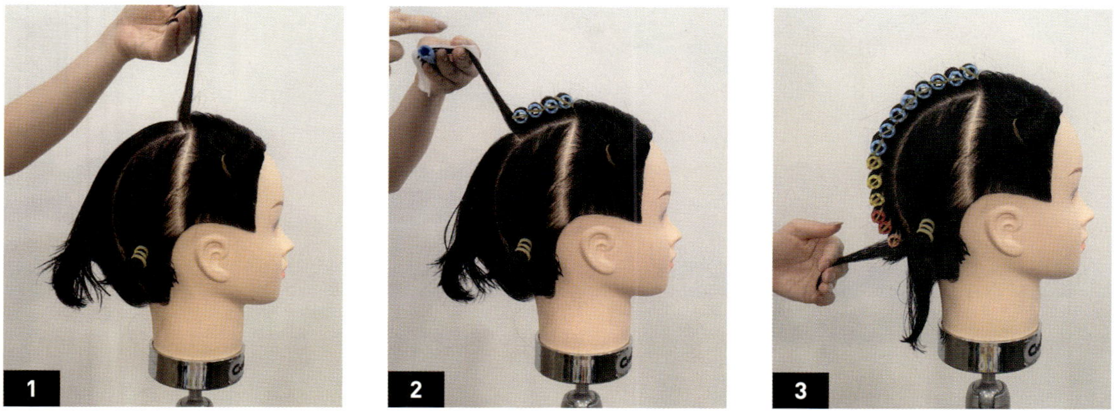

1~3. 백 중앙, 수평 섹션, 섹션 두께(로드 지름), 두상각도 90°로 모발을 빗질하여 6호 8개, 7호 3개, 8호 2개, 9호 2개, 10호 2개로 와인딩한다.

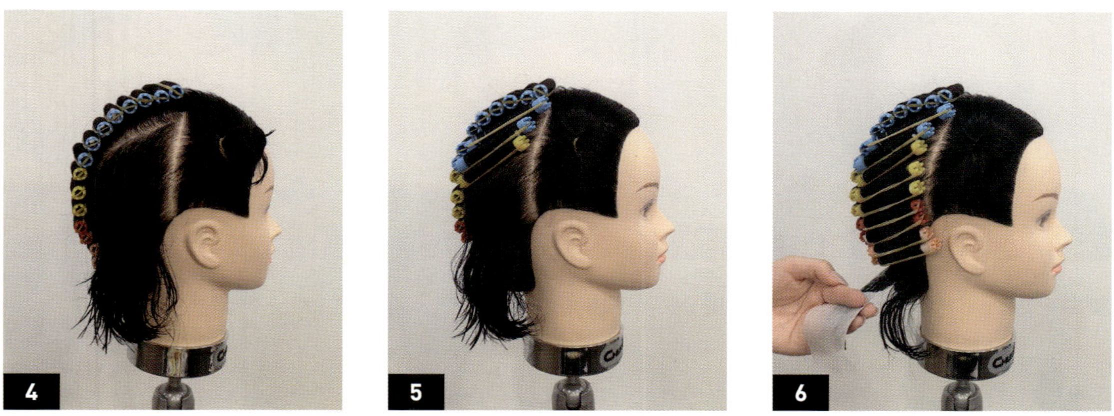

4~6. 백 사이드 오른쪽, 사선 섹션, 섹션 두께(로드 지름), 두상각도 90°로 모발을 빗질하여 6호 2개, 7호 3개, 8호 2개, 9호 2개, 10호 2개로 와인딩한다.

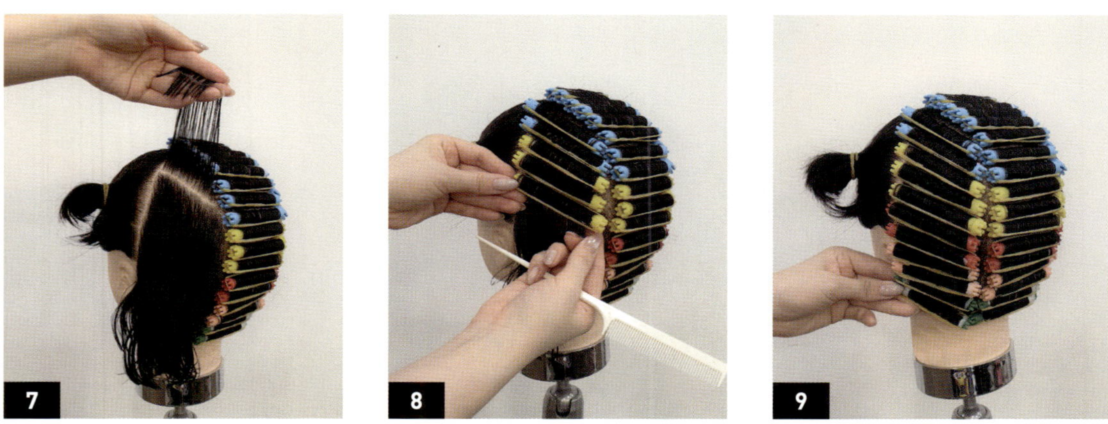

7~9. 백 사이드 왼쪽, 사선 섹션, 섹션 두께(로드 지름), 두상각도 90°로 모발을 빗질하여 6호 2개, 7호 3개, 8호 2개, 9호 2개, 10호 2개로 와인딩한다.

10~12. 사이드 오른쪽, 수평 섹션, 두상각도 90°로 모발을 빗질하여 6호 5개, 7호 3개, 8호 2개로 와인딩한다.

13~15. 사이드 왼쪽, 수평 섹션, 두상각도 90°로 모발을 빗질하여 6호 5개, 7호 3개, 8호 2개로 와인딩한다.

3) 5등분 와인딩(센터 파트) 완성

[그림 8-9] 완성사진

4. 5등분 와인딩(좌파트)

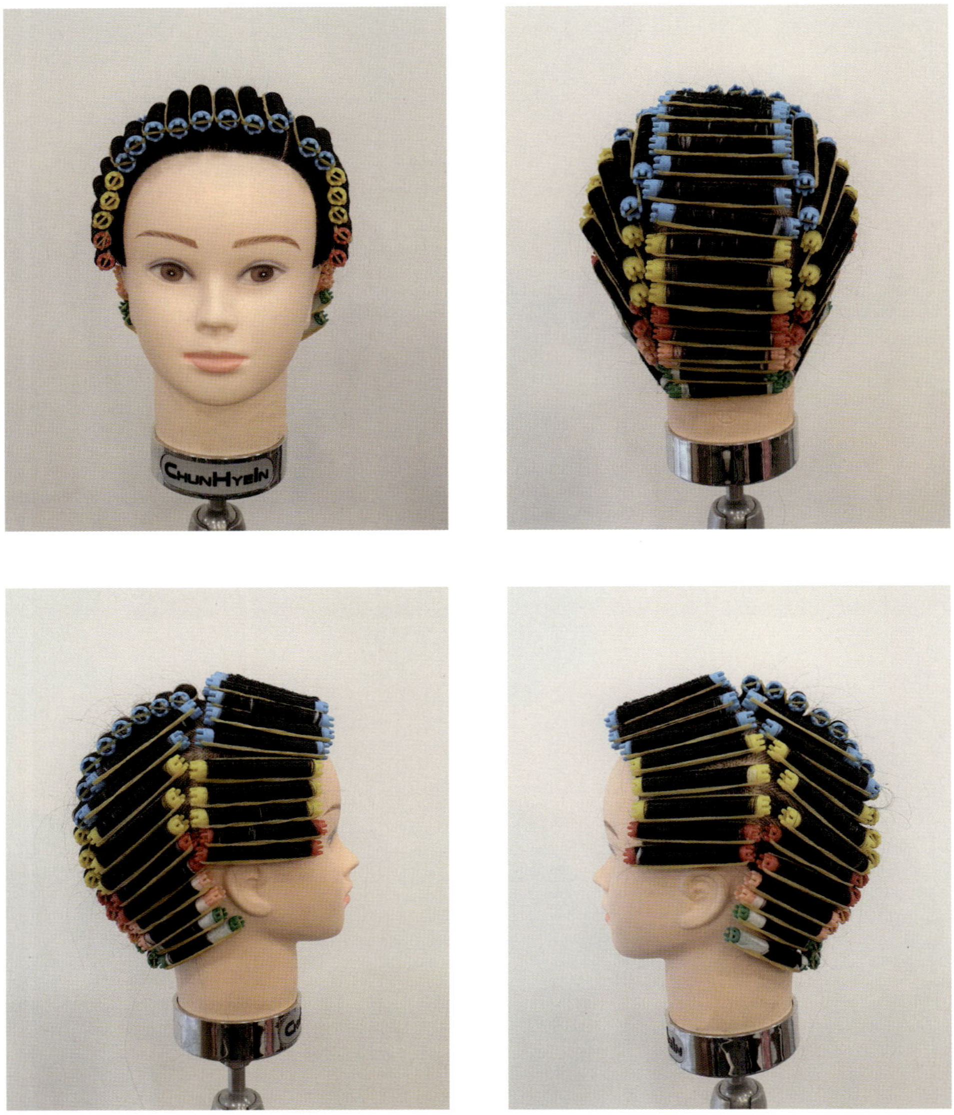

[그림 8-10] 5등분 와인딩(좌파트)

브로킹 : 5등분(좌파트)
섹션 : 수평, 사선
각도 : 90°
베이스 : 직사각형 On Base(1직경)
고무 밴딩 : 11자 밴딩
로드 개수 : 55개 이상(파랑 22개, 노랑 15개, 빨강 10개, 분홍 6개, 초록 6개)
와인딩 기법 : 크로키놀식

1) 5등분 와인딩(좌파트) 브로킹

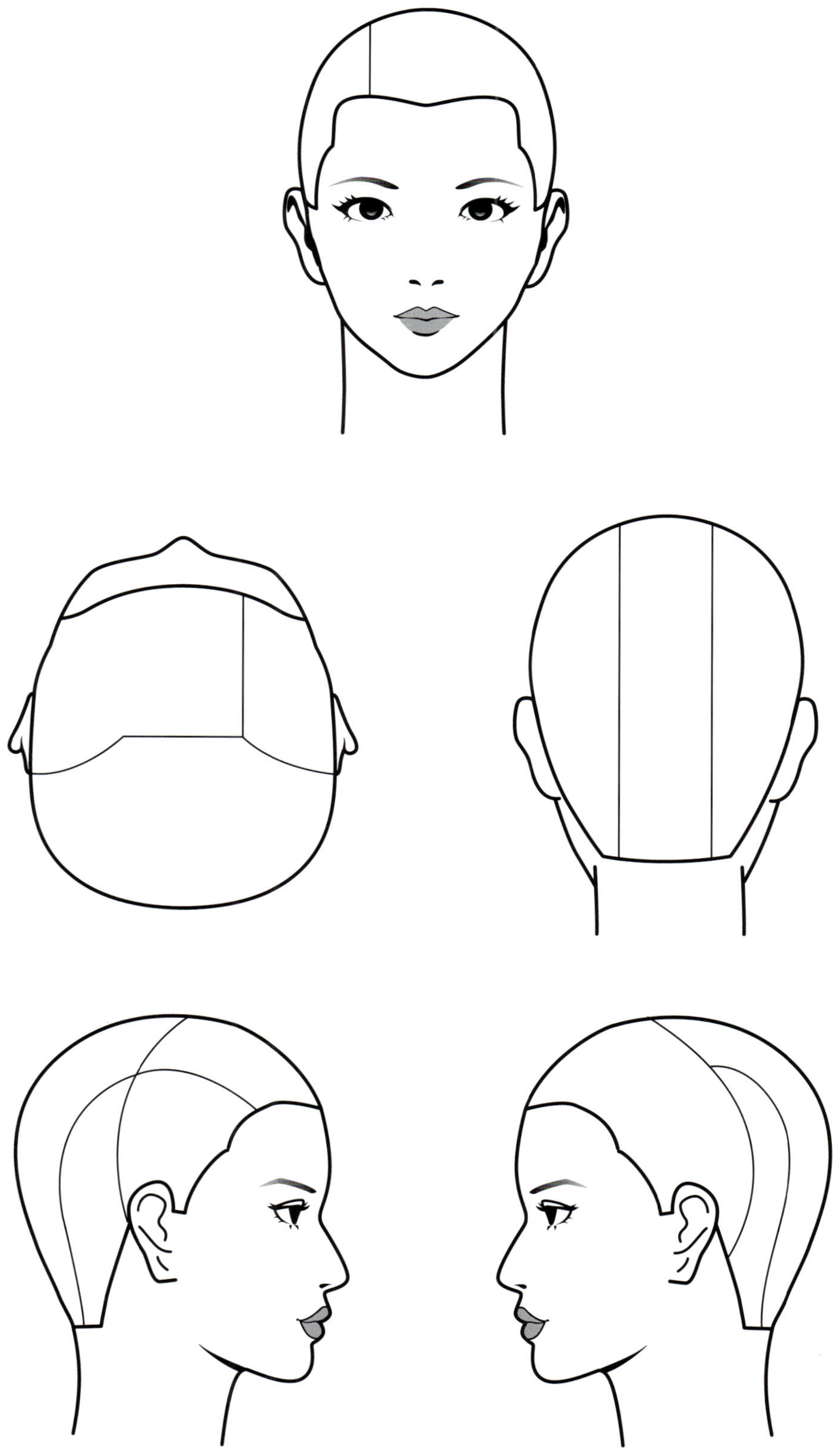

[그림 8-11] 브로킹

2) 5등분 와인딩(좌파트) 시술과정

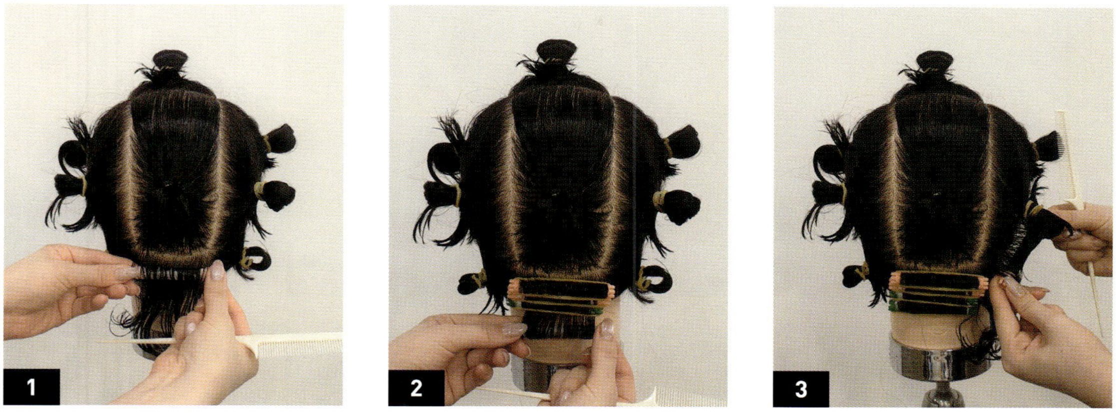

1~3. 백 중앙, 수평 섹션, 섹션 두께(로드 지름), 두상각도 90°로 모발을 빗질하여 6호 8개, 7호 3개, 8호 2개, 9호 2개, 10호 2개로 와인딩한다.

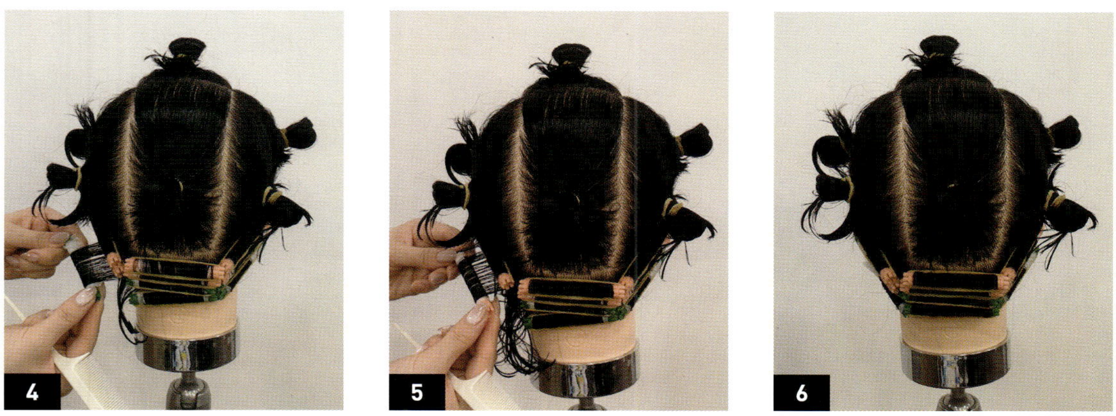

4~6. 백 사이드 오른쪽, 사선 섹션, 섹션 두께(로드 지름), 두상각도 90°로 모발을 빗질하여 6호 2개, 7호 3개, 8호 2개, 9호 2개, 10호 2개로 와인딩한다.

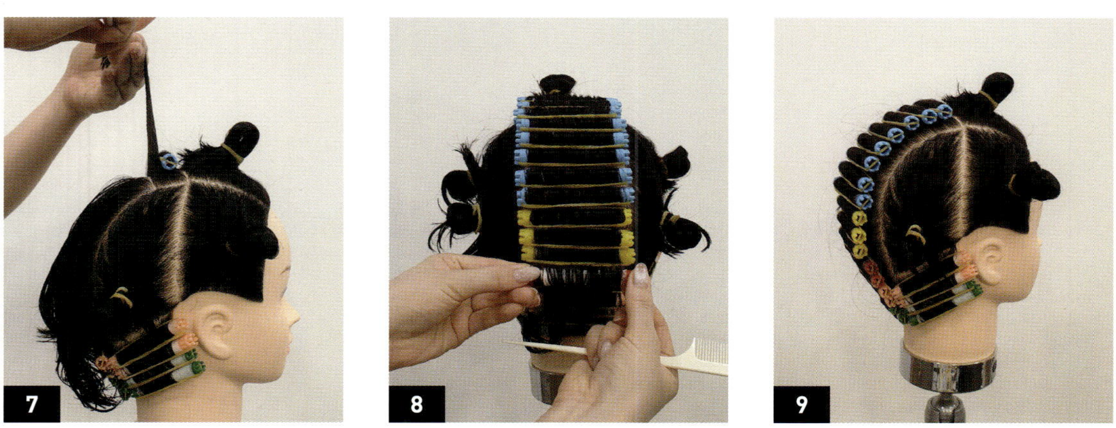

7~9. 백 사이드 왼쪽, 사선 섹션, 섹션 두께(로드 지름), 두상각도 90°로 모발을 빗질하여 6호 2개, 7호 3개, 8호 2개, 9호 2개, 10호 2개로 와인딩한다.

10~12. 왼쪽 사이드, 수평 섹션, 두상각도 90°로 모발을 빗질하여 6호 8개, 7호 3개, 8호 2개로 와인딩한다.

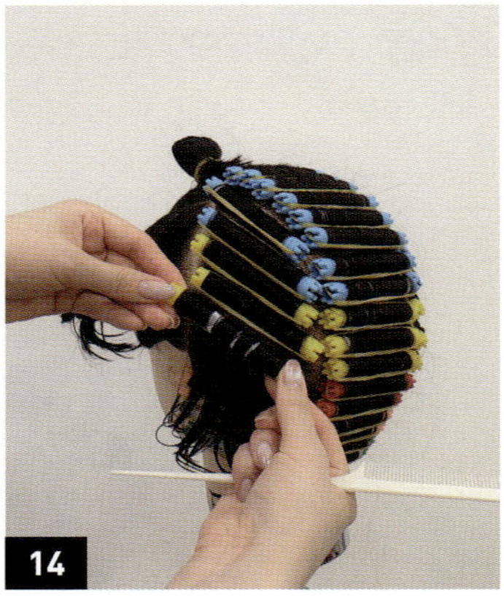

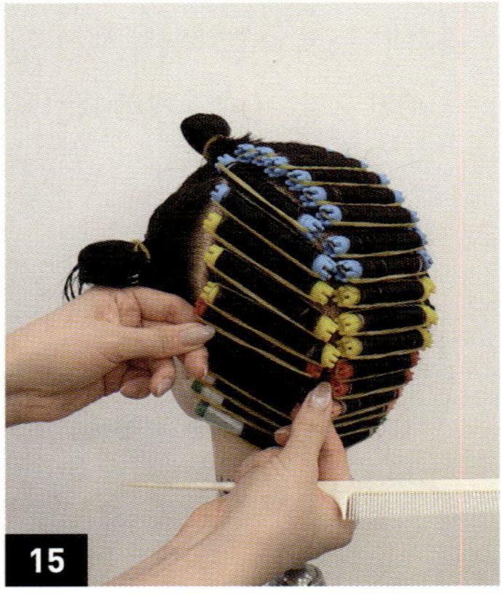

13~15. 오른쪽 사이드, 수평 섹션, 두상각도 90°로 모발을 빗질하여 6호 2개, 7호 3개, 8호 2개로 와인딩한다.

3) 5등분 와인딩(좌파트) 완성

[그림 8-12] 완성사진

5. 5등분 와인딩(우파트)

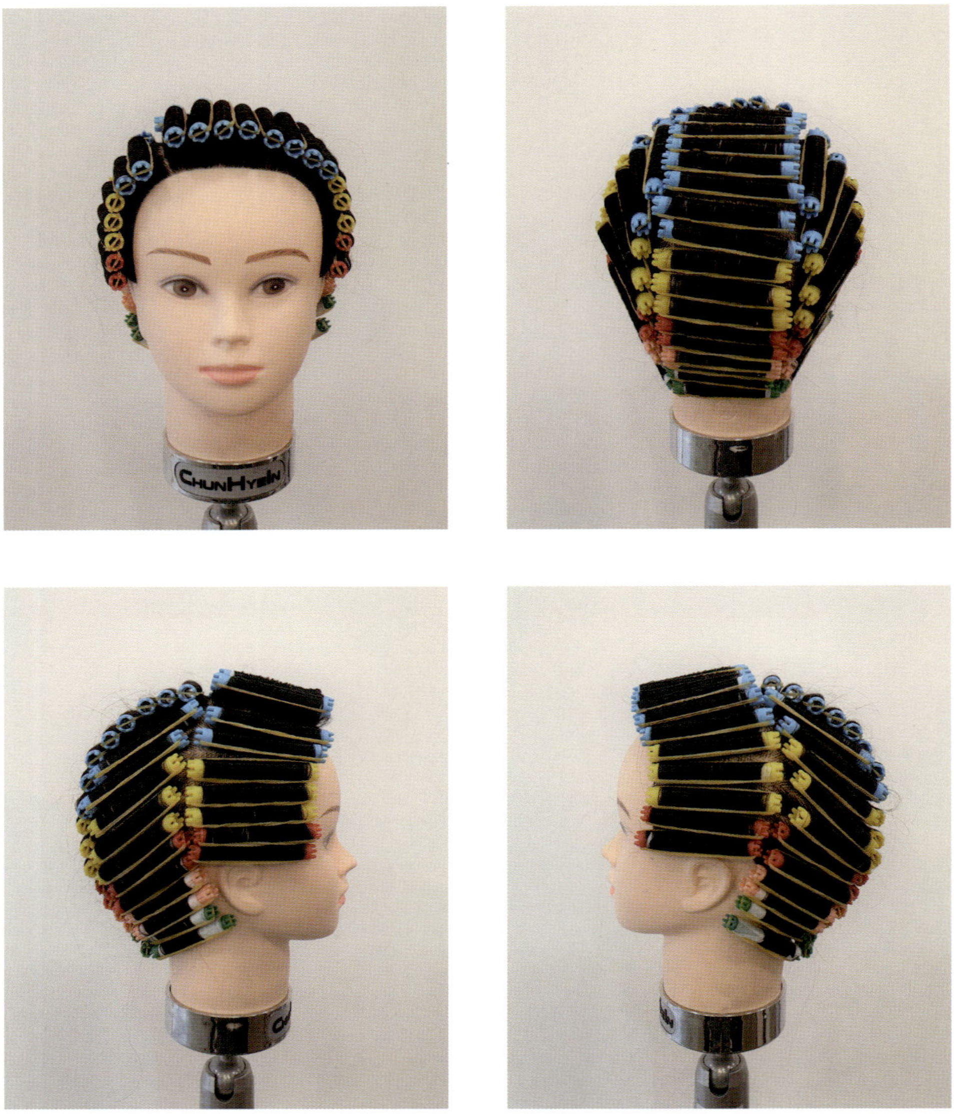

[그림 8-13] 5등분 와인딩(우파트)

브로킹 : 5등분(우파트)
섹션 : 수평, 사선
각도 : 90°
베이스 : 직사각형 On Base(1직경)
고무 밴딩 : 11자 밴딩
로드 개수 : 55개 이상(파랑 22개, 노랑 15개, 빨강 10개, 분홍 6개, 초록 6개)
와인딩 기법 : 크로키놀식

1) 5등분 와인딩(우파트) 브로킹

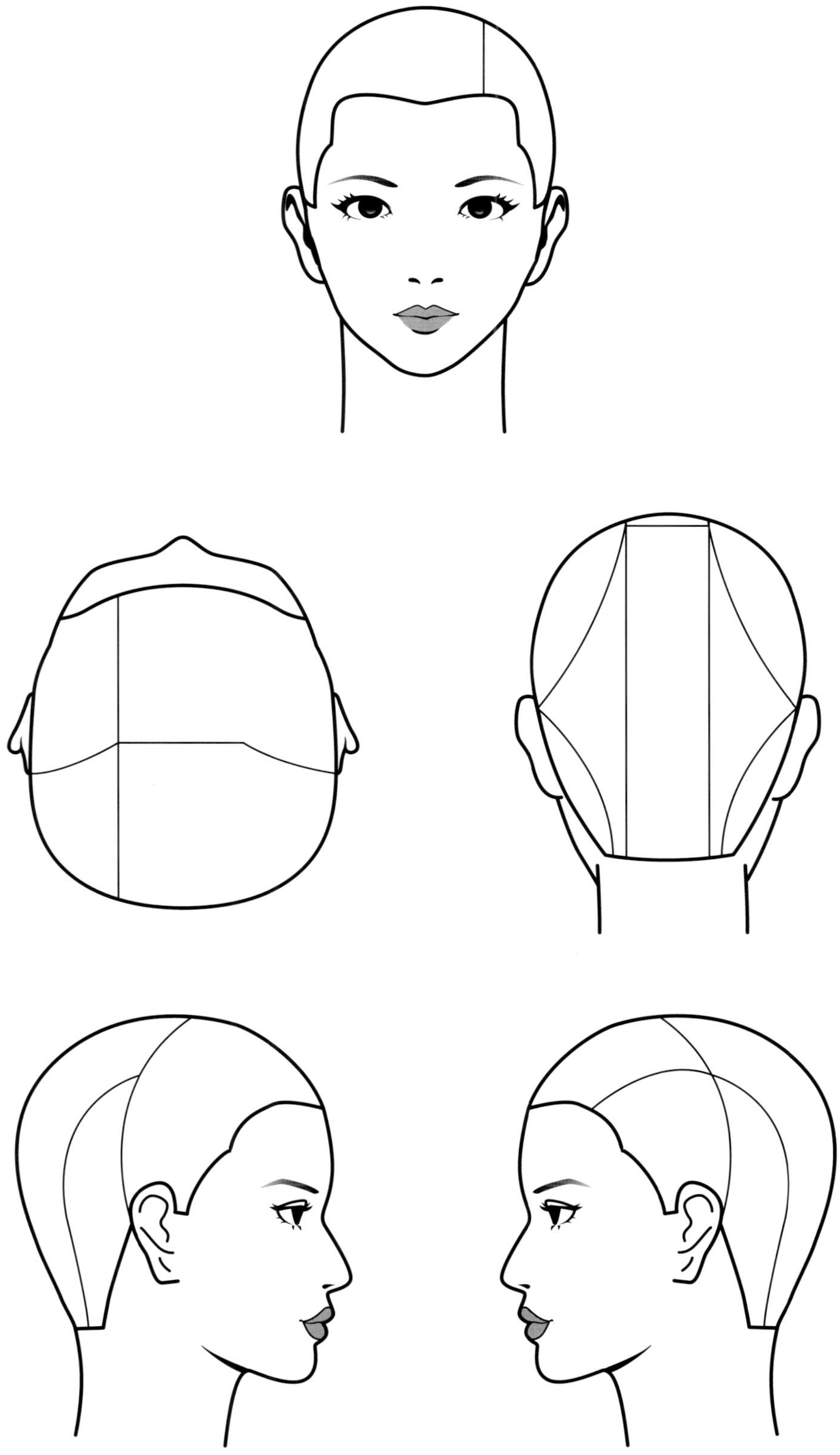

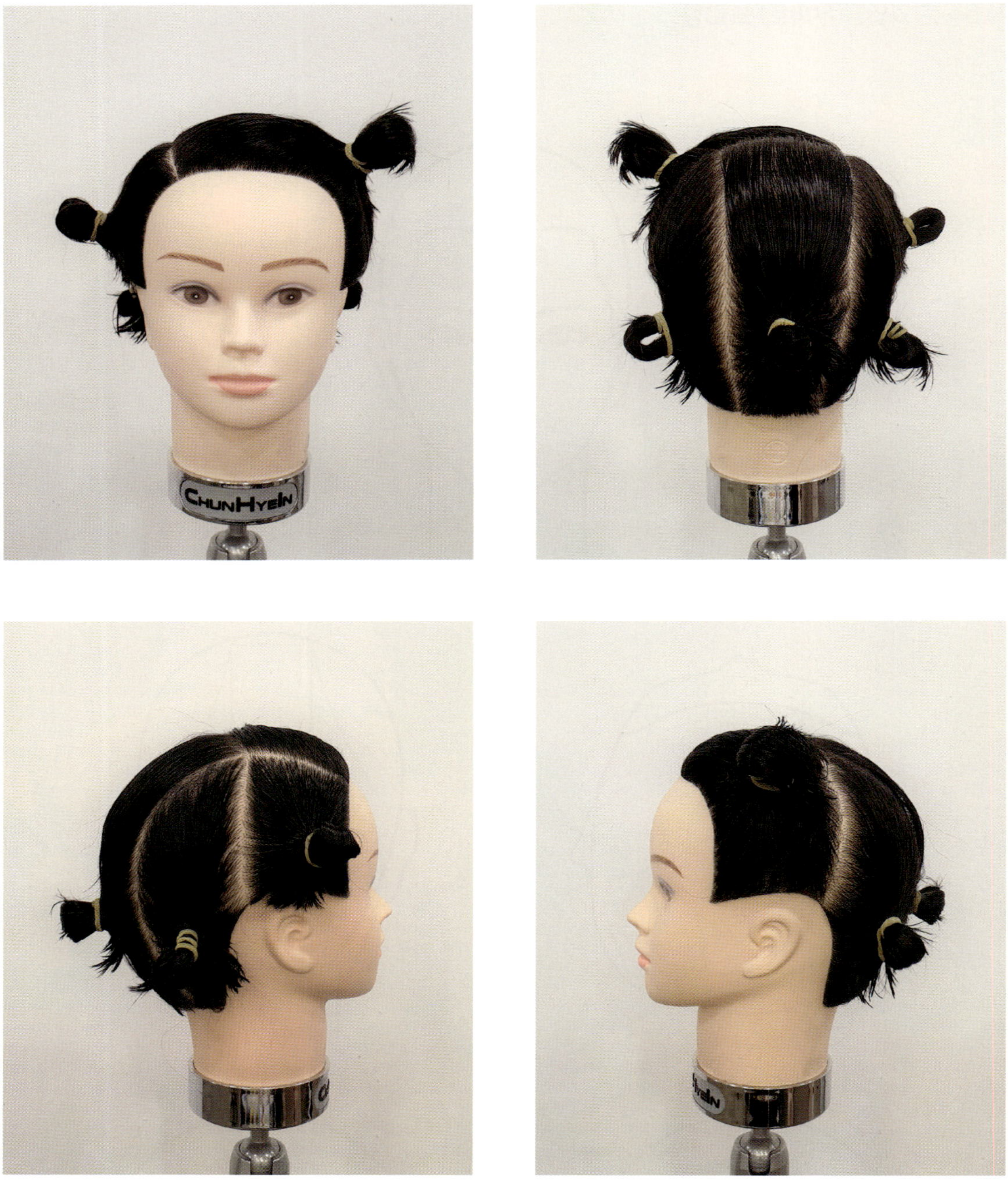

[그림 8-14] 브로킹

2) 5등분 와인딩(우파트) 시술과정

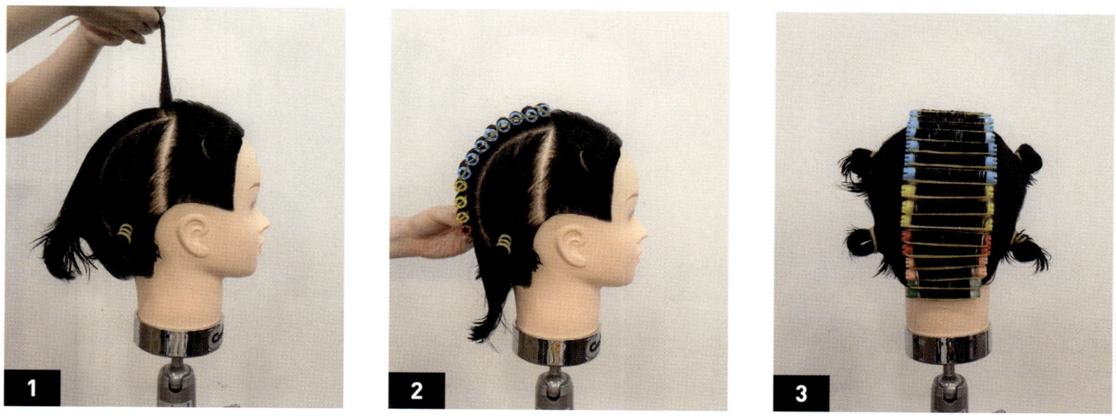

1~3. 백 중앙, 수평 섹션, 섹션 두께(로드 지름), 두상각도 90°로 모발을 빗질하여 6호 8개, 7호 3개, 8호 2개, 9호 2개, 10호 2개로 와인딩한다.

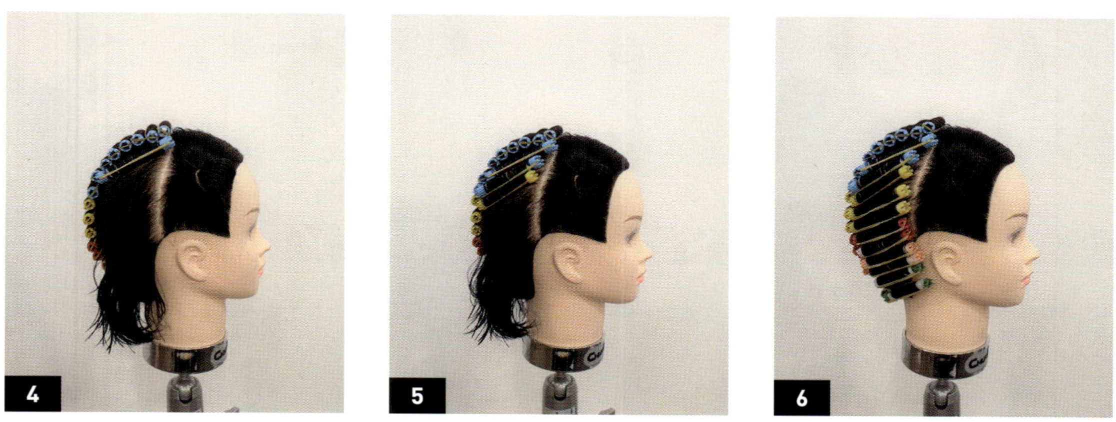

4~6. 백 사이드 오른쪽, 사선 섹션, 섹션 두께(로드 지름), 두상각도 90°로 모발을 빗질하여 6호 2개, 7호 3개, 8호 2개, 9호 2개, 10호 2개로 와인딩한다.

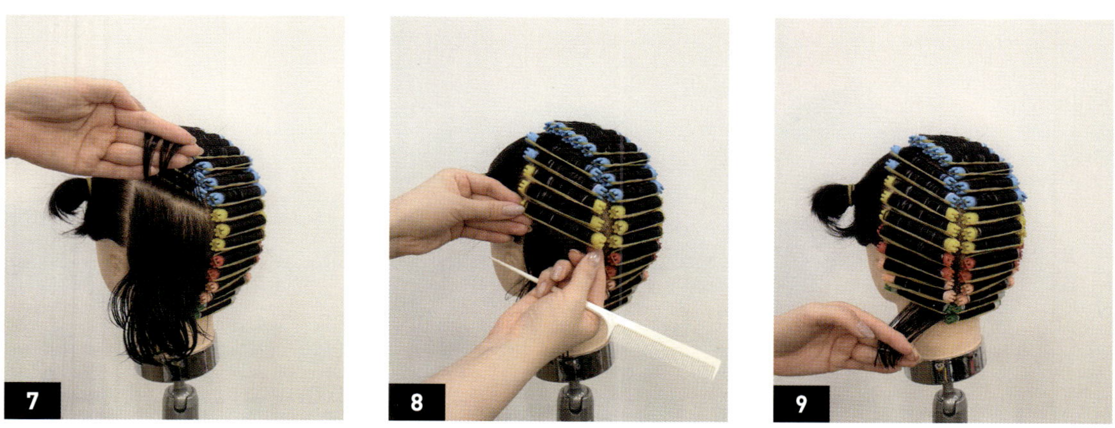

7~9. 백 사이드 왼쪽, 사선 섹션, 섹션 두께(로드 지름), 두상각도 90°로 모발을 빗질하여 6호 2개, 7호 3개, 8호 2개, 9호 2개, 10호 2개로 와인딩한다.

10~12. 왼쪽 사이드, 수평 섹션, 두상각도 90°로 모발을 빗질하여 6호 2개, 7호 3개, 8호 2개로 와인딩한다.

13~15. 오른쪽 사이드, 수평 섹션, 두상각도 90°로 모발을 빗질하여 6호 8개, 7호 3개, 8호 2개로 와인딩한다.

3) 5등분 와인딩(우파트) 완성

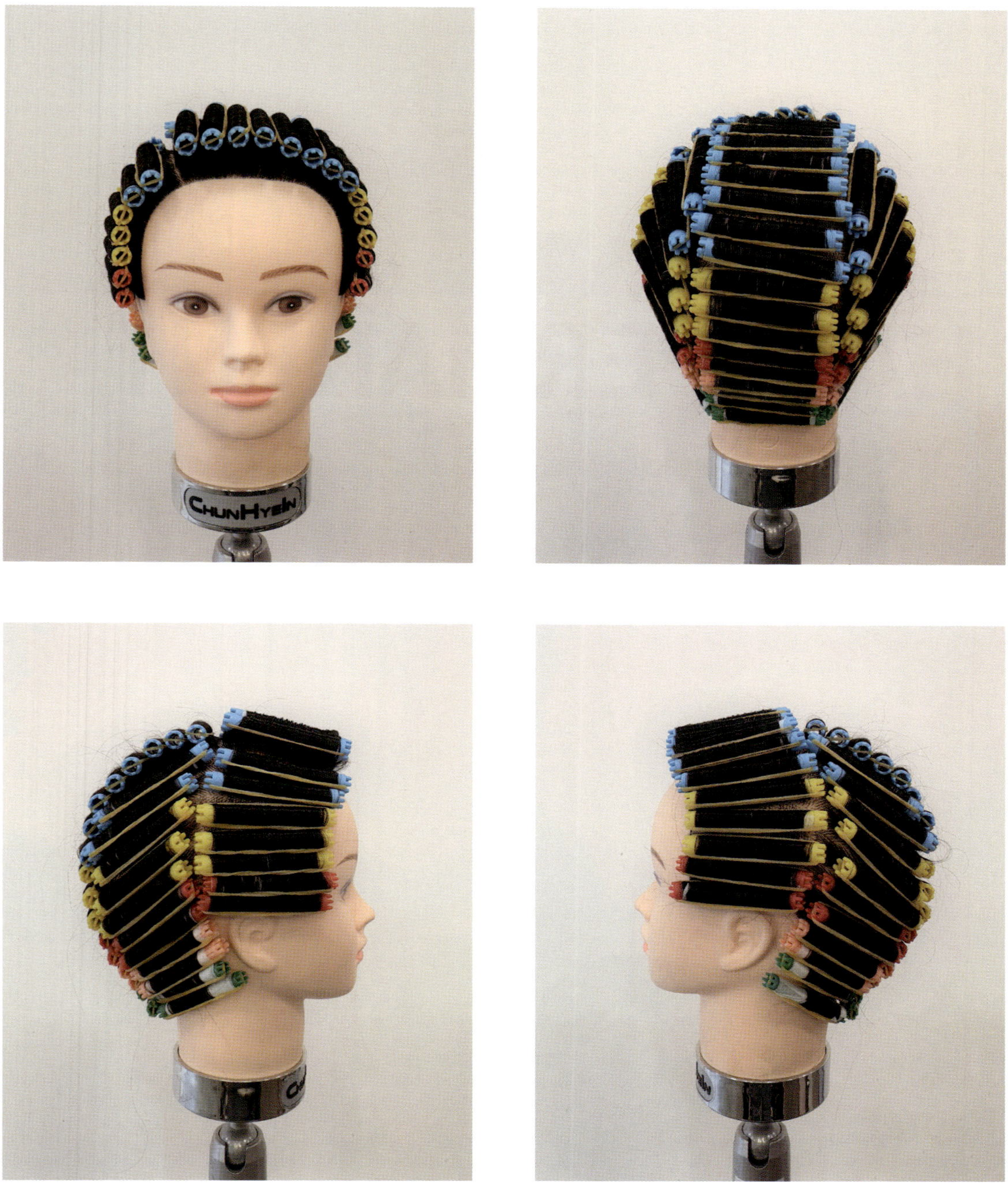

[그림 8-15] 완성사진

BASIC

HAIR PERMANENT

PRO 베이직 **헤어 퍼머넌트** 프로

Chapter 09

응용 퍼머넌트 웨이브

1. 기본 와인딩(Basic horizontal winding)
2. 사선 와인딩(Diagnal winding)
3. 벽돌쌓기 와인딩(Bricklay pattern winding)
4. 머쉬룸 벽돌쌓기 와인딩(Mushroom bricklay pattern winding)
5. 원형확장 와인딩(Circle expanded winding)
6. 스파이럴 와인딩(Spiral winding)
7. 프로젝션 수평 와인딩(Projection horizontal winding)
8. 더블 와인딩(Double winding)
9. 혼합형 와인딩(Mixed mode winding)
10. 캔들스틱 와인딩(Candle stick winding)
11. 오브롱 와인딩(Oblong winding)
12. 인덴테이션 와인딩(Indentation winding)
13. 포일 와인딩(Foil winding)
14. 특수 로드 와인딩(Special rod winding)
15. 위빙 와인딩(Weaving winding)
16. 롤 세팅 와인딩(Roll setting winding)
17. 롤 스트레이트 와인딩(Roll straight winding)
18. 판넬 스트레이트 와인딩(Panel straight winding)

응용 퍼머넌트 웨이브

1. 기본 와인딩
(Basic horizontal winding)

2. 사선 와인딩
(Diagnal winding)

3. 벽돌쌓기 와인딩
(Bricklay pattern winding)

4. 머쉬룸 벽돌쌓기 와인딩
(Mushroom bricklay pattern winding)

5. 원형확장 와인딩
(Circle expanded winding)

6. 스파이럴 와인딩
(Spiral winding)

7. 프로젝션 수평 와인딩
(Projection horizontal winding)

8. 더블 와인딩
(Double winding)

9. 혼합형 와인딩
(Mixed mode winding)

10. 캔들스틱 와인딩
(Candle stick winding)

11. 오브롱 와인딩
(Oblong winding)

12. 인덴테이션 와인딩
(Indentation winding)

13. 포일 와인딩
(Foil winding)

14. 특수 로드 와인딩
(Special rod winding)

15. 위빙 와인딩
(Weaving winding)

16. 롤 세팅 와인딩
(Roll setting winding)

17. 롤 스트레이트 와인딩
(Roll straight winding)

18. 판넬 스트레이트 와인딩
(Panel straight winding)

1. 기본 와인딩(Basic horizontal winding) - 수평말기

1) 브로킹

1~4. 브로킹 모습

2) 시술과정

5~6. 두상에서 90° 각도를 들어 하프 오프 베이스가 되도록 수평 와인딩 한다.

7. 1호 로드를 사용하여 와인딩한다.

8~10. 2호, 3호, 4호, 5호 로드를 사용하여 두상의 곡면에 따라 하프 오프 베이스로 수평 와인딩한다.

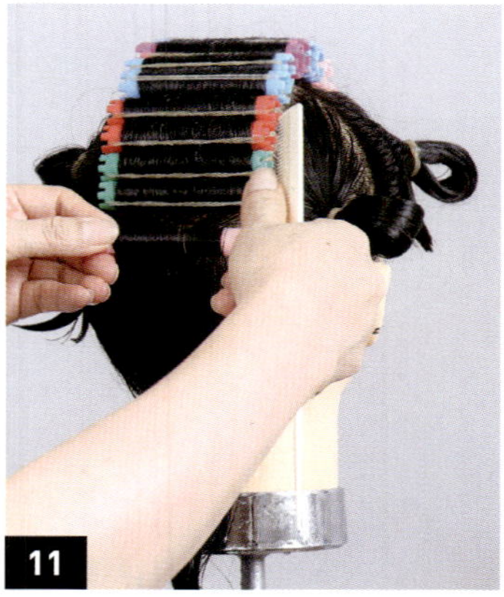
11

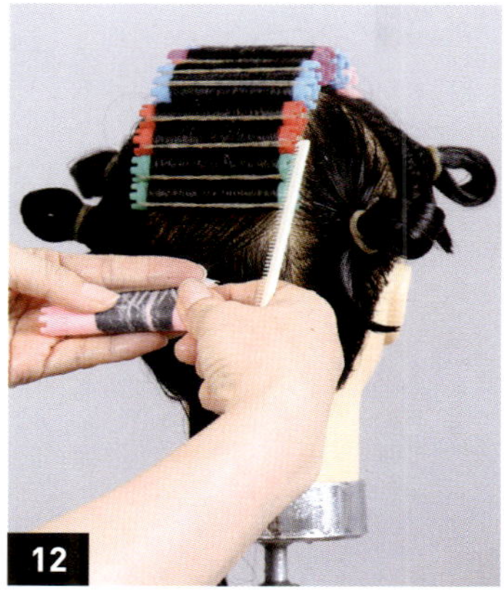
12

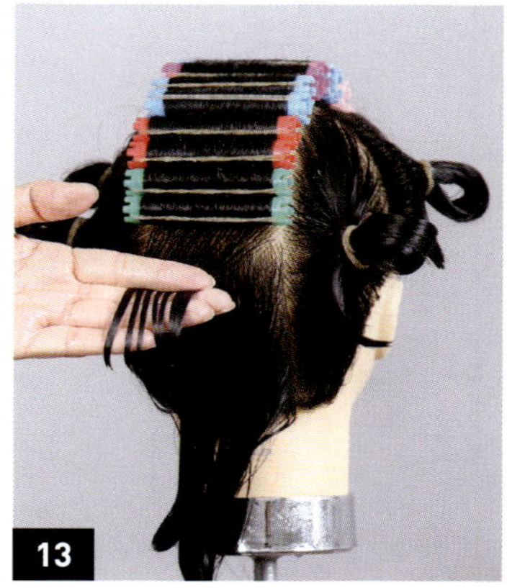
13

14

15

16

17

11~17. 6호~10호 로드까지 점차적으로 얇은 로드로 네이프까지 수평 와인딩한다.

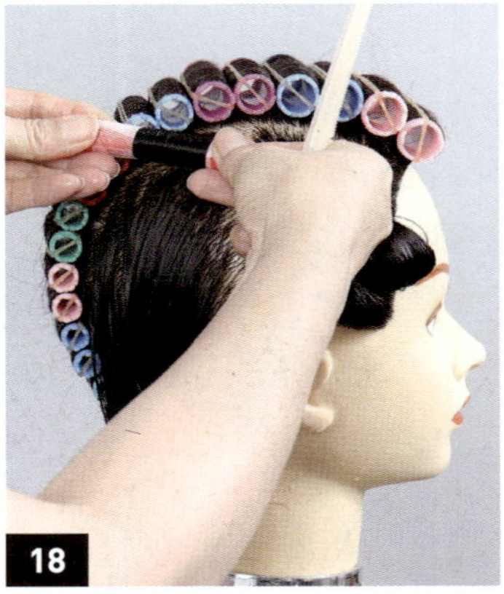

18. 백 사이드의 수평 와인딩 방법은 백과 동일한 5호 로드의 호수를 사용하여 수평 와인딩한다.

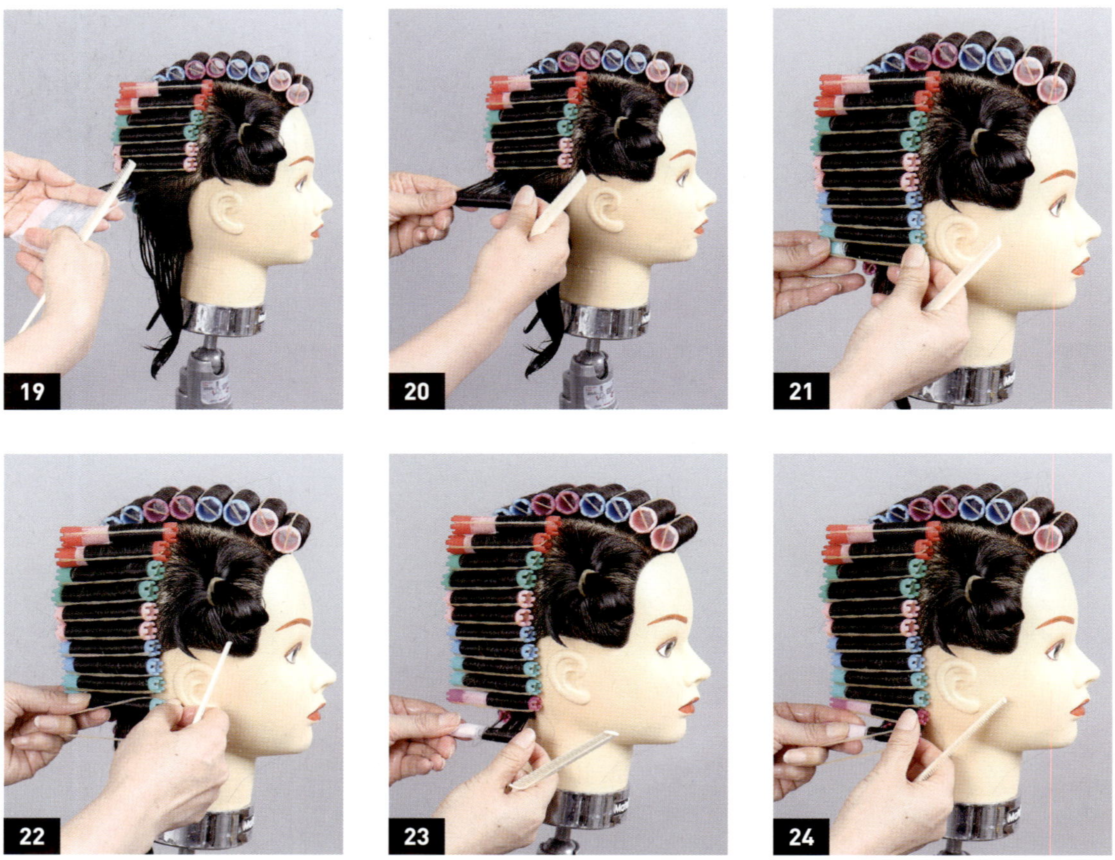

19~24. 두상각도 90°를 유지하면서 5호~10호 로드까지 사용하여 수평 와인딩한다.

25~27. 왼쪽 백 사이드도 5호 로드부터 수평 와인딩을 시작한다.

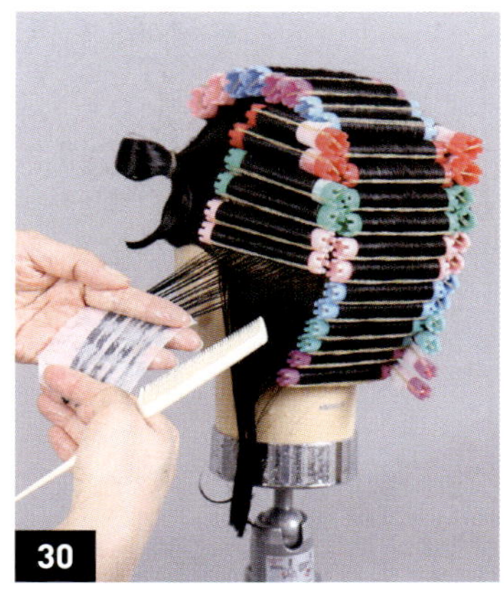

31~33. 수평 와인딩 상태를 유지하면서 5호~10호 로드를 사용하여 동일한 방법으로 와인딩한다.

34

34. 백과 백 사이드가 완성된 상태

35

36

37

38

35~38. 오른쪽 사이드는 5호~7호 로드까지 사용하여 백 사이드와 수평이 되도록 수평 와인딩한다.

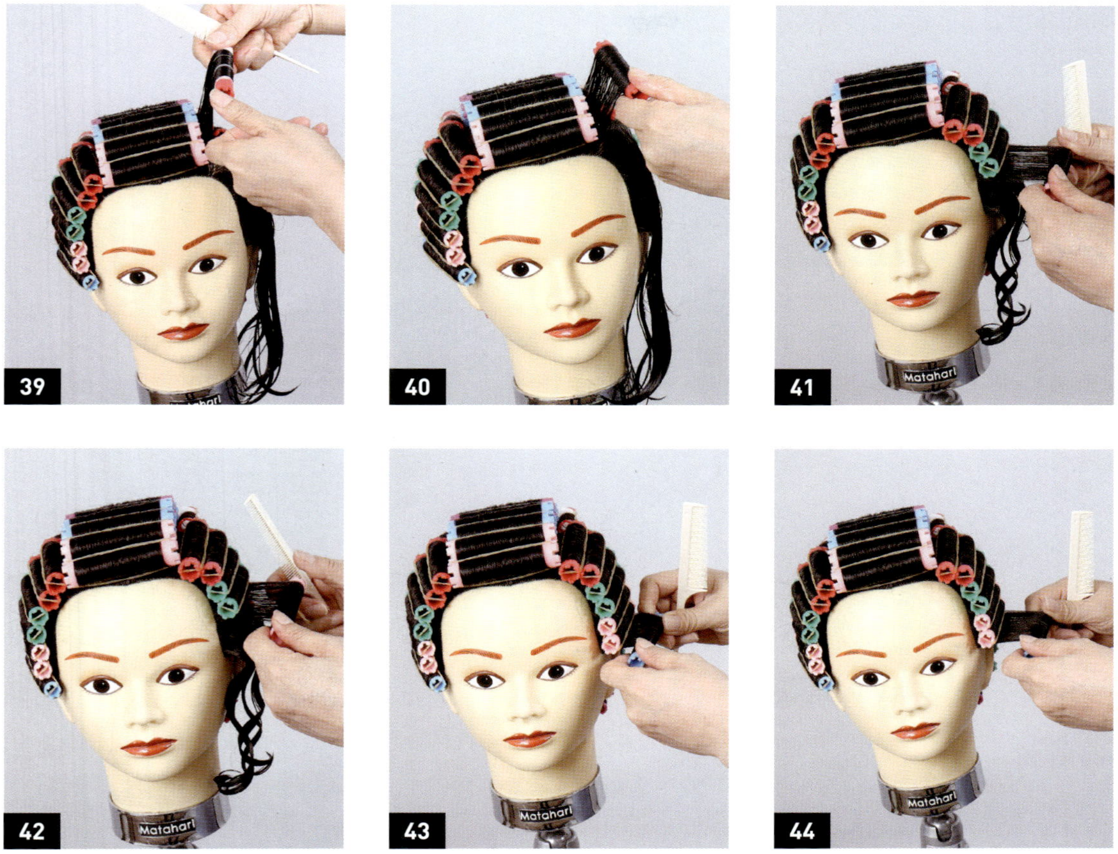

39~44. 왼쪽 사이드도 동일한 방법으로 하프 오프 베이스로 수평 와인딩한다.

3) 완성사진

[그림 9-1] 완성사진

2. 사선 와인딩(Diagnal winding)

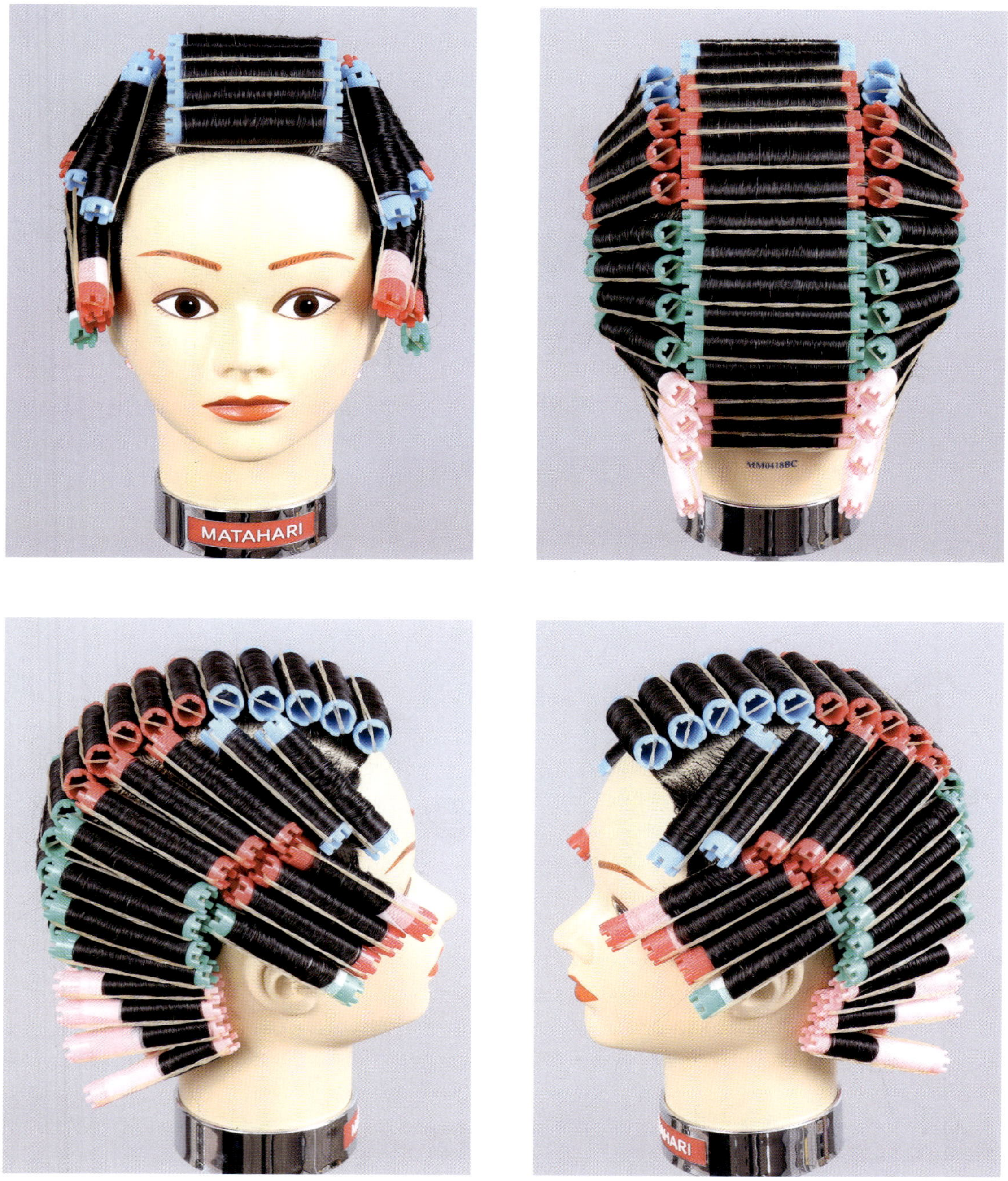

1) 브로킹

1~4. 브로킹 모습

2) 시술과정

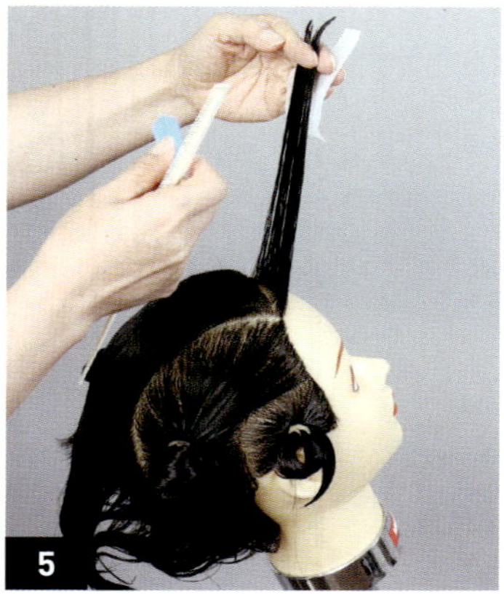

5. 섹션을 90°로 빗질한 모습

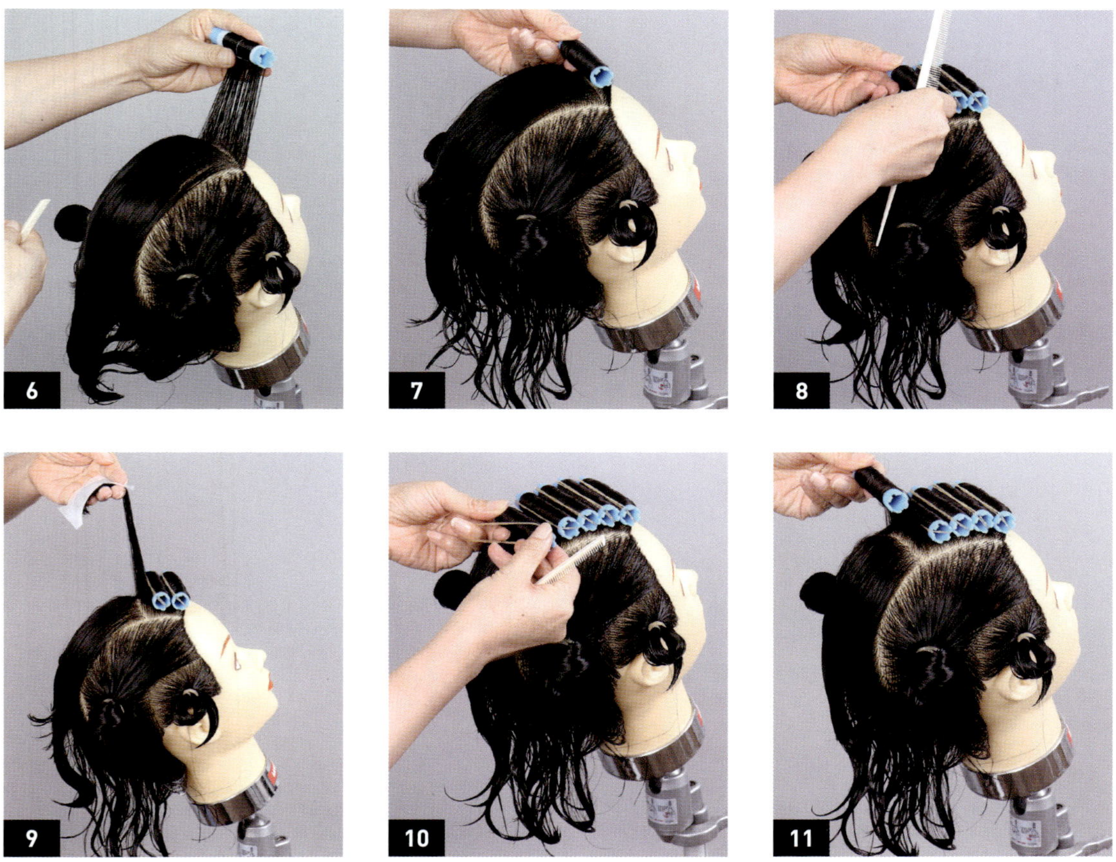

6~11. 4호 로드를 사용하여 리버스 방향으로 하프 오프 베이스로 수평 와인딩한다.

12~13. 5호 로드를 사용하여 리버스 방향으로 하프 오프 베이스로 수평 와인딩한다.

14~15. 6호 로드를 사용하여 리버스 방향으로 수평 와인딩한다.

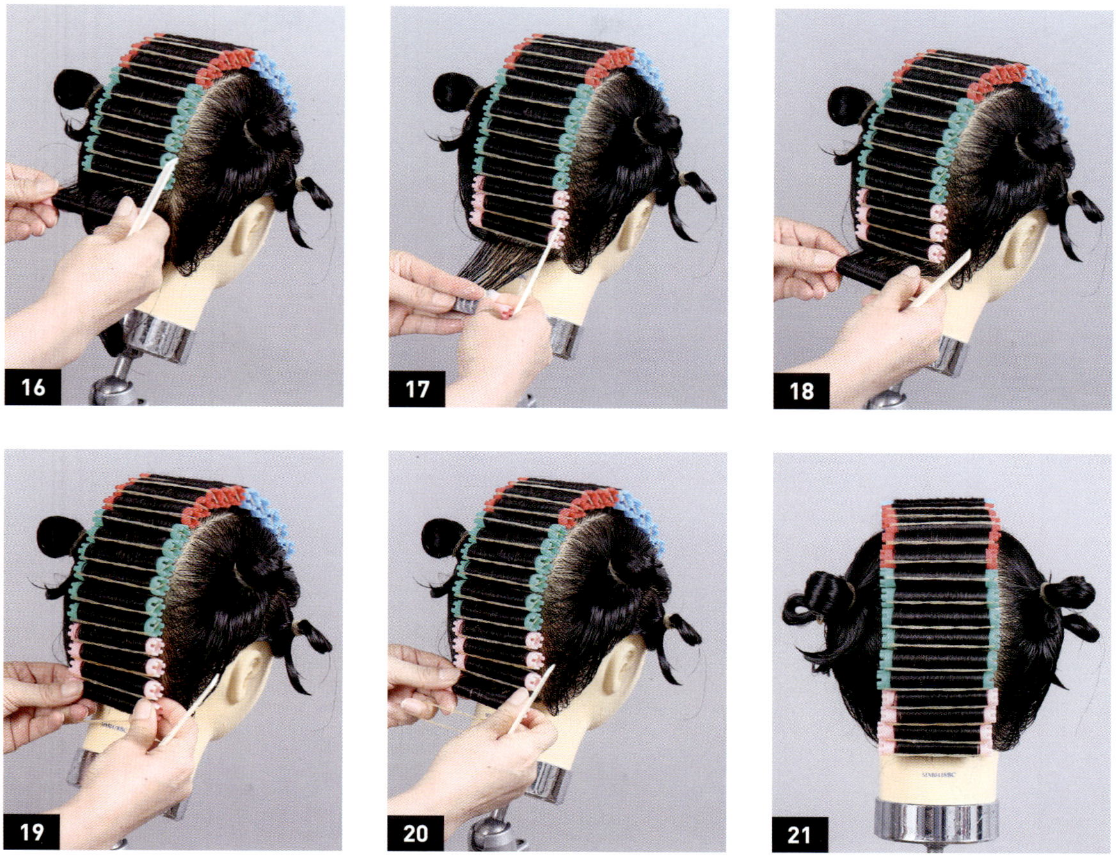

16~21. 7호 로드를 사용하여 리버스 방향으로 하프 오프 베이스로 수평 와인딩한다.

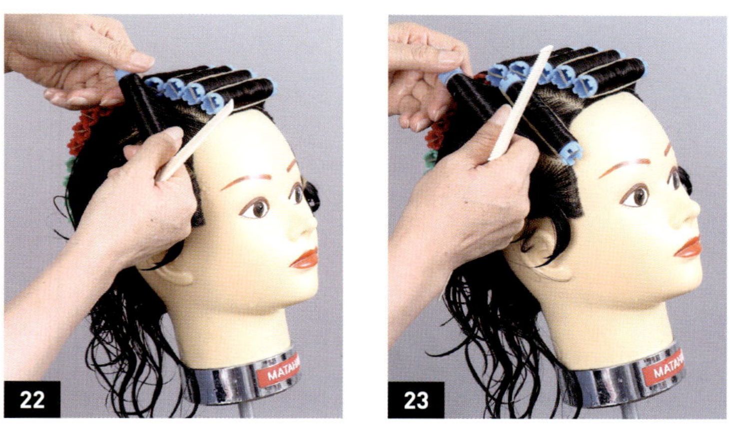

22~23. 첫 단은 45°로 섹션을 나누어 4호 로드를 사용하여 리버스 방향으로 사선 와인딩한다.

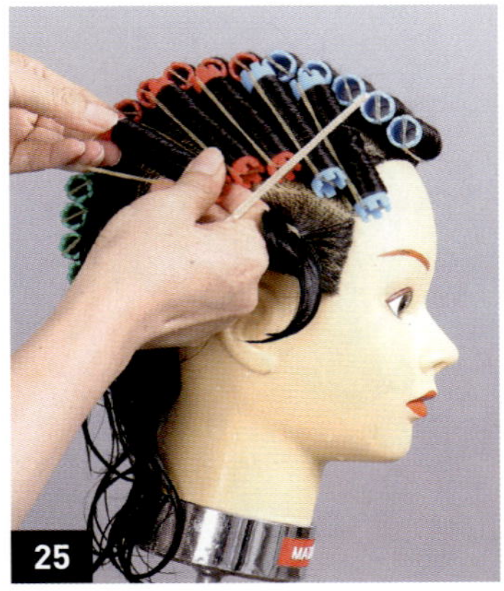

24~26. 윤곽패턴 형태로 5호 로드를 사용하여 리버스 방향으로 하프 오프 베이스로 사선 와인딩한다.

27~28. 윤곽패턴 형태로 6호 로드를 사용하여 리버스 방향으로 사선 와인딩한다.

29~31. 윤곽패턴 형태로 7호 로드를 사용하여 리버스 방향으로 와인딩하고 모발은 로드의 오른쪽에 정렬될 수 있도록 한다.

32~34. 전대각으로 섹션을 나누어 5호 로드 3개, 6호 로드 1개를 사용하여 리버스 방향으로 하프 오프 베이스로 사선 와인딩한다.

35

36

37

38

39

40

41

42

43

44

45

35~45. 우측과 동일한 과정으로 사선 와인딩한다.

3) 완성사진

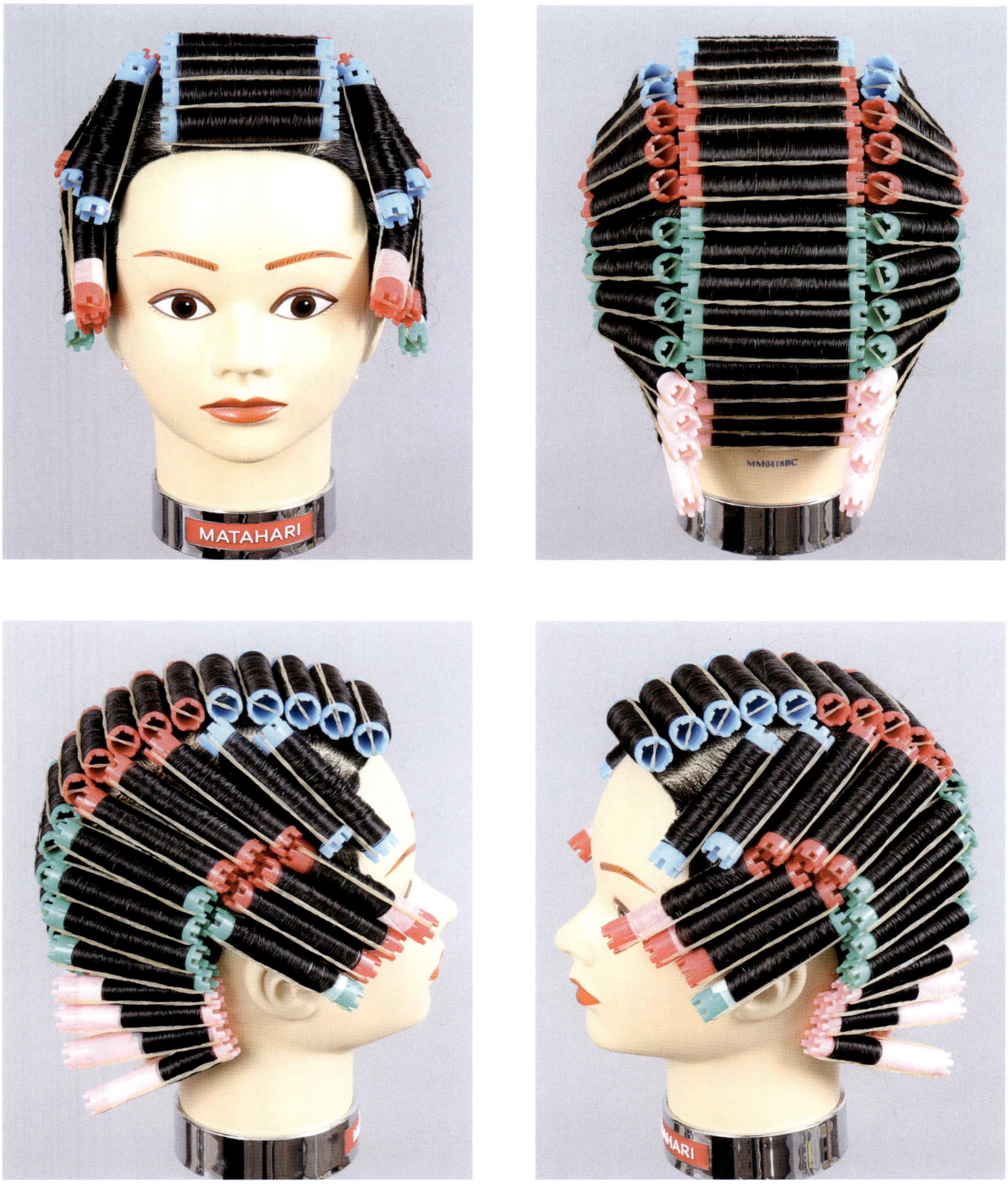

[그림 9-2] 완성사진

3. 벽돌쌓기 와인딩(Bricklay pattern winding)

1) 브로킹

1~4. 브로킹 모습

2) 시술과정

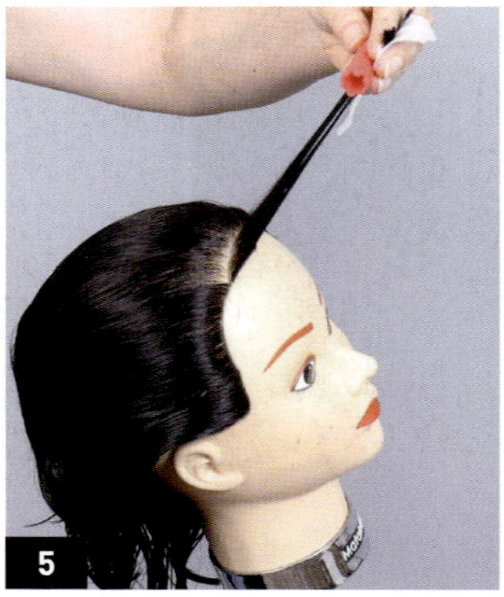

5~7. 5호 로드를 사용하여 리버스 방향으로 중심에 하프 오프 베이스로 와인딩한다.

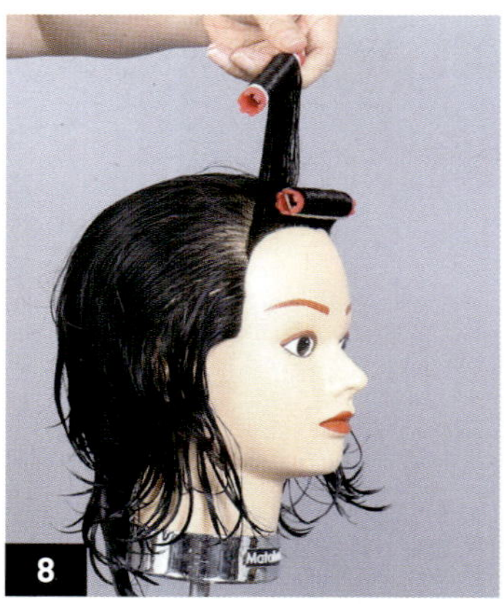

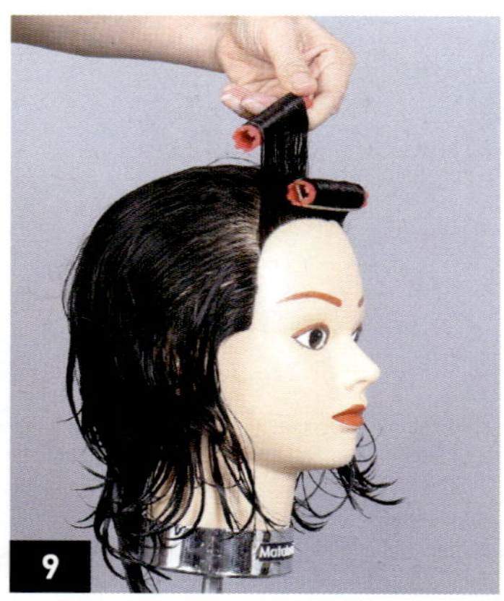

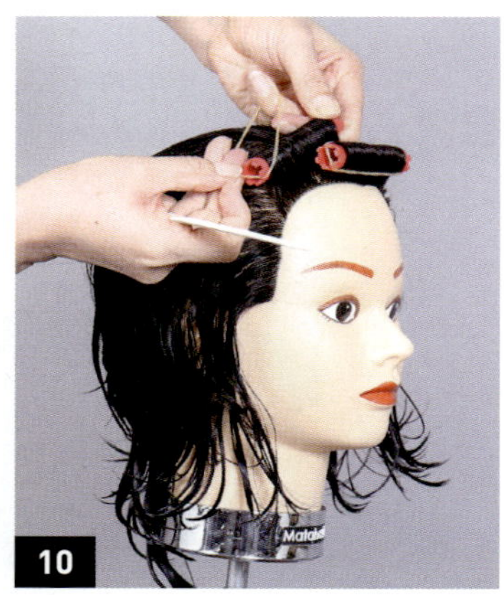

8~10. 센터에 와인딩되어 있는 5호 로드를 중심으로 우측에 리버스 방향으로 벽돌쌓기 하프 오프 베이스로 와인딩한다.

11. 센터에 와인딩되어 있는 5호 로드를 중심으로 좌측에 리버스 방향으로 벽돌쌓기 와인딩한다.

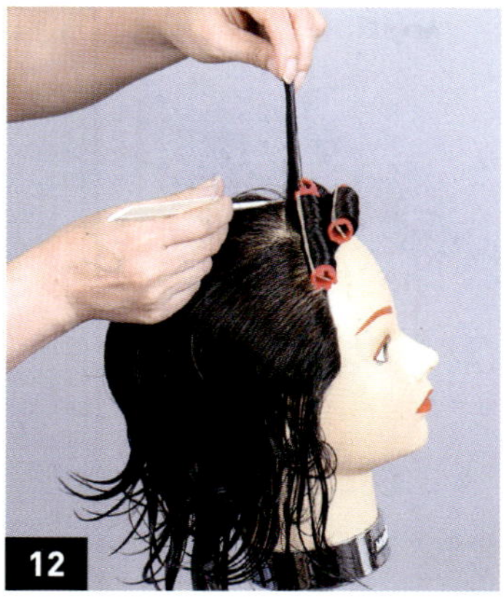

12~14. 5호 로드를 사용하여 리버스 방향으로 중심에 와인딩한다.

21

22

23

24

15~24. 5호 로드를 사용하여 리버스 방향으로 벽돌쌓기 하프 오프 베이스로 와인딩한다.

25

26

25~26. 섹션의 폭이 좁을 때는 로드가 겹치지 않도록 벽돌쌓기 와인딩한다.

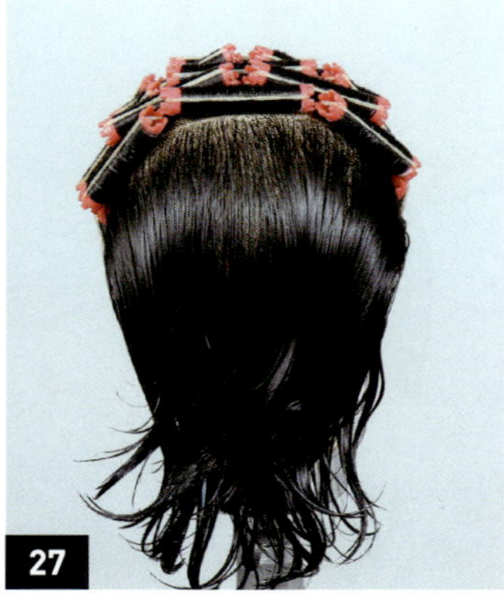

27

27. 5호 로드로 와인딩된 모습

28~36. 6호 로드를 사용하여 리버스 방향으로 벽돌쌓기 하프 오프 베이스로 와인딩한다.

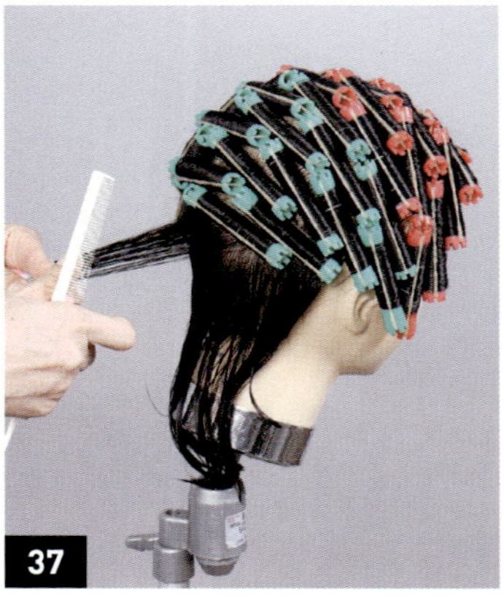

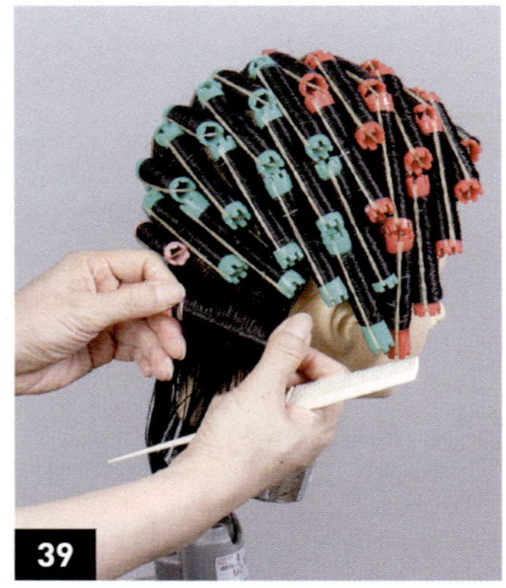

37~44. 7호 로드를 사용하여 리버스 방향으로 벽돌쌓기 와인딩한다.

3) 완성사진

[그림 9-3] 완성사진

4. 머쉬룸 벽돌쌓기 와인딩(Mushroom bricklay pattern winding)

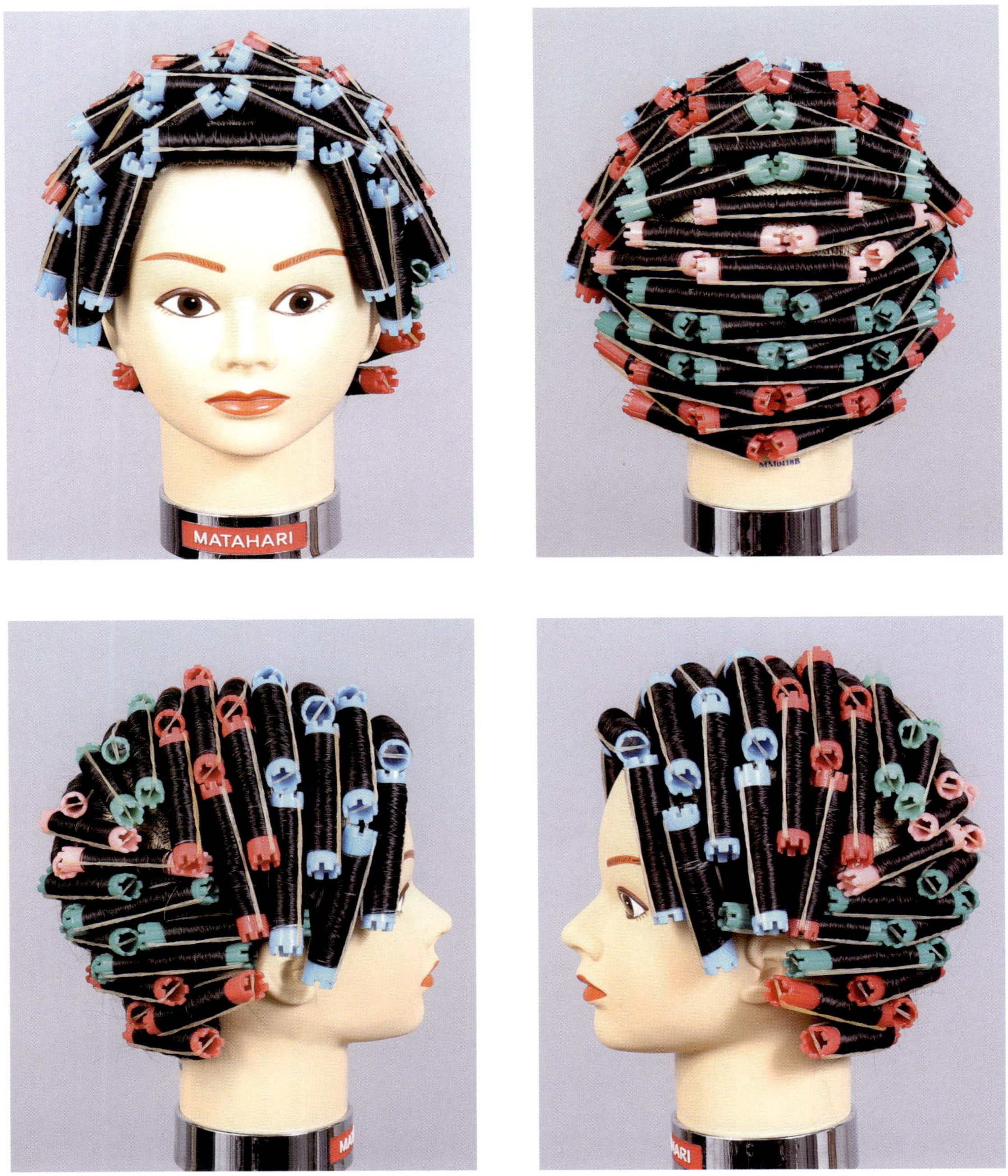

1) 브로킹

1~4. 브로킹 모습

2) 시술과정

5. 6호 로드를 사용하여 포워드 방향으로 골덴 포인트 중심 우측에 하프 오프 베이스로 와인딩한다.

6. 6호 로드를 사용하여 포워드 방향으로 중심 좌측에 하프 오프 베이스로 와인딩한다.

7~8. 6호 로드를 5번과 6번 와인딩한 중심에 포워드 방향으로 벽돌쌓기 하프 오프 베이스로 와인딩한다.

9

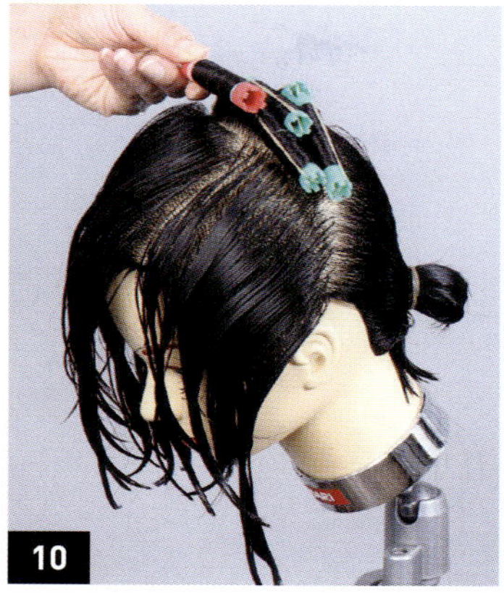

10

11

9. 8번에 와인딩한 6호 로드의 좌우측으로 두 개를 포워드 방향으로 벽돌쌓기 와인딩한다.

10~11. 9번에 와인딩한 6호 로드의 중심에 5호 로드를 포워드 방향으로 벽돌쌓기 와인딩한다.

12

13

14

12~14. 좌우측에 5호 로드를 포워드 방향으로 벽돌쌓기 하프 오프 베이스로 와인딩한다.

15

15. 5호 로드 3단 완성된 모습

16

17

18

19

20

21

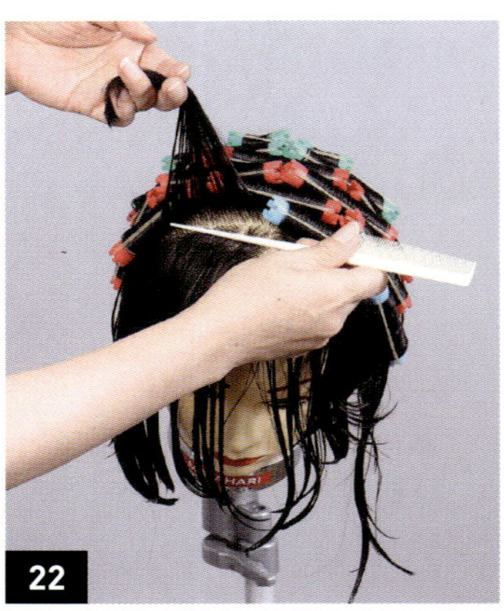
22

23

24

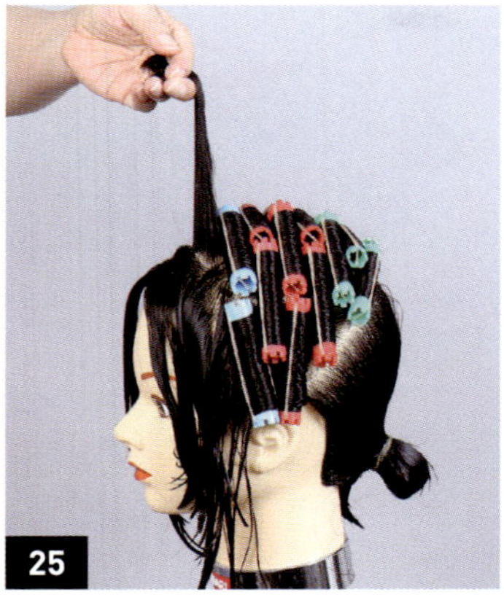

25

26

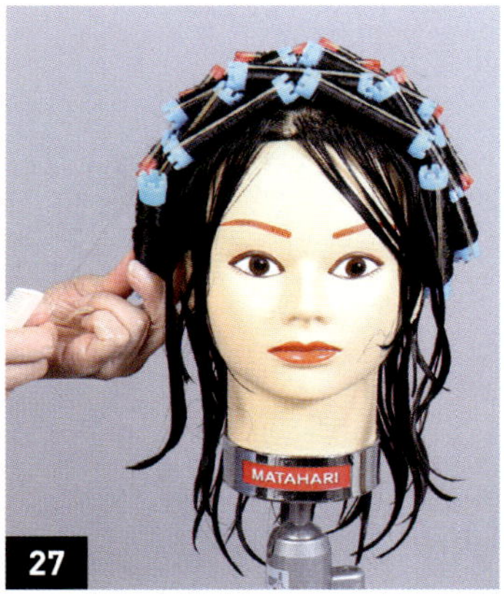

27

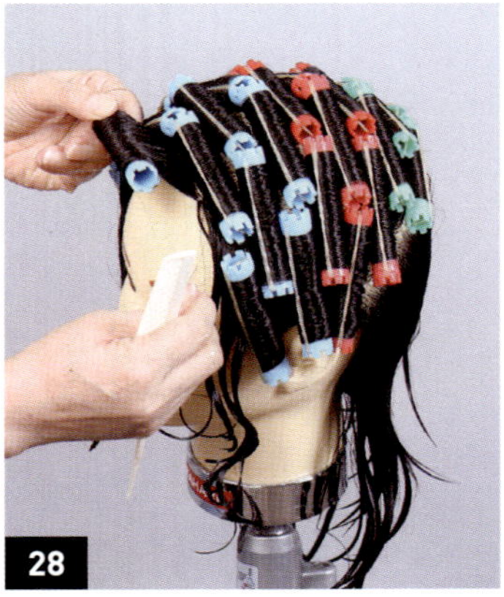

28

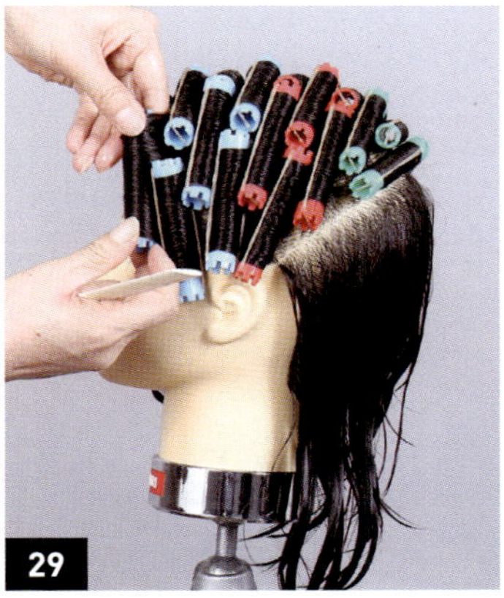

29

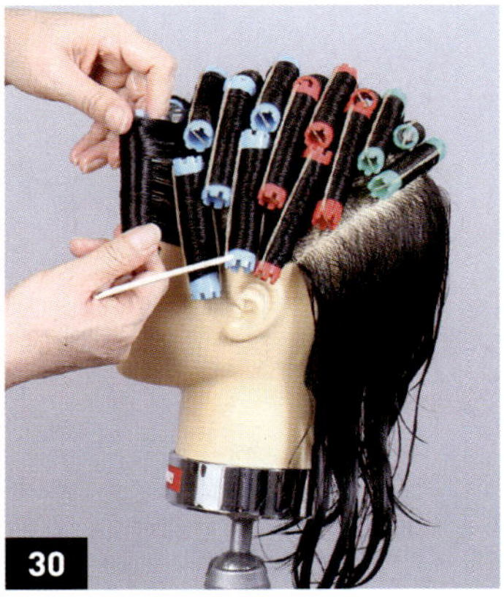

30

31

16~31. 4호 로드로 4단을 포워드 방향으로 벽돌쌓기 하프 오프 베이스로 와인딩한다.

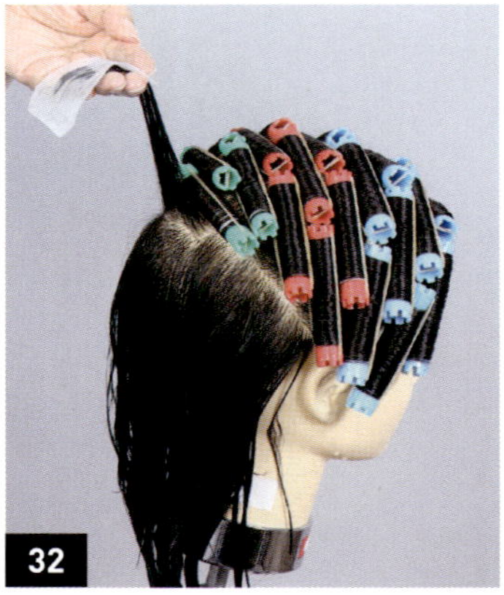

32

32. 7호 로드를 사용하여 골덴 포인트에서 포워드 방향으로 중앙에 하프 오프 베이스로 와인딩한다.

33

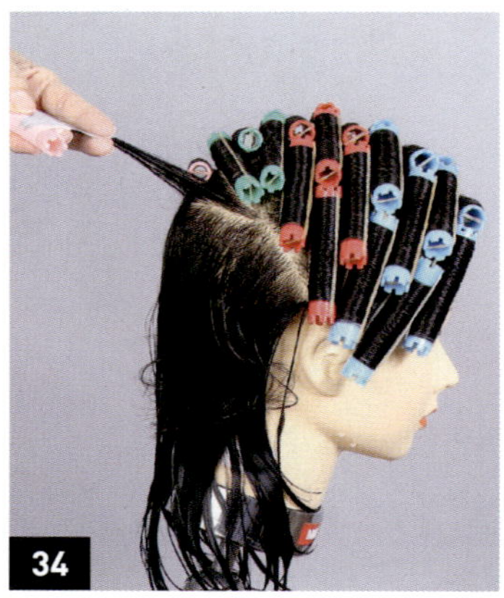

34

35

33~35. 7호 로드로 3단을 포워드 방향으로 벽돌쌓기 와인딩한다.

36

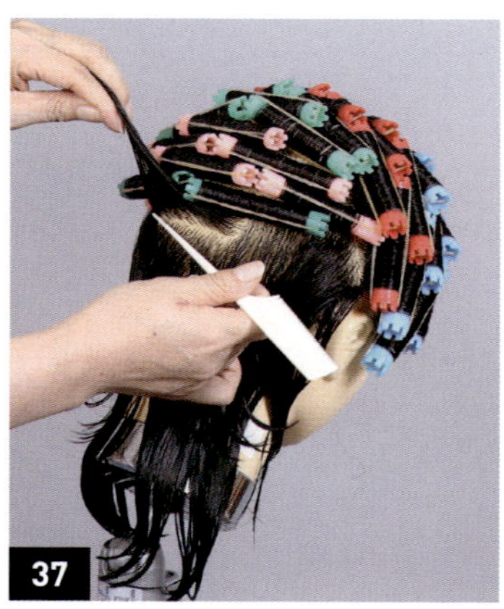

37

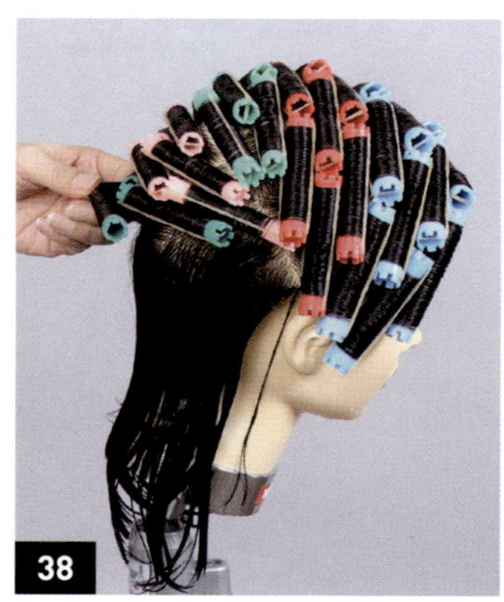

38

36~41. 6호 로드로 4단을 포워드 방향으로 벽돌쌓기 와인딩한다.

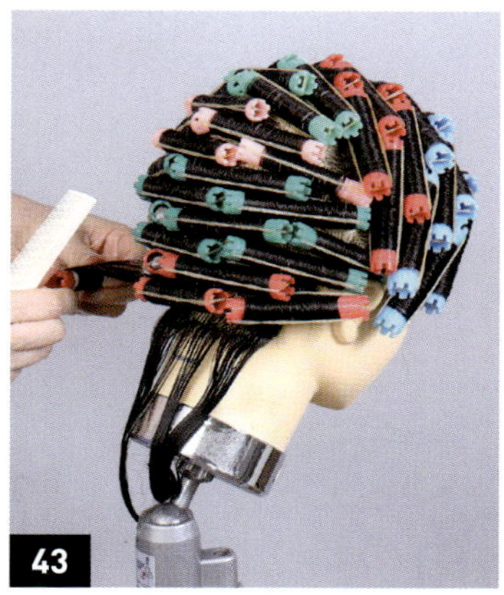

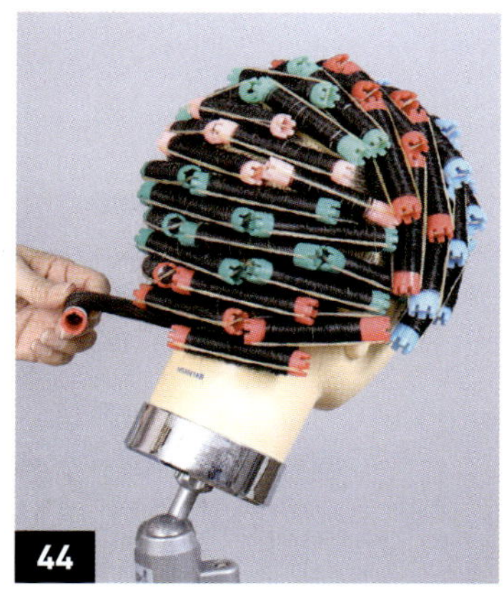

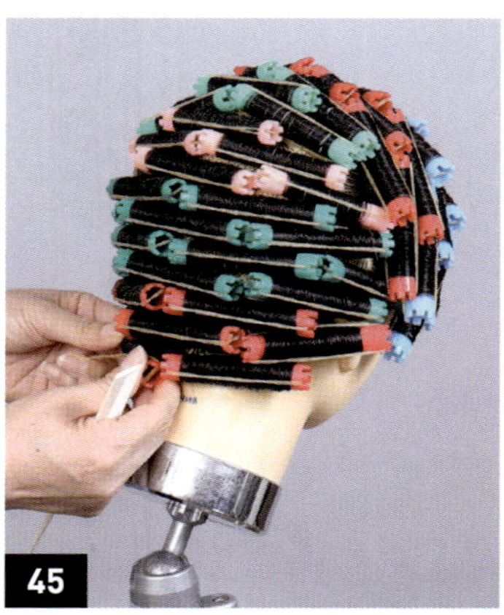

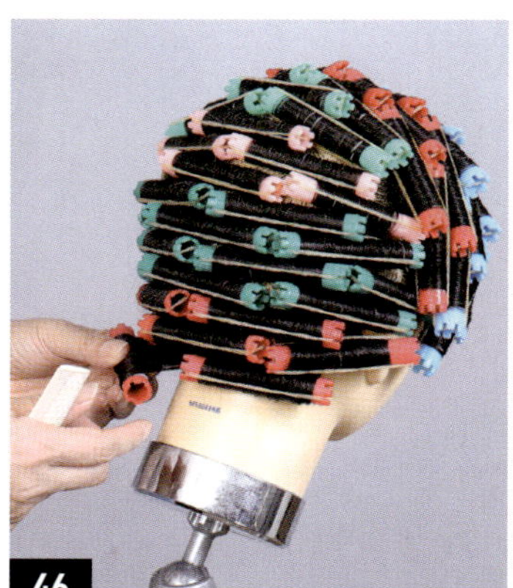

42~46. 5호 로드로 3단을 포워드 방향으로 벽돌쌓기 와인딩한다.

3) 완성사진

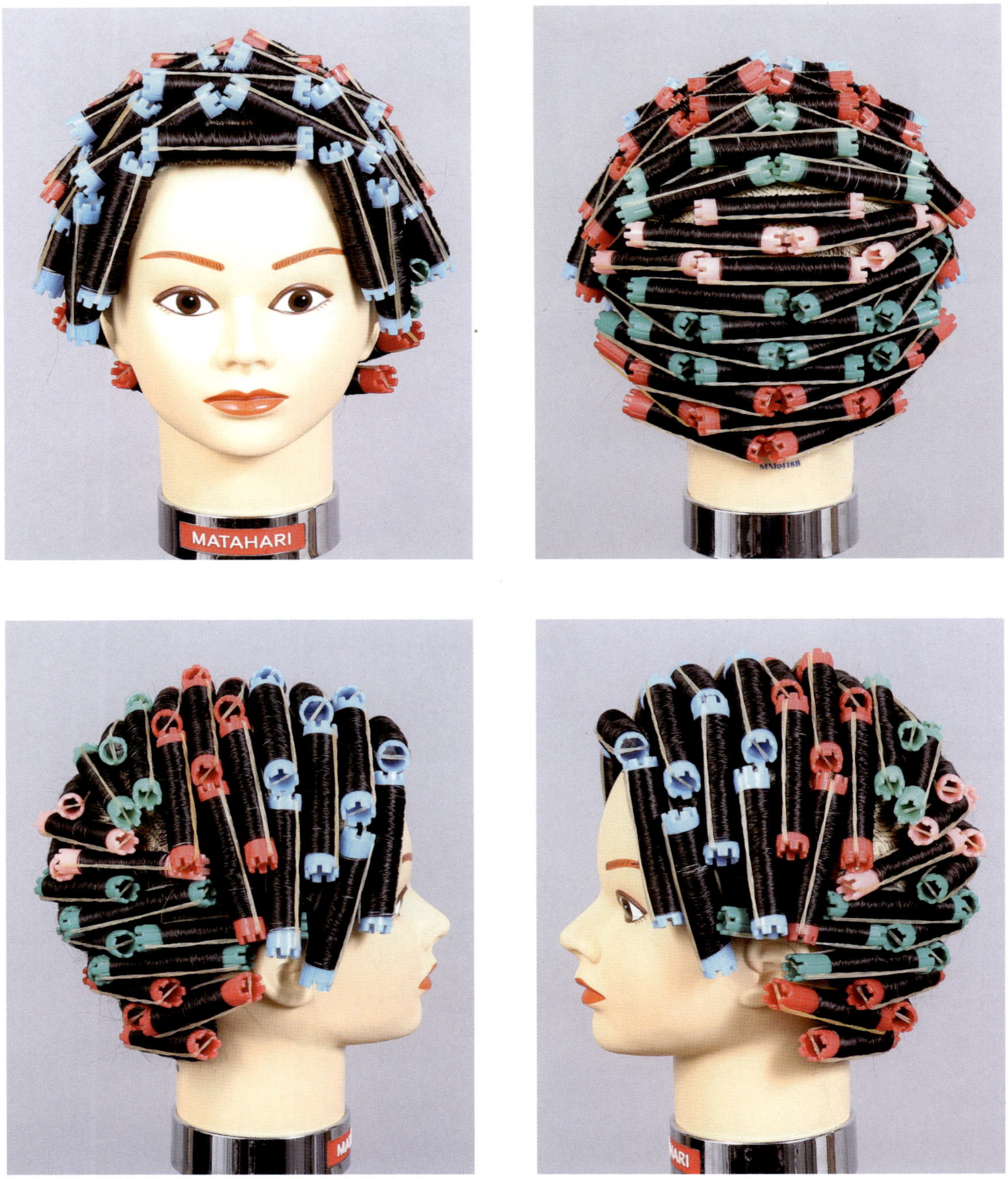

[그림 9-4] 완성사진

5. 원형확장 와인딩(Circle expanded winding)

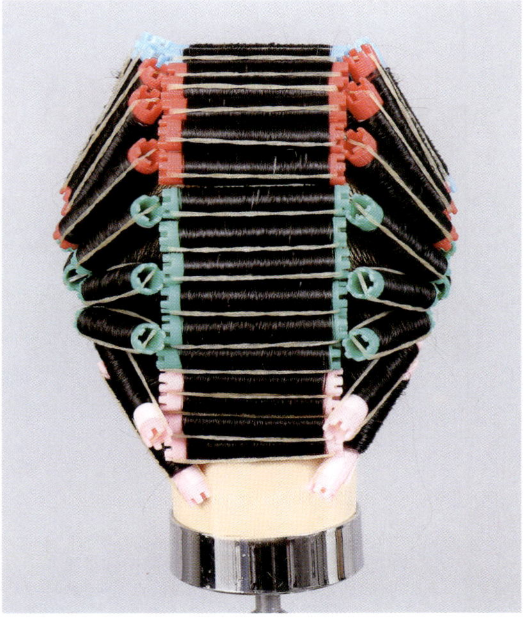

1) 브로킹

1~4. 브로킹 모습

2) 시술과정

5. 위로 똑바로 90° 들어 빗질한다.

6. 로드 4호를 사용하여 두상각도를 유지하며 수평 와인딩한다.

7~11. 두상에서 90° 들어 수평 와인딩한다.

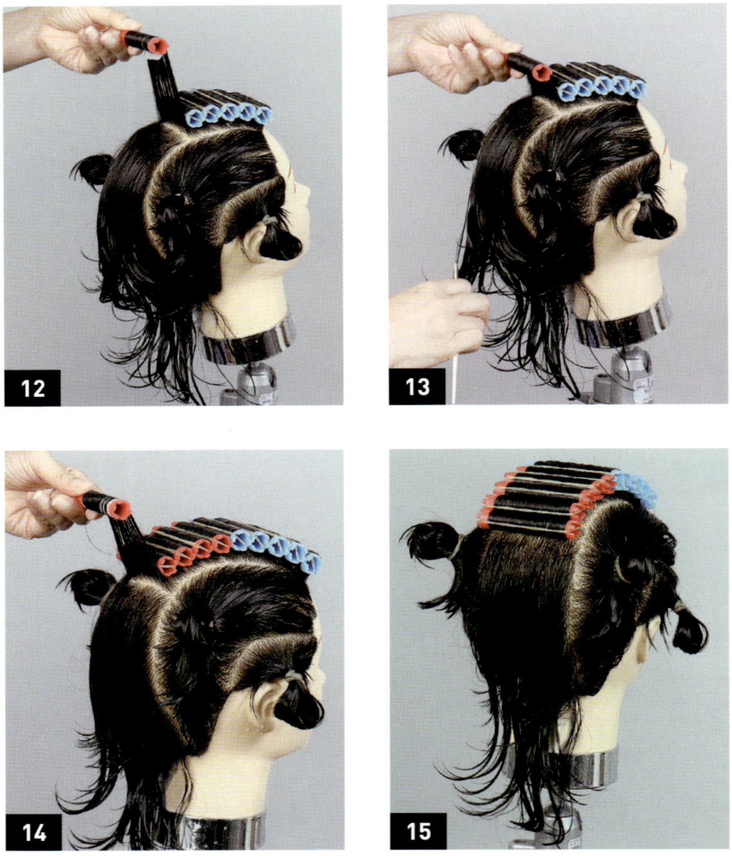

12~15. 5호 로드를 사용하여 두상의 곡면에 따라 와인딩한다.

16~18. 6호 로드를 사용하여 수평 와인딩한다.

19~20. 7호 로드를 사용하여 네이프 부분을 와인딩한다.

21. 백 부분이 완성된 모습

22. 확장할 부분을 4호 로드를 사용하여 수직 와인딩한다.

23. 두상의 곡면으로 확장 원형 와인딩한다.

24~25. 확장 와인딩으로 5호 로드를 사용하여 수직과 대각 와인딩한다.

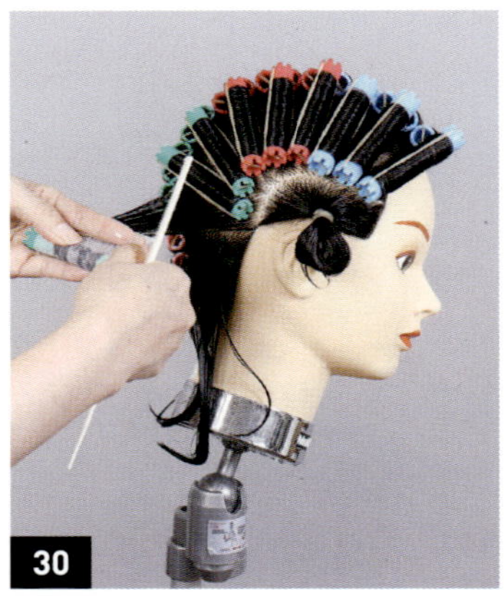

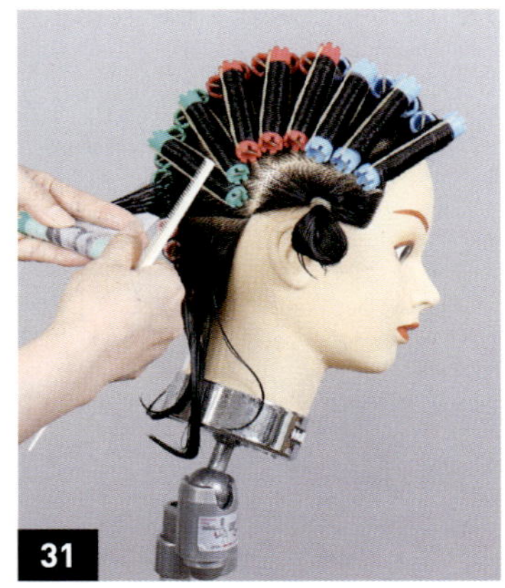

26~32. 6호 로드를 사용하여 두상의 곡면에 맞게 사다리형이 되도록 파팅을 사용하여 와인딩한다.

33. 7호 로드를 사용하여 둥근 원형으로 와인딩한다.

34~35. 사이드 남은 부분은 6호 로드를 사용하여 수평 와인딩한다.

36. 왼쪽 부분 브로킹을 나눈 상태

37~38. 확장 원형 첫 단은 수직 섹션으로 나누고 수직 와인딩한다.

39. 로드 4호를 사용하여 두상의 곡면으로 확장 원형 와인딩한다.

40~43. 5호 로드를 사용하여 확장 원형 와인딩한다.

44~45. 6호 로드를 사용하여 사선과 수평 와인딩한다.

46~48. 7호 로드를 사용하여 확장 원형 와인딩한다.

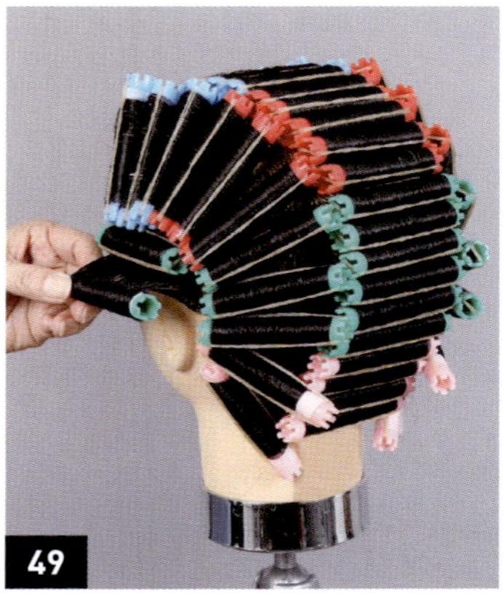

49. 사이드 부분을 7호 로드를 사용하여 수평 와인딩한다.

3) 완성사진

[그림 9-5] 완성사진

6. 스파이럴 와인딩(Spiral winding)

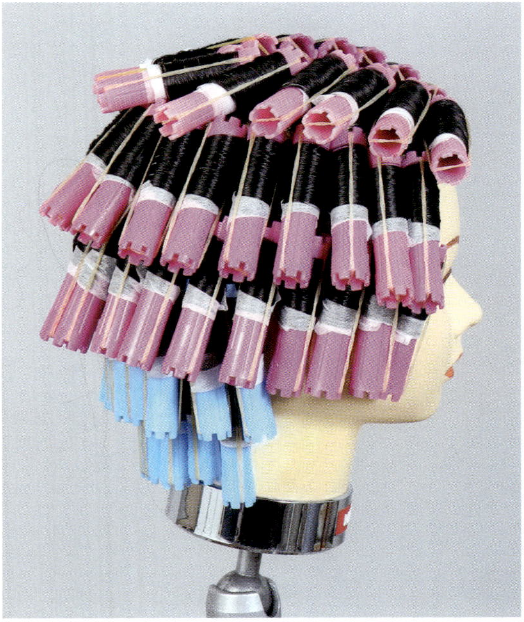

1) 브로킹

1~4. 브로킹 모습

2) 시술과정

5

5. 수직으로 파팅하여 북 앤드페이퍼를 대고 두상에서 90° 들어서 오른쪽 방향으로 와인딩한다.

6

7

6~7. 스파이럴 와인딩을 하기 위해서 모발의 끝 부분을 로드의 아랫쪽에 놓고 겹쳐지듯이 모근 쪽으로 와인딩한다.

8

9

10

8~10. 첫 단은 4호 로드를 사용하여 시계 반대 방향인 오른쪽으로 와인딩한다.

11~13. 두 번째 단은 4호 로드를 사용하여 모발 끝에서부터 시계 방향인 왼쪽으로 와인딩한다.

14. 수직으로 파팅하여 북 앤드페이퍼를 대고 두상에서 90° 들어서 오른쪽 방향으로 와인딩한다.

15~17. 세 번째 단은 3호 로드를 사용하여 시계 반대 방향으로 와인딩한다.

18~25. 두상의 곡면에 따라 동일한 방법으로 와인딩한다.

26. 세 번째 단이 완성된 상태

27~28. 네 번째 단은 3호 로드를 사용하여 시계 방향으로 모발 끝이 겹쳐지면서 모근쪽으로 와인딩한다.

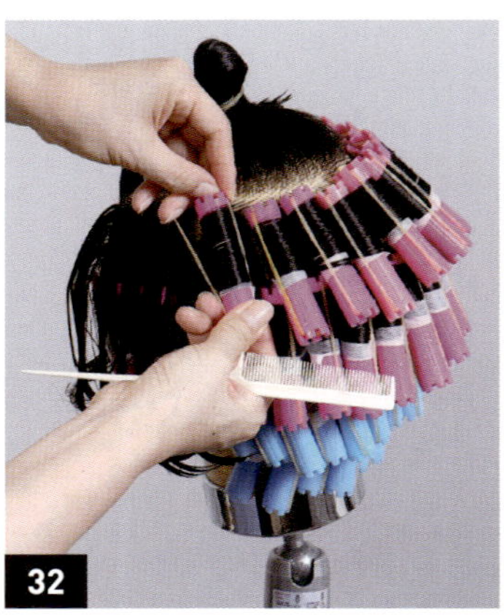

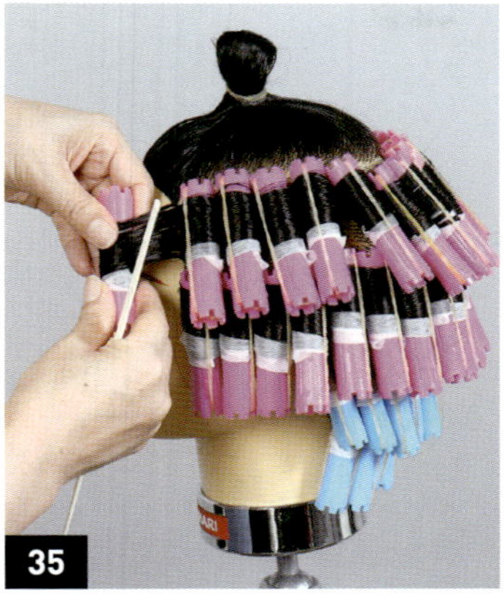

29~35. 두상의 곡면에 따라 윗쪽 부분이 두피면에 부착되도록 와인딩한다.

36~37. 네 번째 단이 완성된 상태

38~40. 다섯 번째 단은 3호 로드를 사용하여 시계 반대 방향으로 스파이럴 와인딩한다.

41

42

43

44

45

46

47

41~47. 크라운 부분은 방사선 파팅을 나누어 스파이럴 와인딩한다.

48~50. 사이드 부분은 수직 파팅으로 스파이럴 와인딩한다.

3) 완성사진

[그림 9-6] 완성사진

7. 프로젝션 수평 와인딩(Projection horizontal winding)

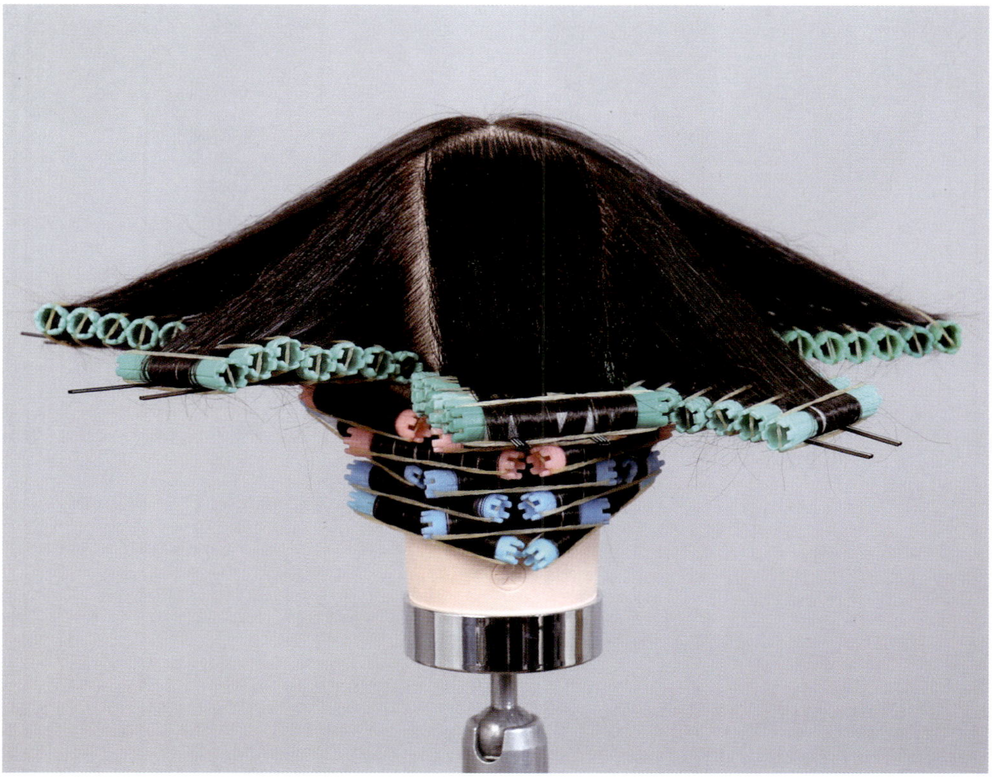

1) 브로킹

1

2

3

4

1~4. 브로킹 모습

2) 시술과정

5

6

7

5~7. 7호 로드를 사용하여 백 센터에서 7cm 정도 파팅을 나누어 수평 와인딩을 시작한다.

8

9

8~9. 오른쪽도 7호 로드를 사용하여 수평 와인딩한다.

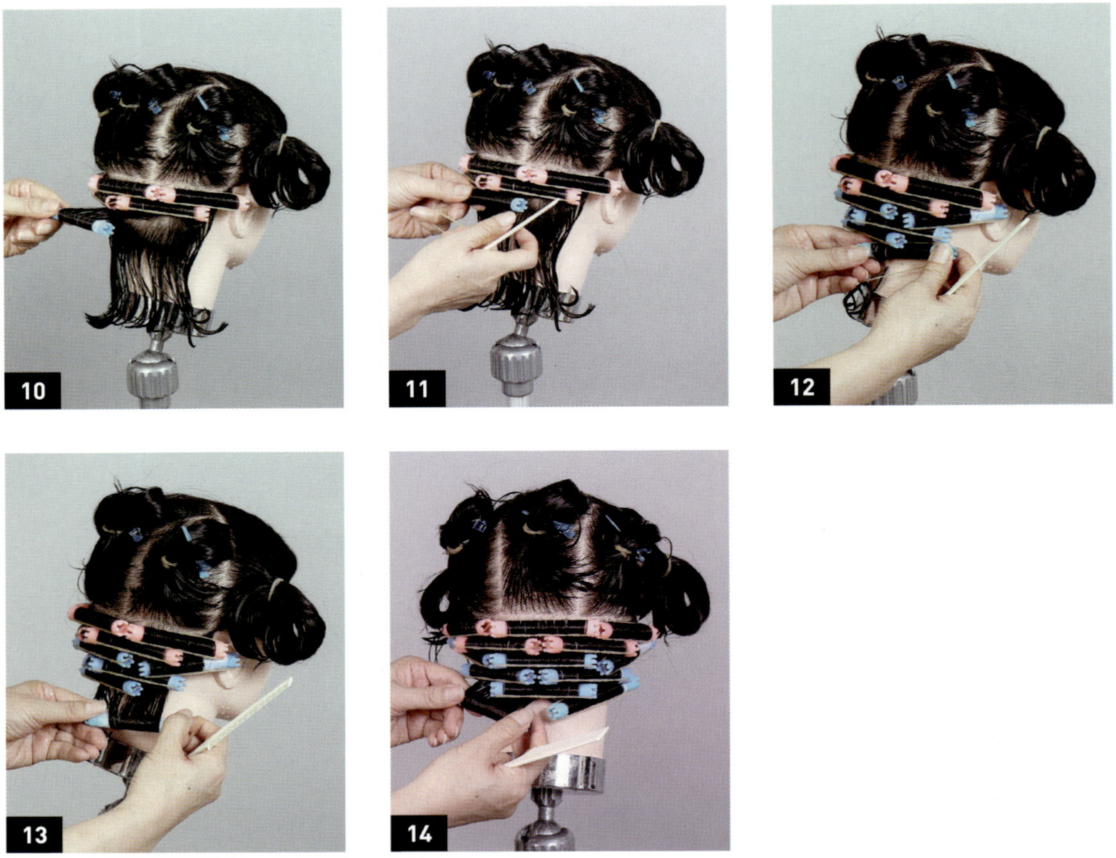

10~14. 벽돌쌓기 와인딩으로 8호 로드를 사용하여 마무리한다.

15. 백과 네이프가 벽돌쌓기 완성된 상태

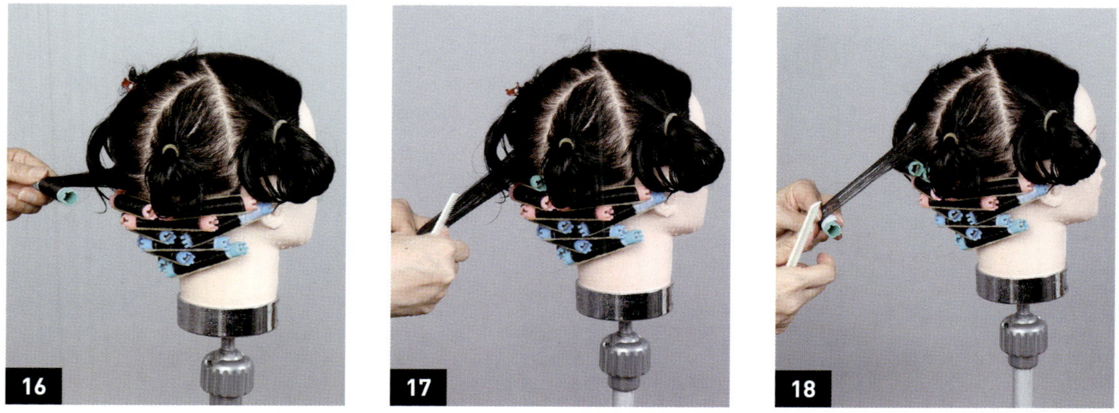

16~18. 센터 중앙에서 수평 프로젝션을 하기 위해서 6호 로드로 수평 형태로 와인딩을 시작한다.

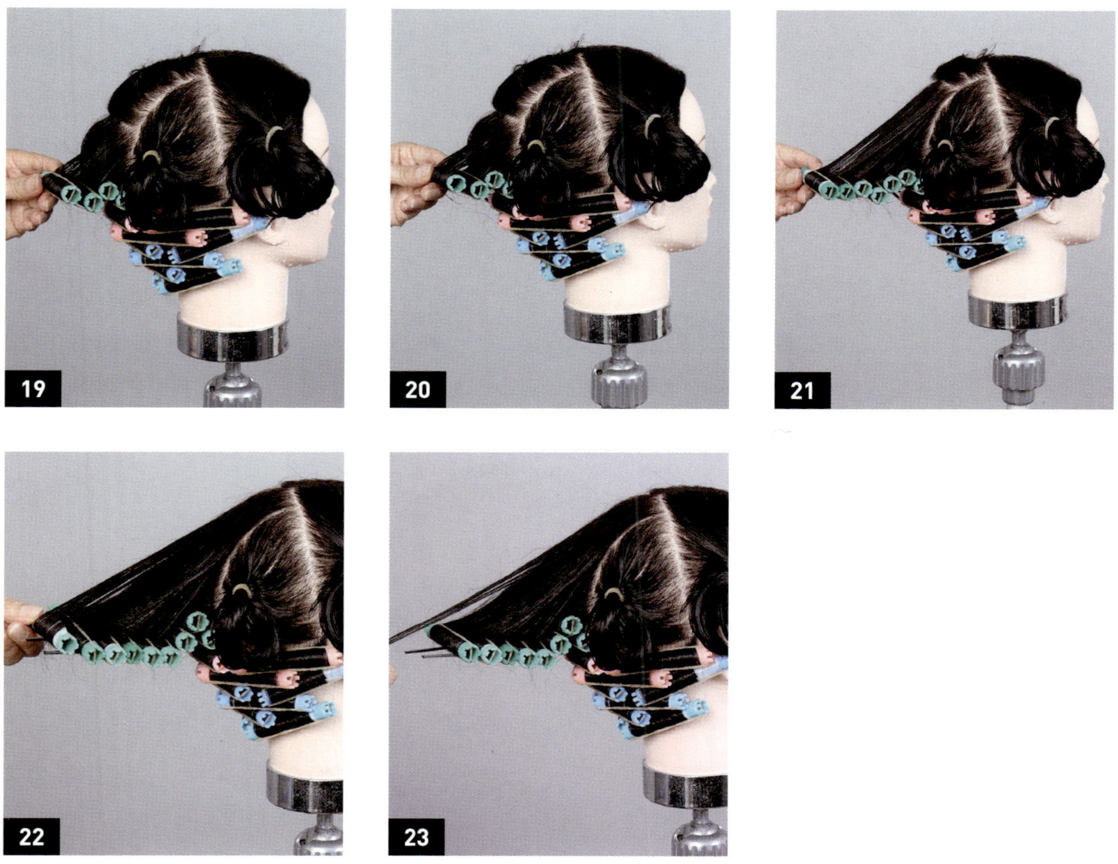

19~23. 수평 프로젝션이 되도록 모발의 빗질 방향이 수평형으로 확장되도록 와인딩한다.

24

24. 센터 중앙에 수평 프로젝션이 완성된 상태

25

26

25~26. 오른쪽 백 사이드도 수평 프로젝션으로 와인딩한다.

27

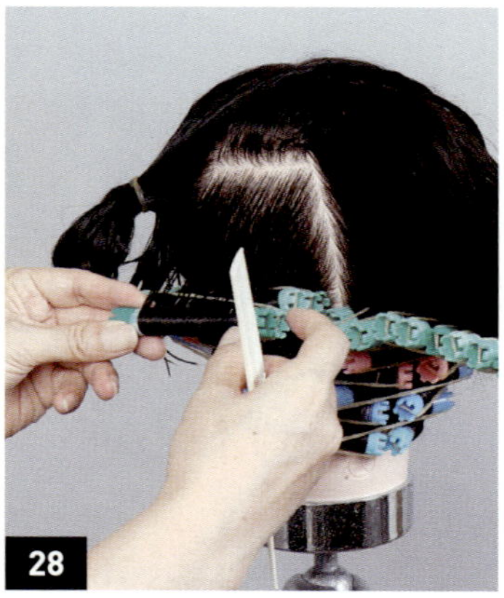

28

27~28. 왼쪽 백 사이드도 동일한 방법으로 와인딩한다.

29~34. 오른쪽 사이드를 와인딩할 때는 백 사이드의 기준과 동일하게 하기 위해서 90° 각도를 유지하면서 와인딩 한다.

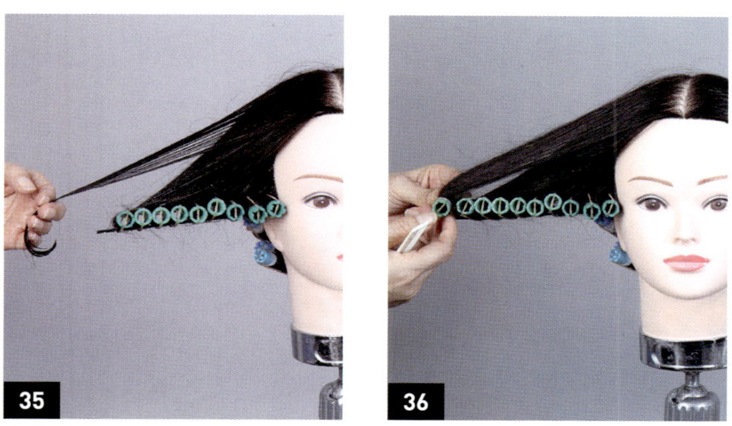

35~36. 빗질 각도가 높지 않도록 유의하면서 확장된 빗질로 수평 프로젝션의 와인딩을 완성한다.

37~43. 왼쪽은 오른쪽의 와인딩된 상태와 밸런스를 맞춰가며 마무리 와인딩한다.

3) 완성사진

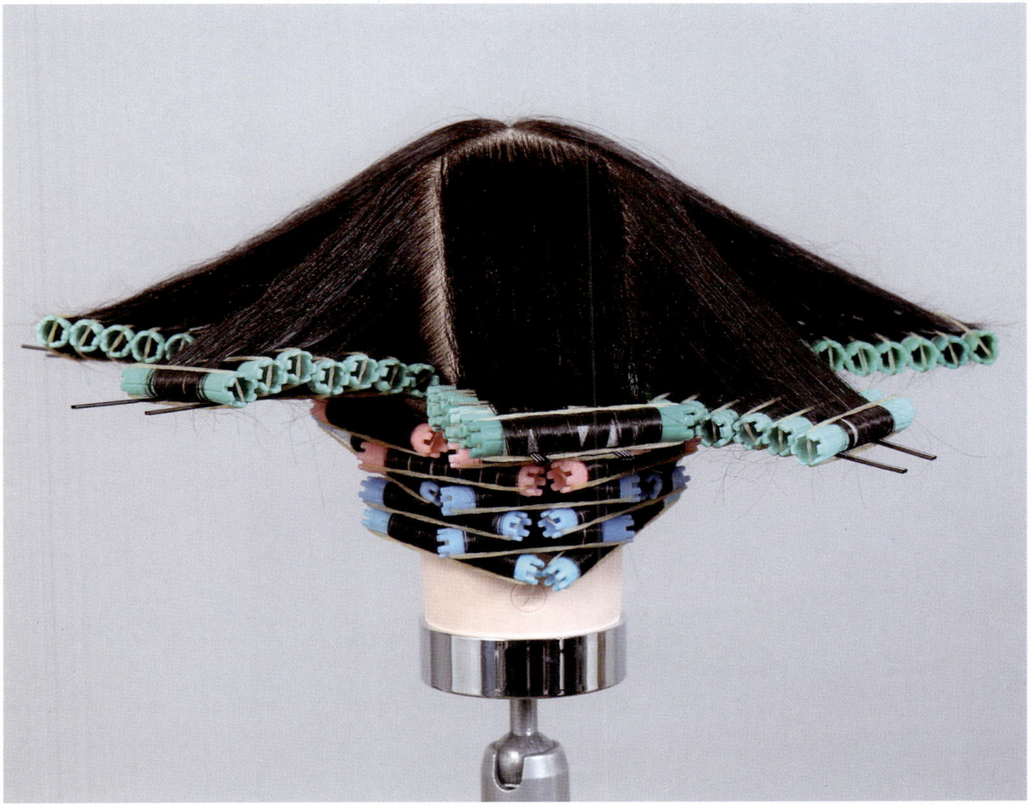

[그림 9-7] 완성사진

8. 더블 와인딩(Double winding)

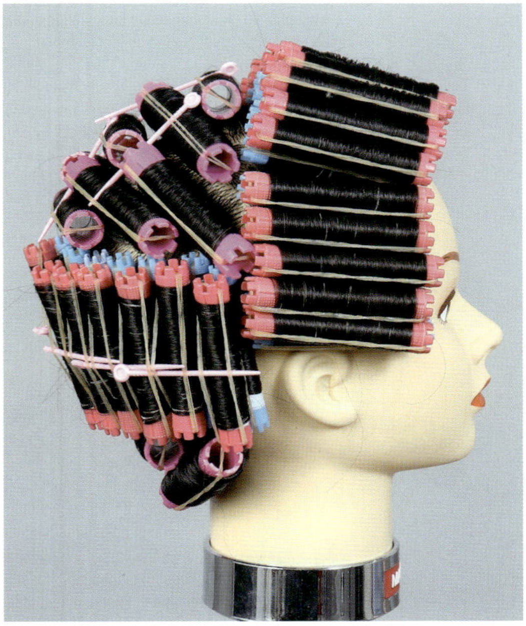

1) 브로킹

1~4. 브로킹 모습

2) 시술과정

5. 더블펌은 안쪽으로 와인딩되는 섹션이 더 작은 폭이 될 수 있게 섹셔닝한다.

6~7. 5번에서 나눈 섹션 중 아래 섹션을 8호 로드를 사용하여 90° 각도로 들어 온 베이스로 와인딩한다.

8~12. 사이드는 마찬가지로 온 베이스로 수평 와인딩한다.

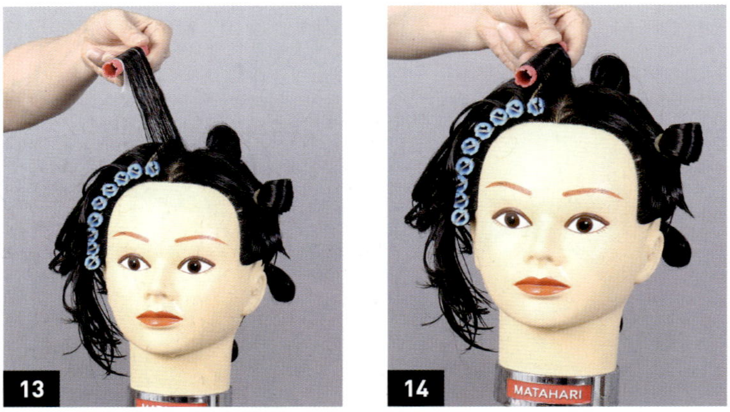

13~14. 5호 로드를 8호 로드 위에 얹듯이 하프 오프 베이스로 수평 와인딩한다.

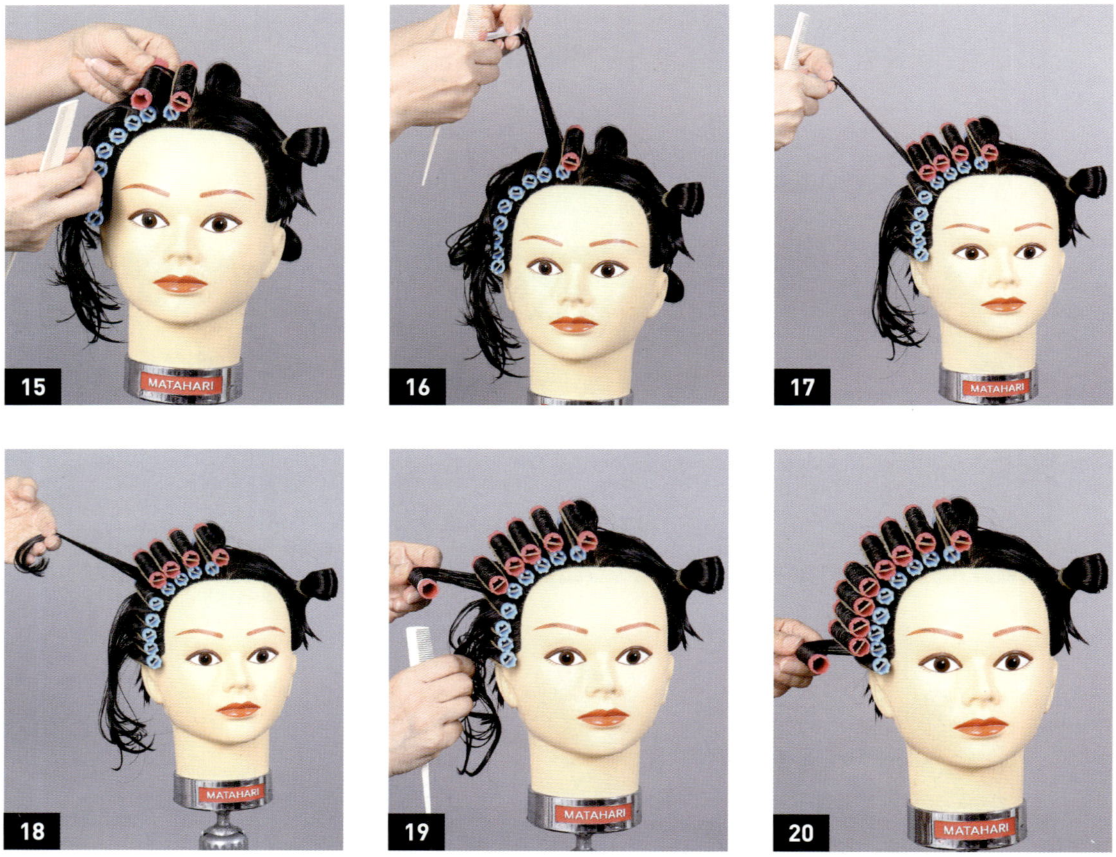

15~20. 5호 로드를 수평 와인딩한다.

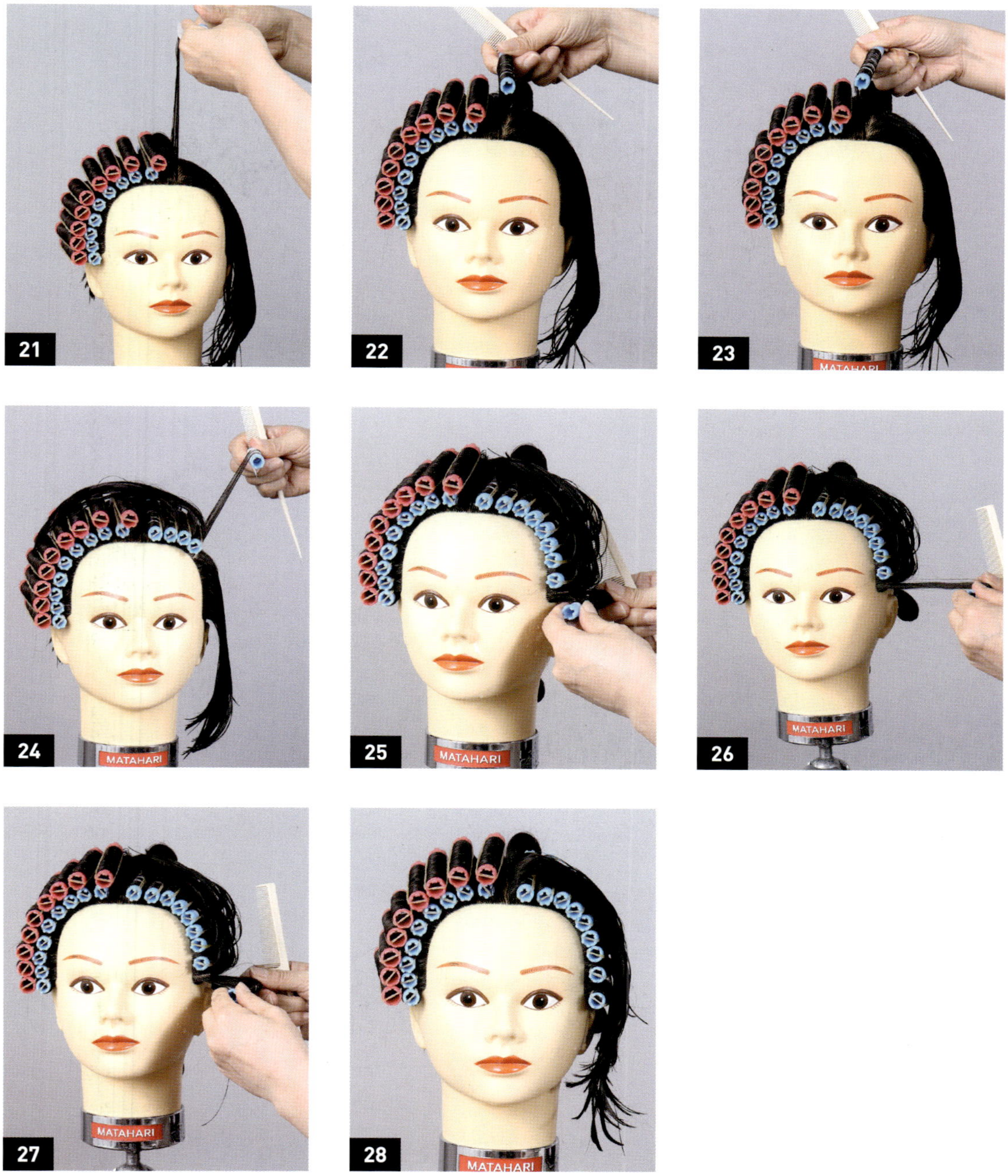

21~28. 반대쪽 사이드 8호 로드로 온 베이스로 수평 와인딩한다.

29~37. 8호 로드 위에 5호 로드를 하프 오프 베이스로 수평 와인딩한다.

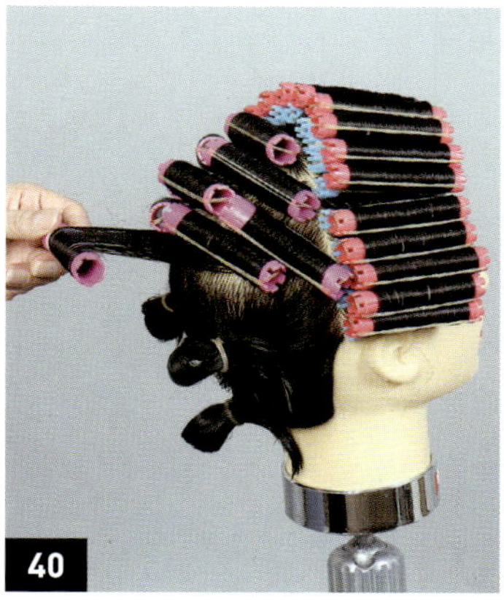

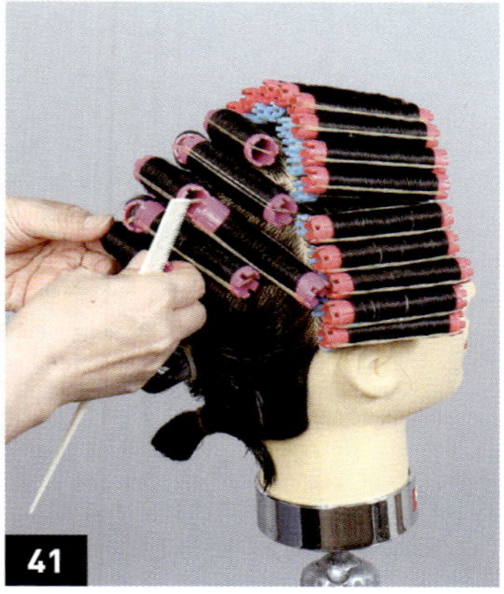

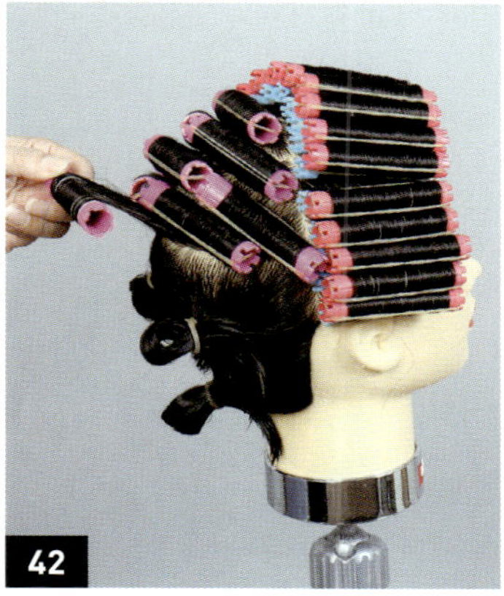

38~42. 3호 로드를 사용하여 벽돌쌓기 하프 오프 베이스로 와인딩한다.

43. 미들 존은 센터를 중심으로 좌우로 나누고 수직 섹션을 나누어 더블 펌을 온 베이스로 와인딩한다.

44~45. 8호 로드를 포워드 방향으로 하프 오프 베이스로 수직 와인딩한다.

46~48. 5호 로드를 8호 로드 위에 얹듯이 포워드 방향으로 하프 오프 베이스로 수직 와인딩한다.

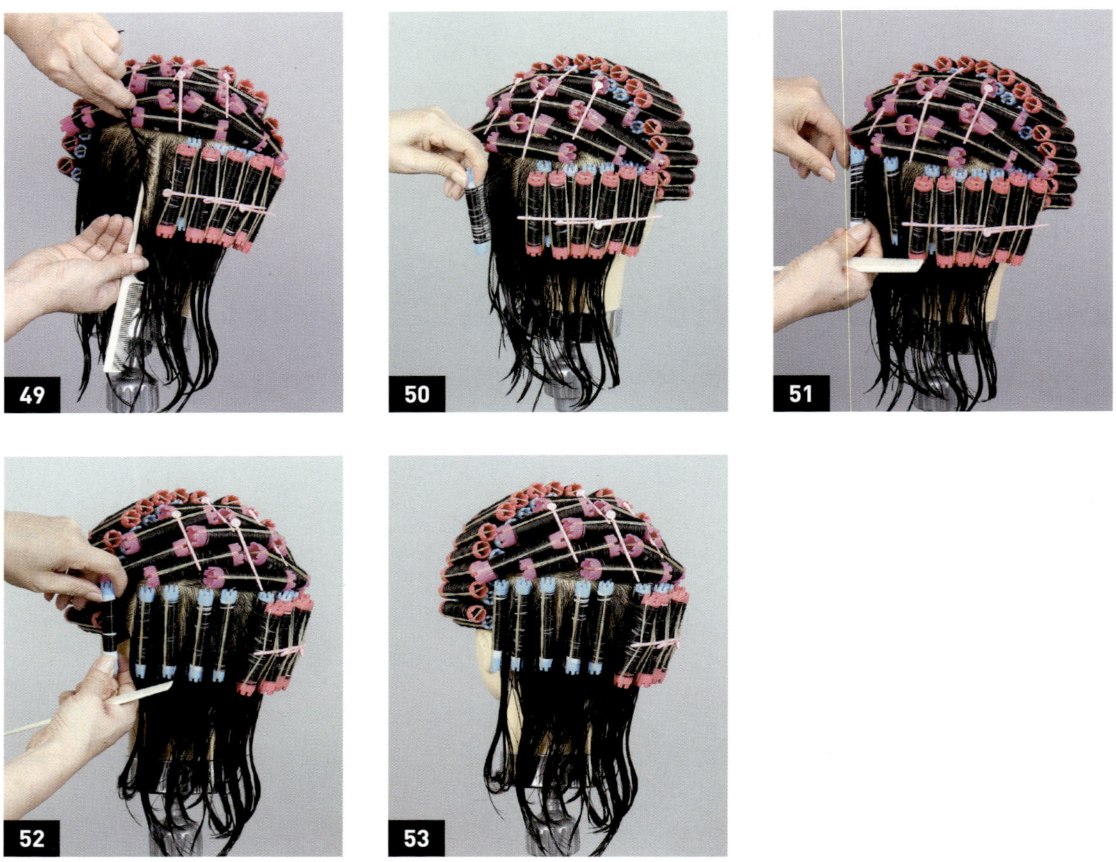

49~53. 좌측도 8호 로드를 포워드 방향으로 온 베이스로 수직 와인딩한다.

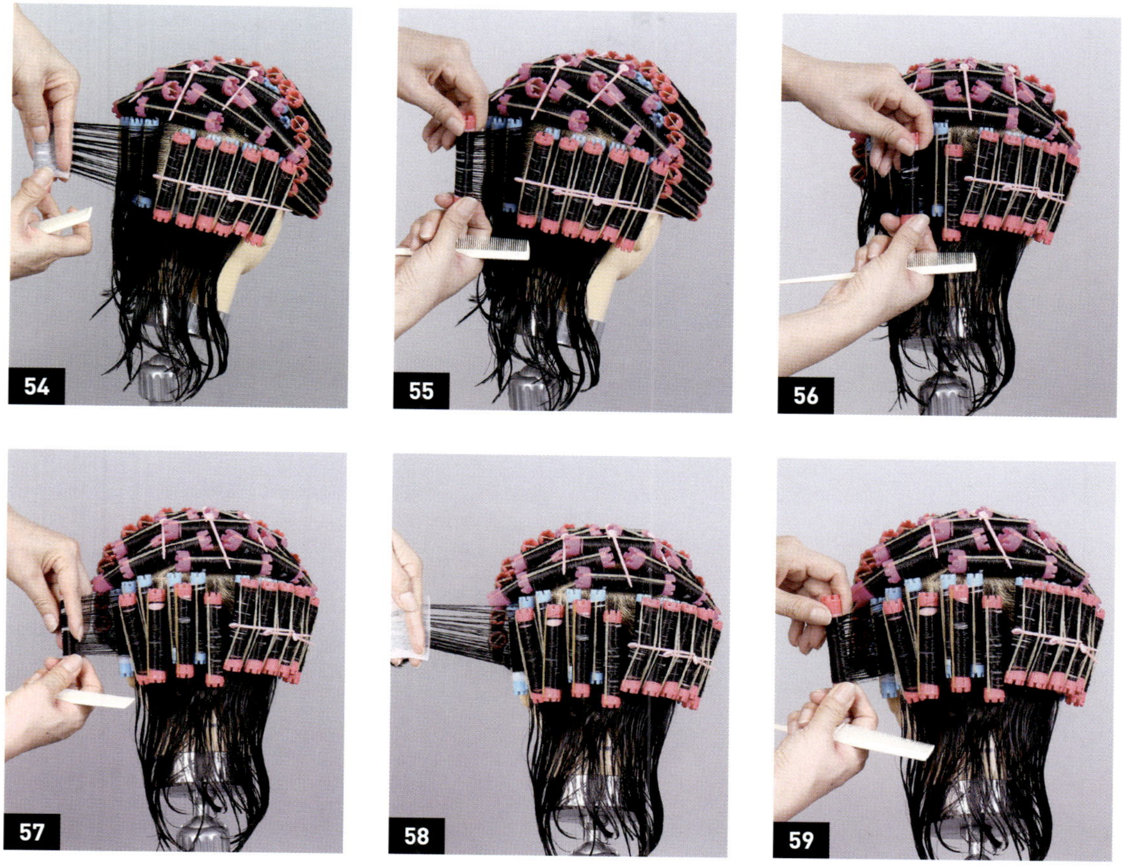

54~59. 5호 로드를 8호 로드 위에 얹듯이 포워드 방향으로 하프 오프 베이스로 수직 와인딩한다.

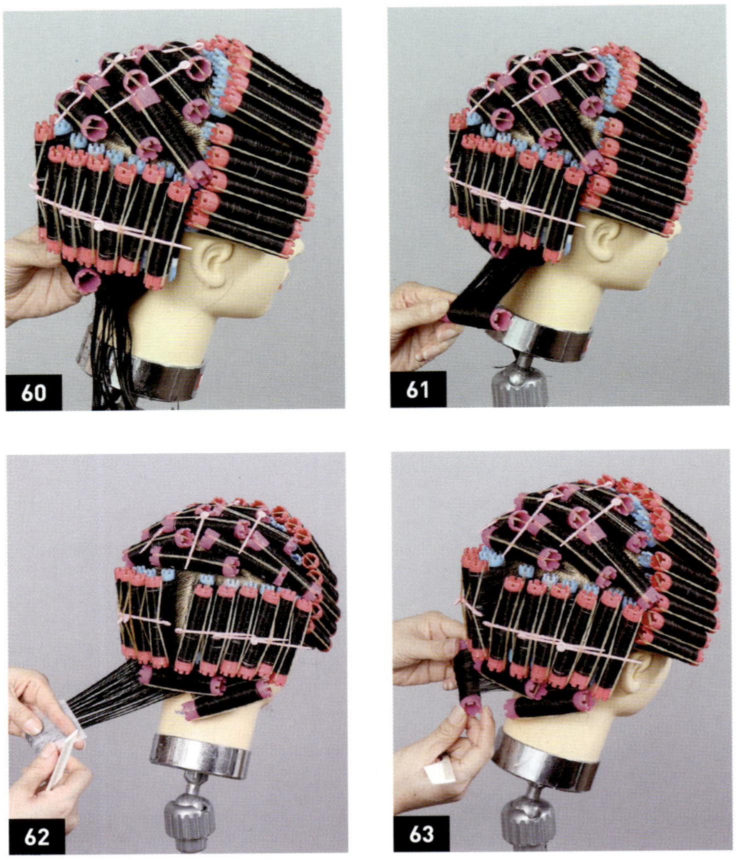

60~63. 네이프는 벽돌쌓기 하프 오프 베이스로 와인딩한다.

3) 완성사진

[그림 9-8] 완성사진

9. 혼합형 와인딩(Mixed mode winding) - 더블 펌과 벽돌쌓기, 홉 스카치 와인딩

1) 브로킹

1~4. 브로킹 모습

2) 시술과정

5~7. 탑 포인트에서 7cm 길이와 로드 지름의 폭을 사용하여 6호 로드로 하프 오프 베이스로 수평 와인딩한다.

8~9. 하프 오프 베이스로 벽돌쌓기를 시작한다.

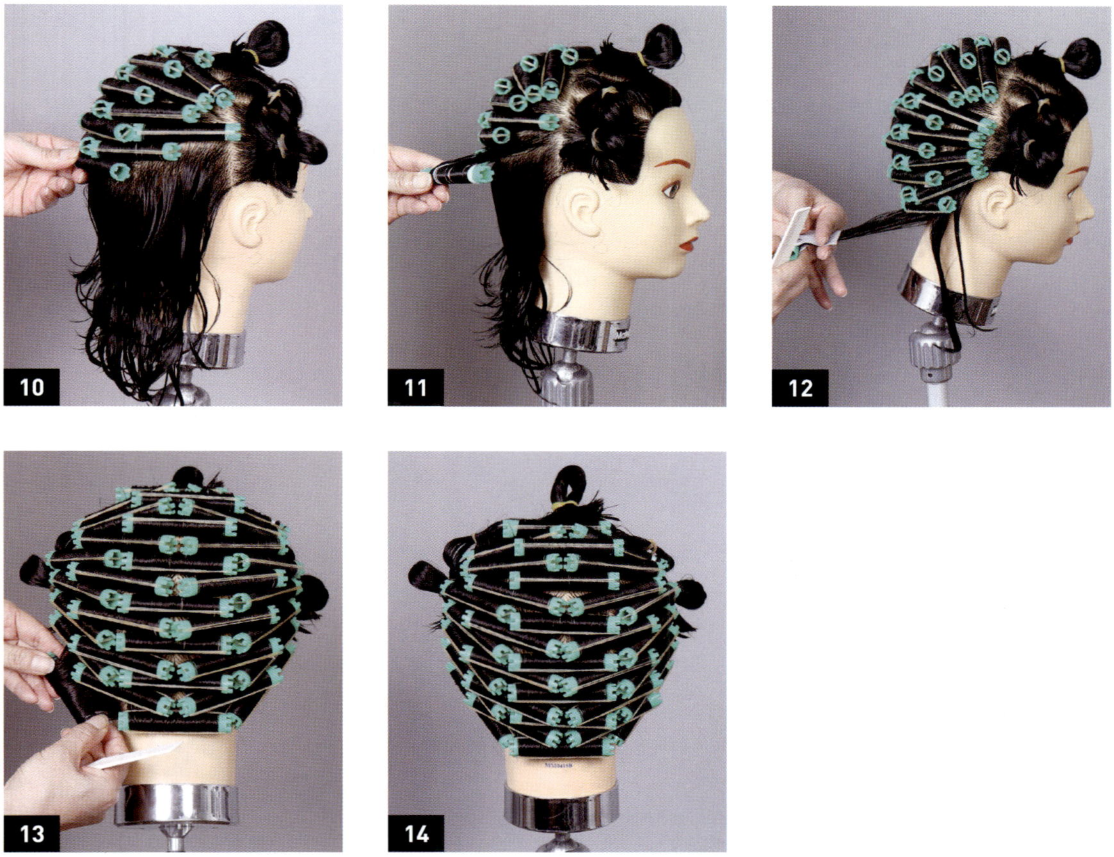

10~14. 후두부 부분에 전체적으로 벽돌쌓기 패턴으로 마무리한다.

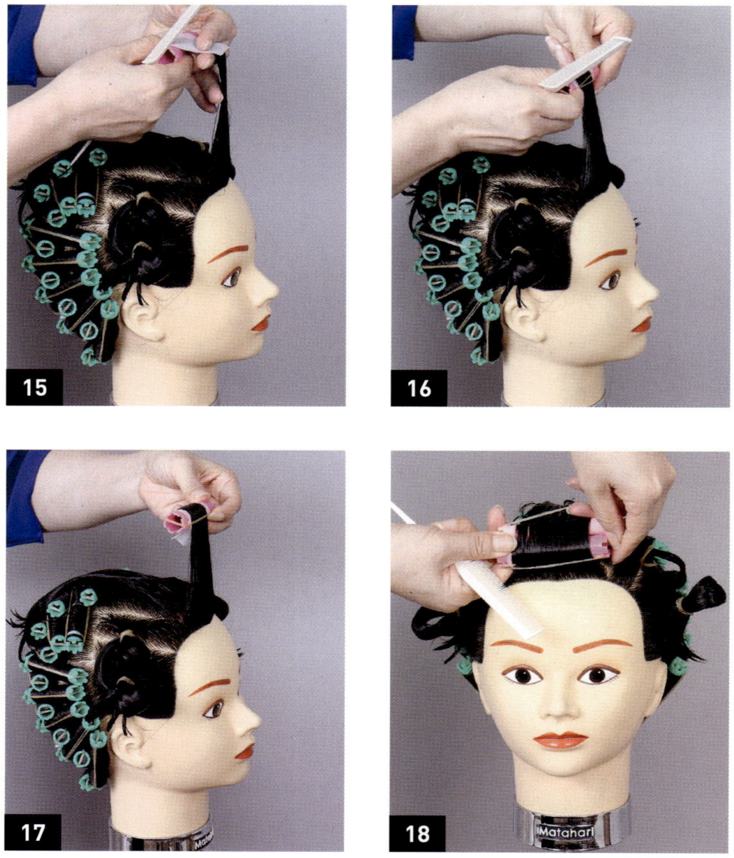

15~18. 먼저 3호 로드로 와인딩을 시작하여 한 바퀴 정도 진행한 후 고무줄 처리를 한 후 7호 로드를 로드 아래에 대어준 후 와인딩한다.

19. 로드를 이중으로 사용하여 볼륨과 컬의 형태를 조절할 수 있다(앞머리의 이중로드 와인딩 상태).

20~23. 동일한 방법으로 이중 로드 펌으로 탑 와인딩한다.

24. 탑의 이중 로드 와인딩 상태

25. 사이드 부분에 파팅을 나누어 홉스카치의 수평 와인딩을 먼저 해 준다.

26~28. 7호 로드를 사용하여 온 베이스로 위빙을 나누어 와인딩한다.

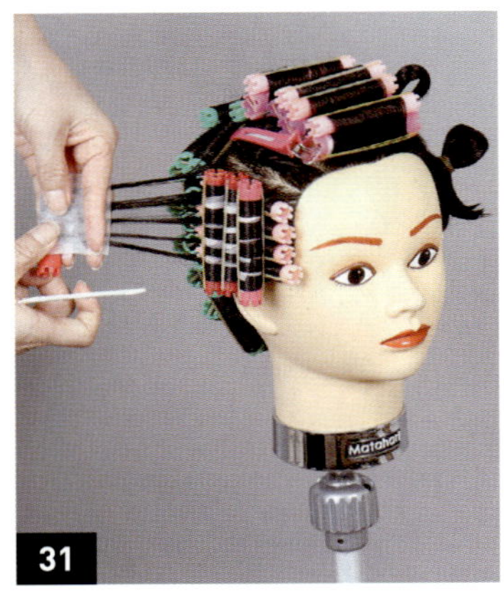

29~32. 위빙된 모다발을 5호 로드를 사용하여 하프 오프 베이스로 수직 와인딩한다.

33~35. 왼쪽과 동일한 방법으로 7호 로드는 수평 와인딩한다.

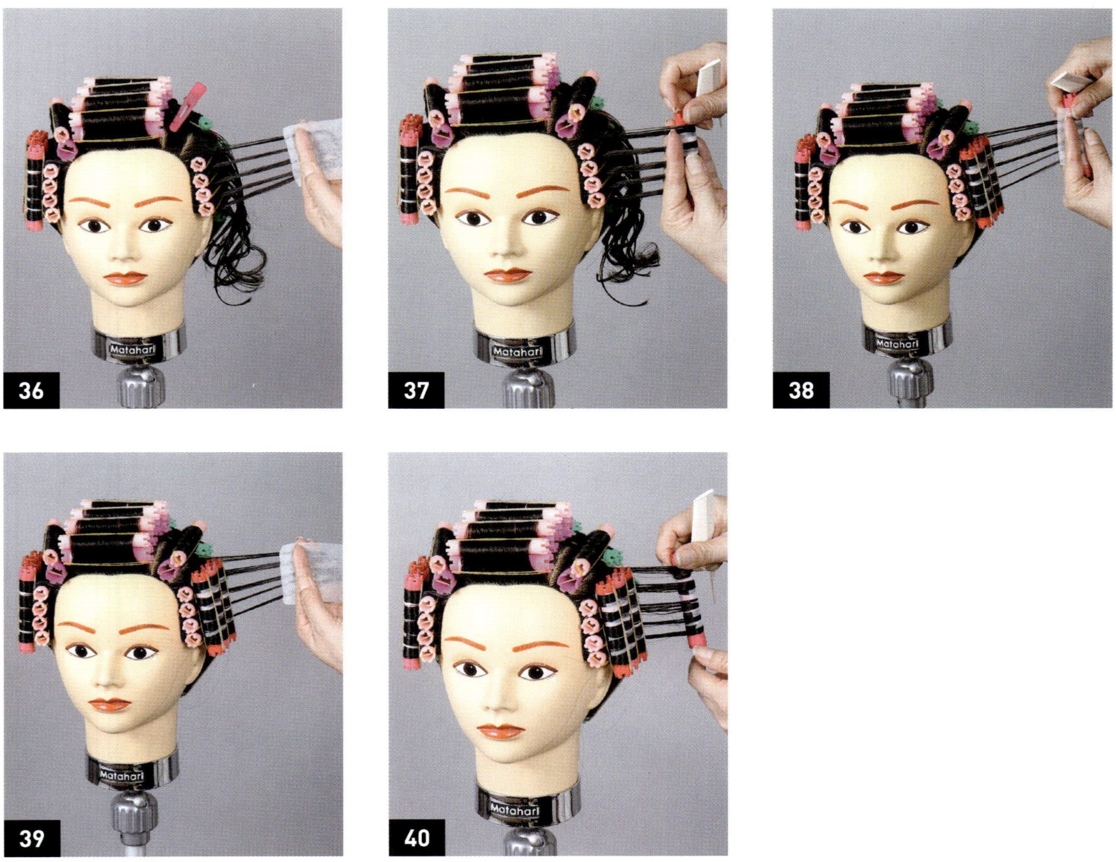

36~40 5호 로드는 수직 와인딩한다.

3) 완성사진

[그림 9-9] 완성사진

10. 캔들스틱 와인딩(Candle stick winding)

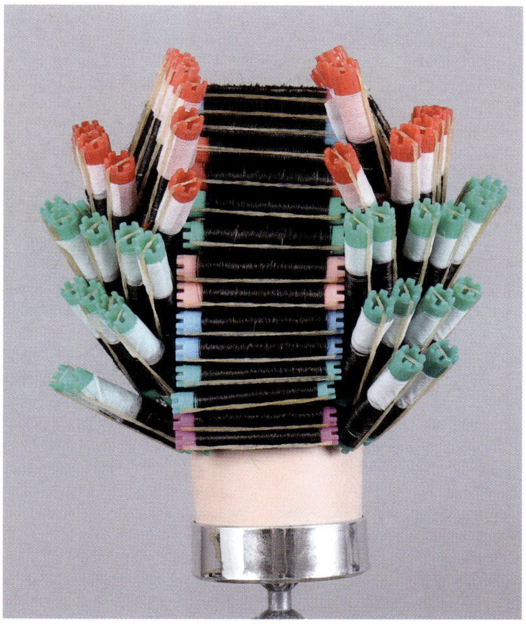

1) 브로킹

1~4. 브로킹 모습

2) 시술과정

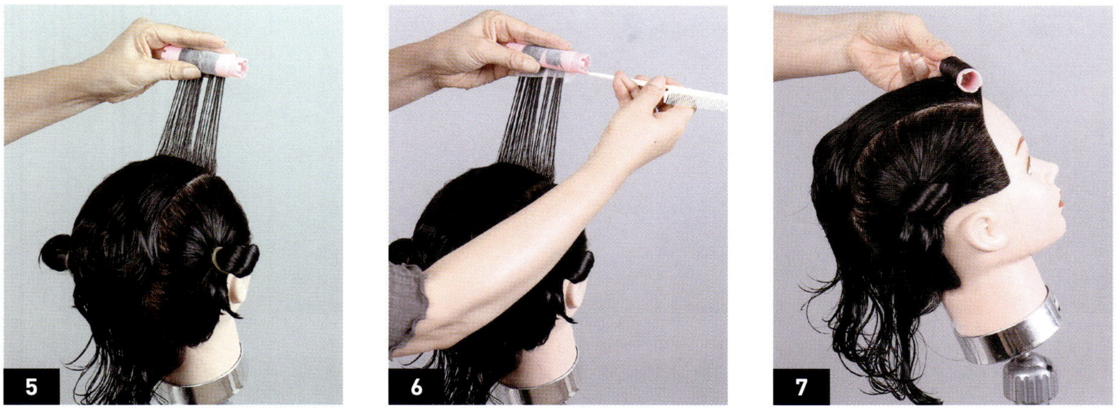

5~7. 위로 똑바로 90° 들어 1호 로드를 사용하여 수평 와인딩한다.

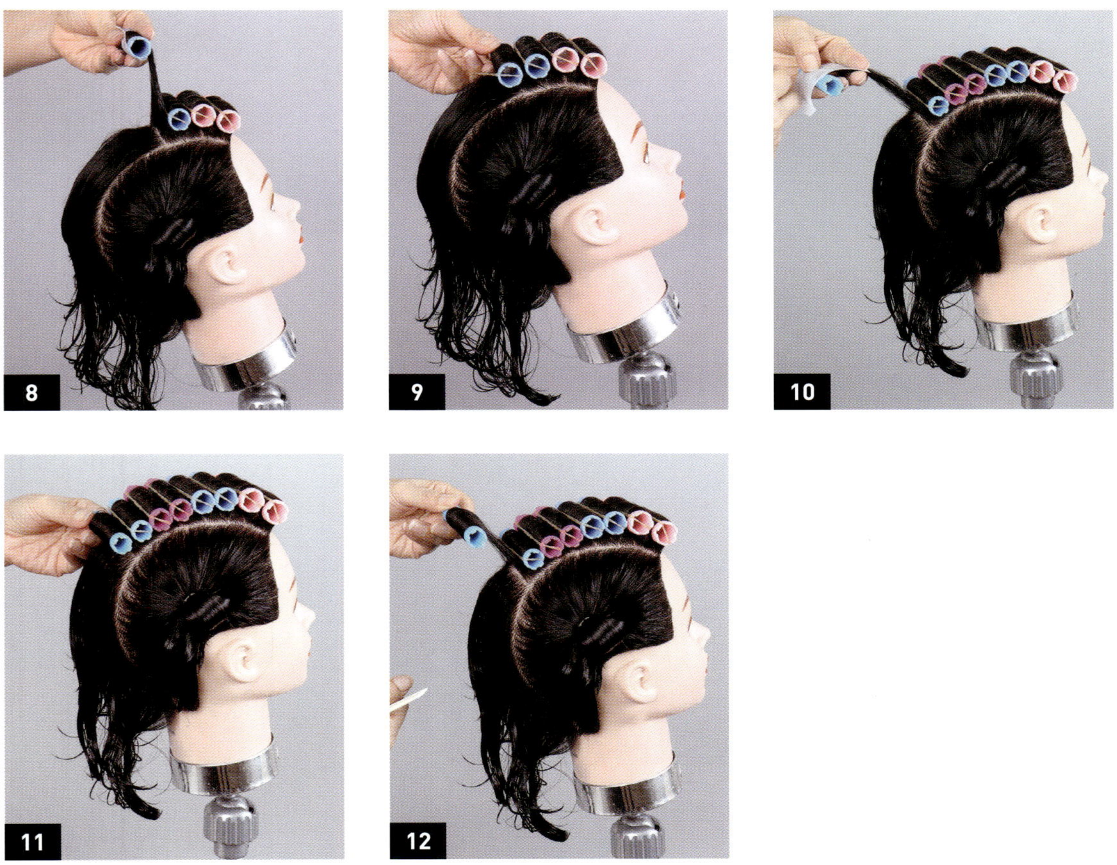

8~12. 두상의 곡면에 따라 2호, 3호, 4호 로드로 수평 와인딩한다.

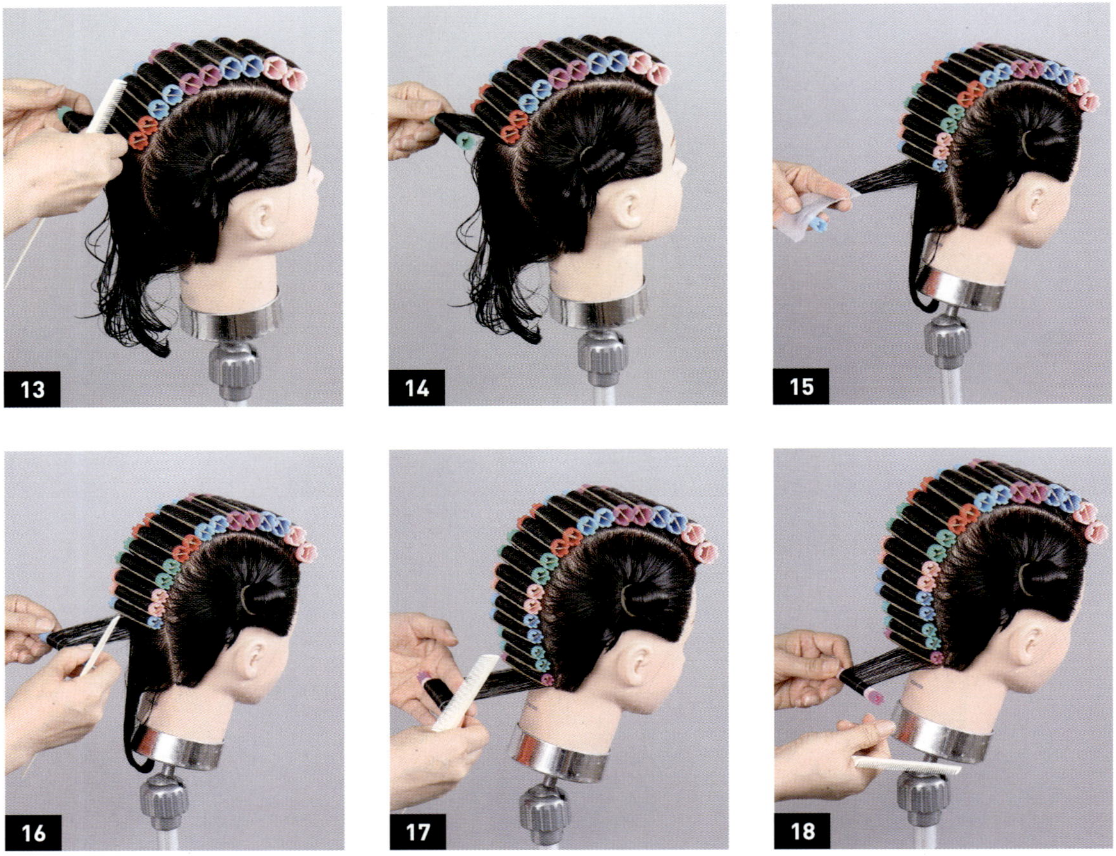

13~18. 네이프까지 5호, 6호, 7호, 8호, 9호 로드로 수평 와인딩한다.

19. 백 부분 와인딩한 상태

20. 사이드 윗 단을 브로킹한 상태

21

22

21~22. 수직으로 파팅을 나누어 5호 로드를 사용하여 로드의 중간 아래쪽을 두피면에 부착되도록 캔들 스틱 수직 와인딩한다.

23

24

25

26

27

28

29

23~29. 두상의 곡면에 따라 로드를 세워서 촛불이 켜져 있는 느낌으로 와인딩한다.

30~33. 두 번째 단도 수직으로 파팅을 나눠서 5호 로드의 중간 아래쪽으로 와인딩한다.

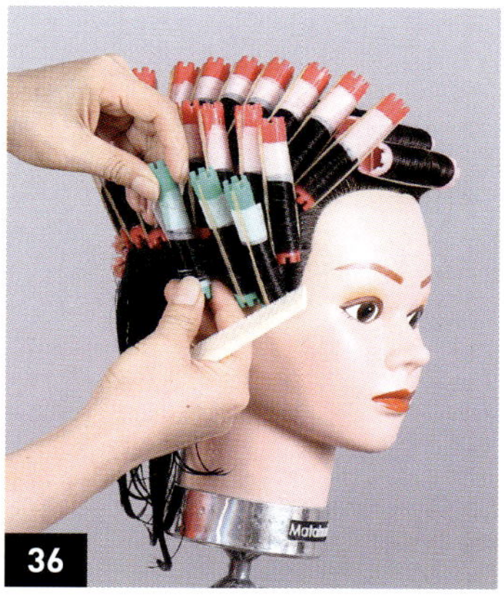

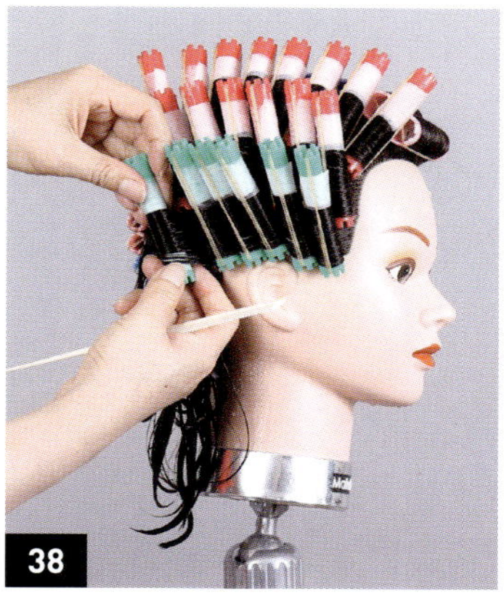

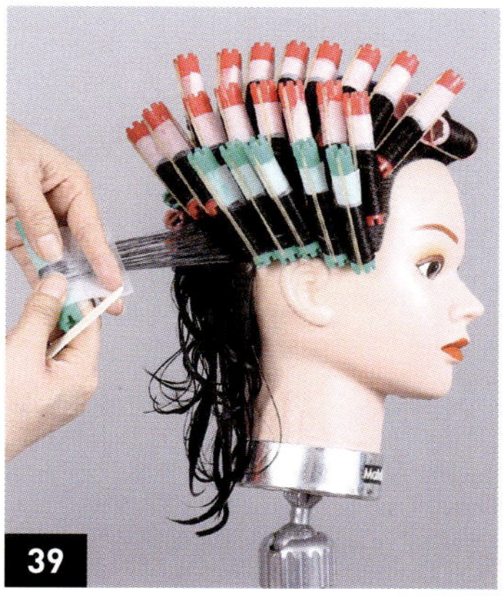

34~39. 세 번째 단은 6호 로드를 수직 와인딩한다.

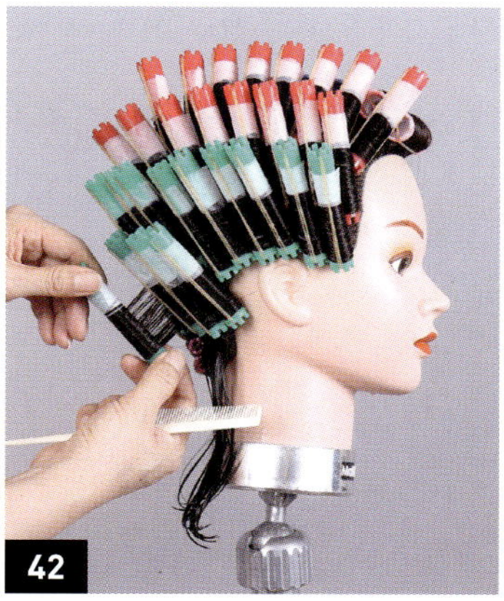

40. 네 번째 단을 나눈 상태

41~42. 6호 로드로 두상의 곡면에 따라 로드의 아래쪽이 두피면에 부착되도록 와인딩한다.

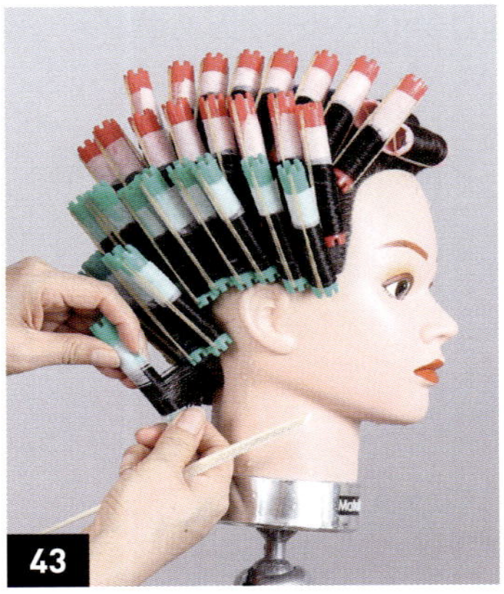

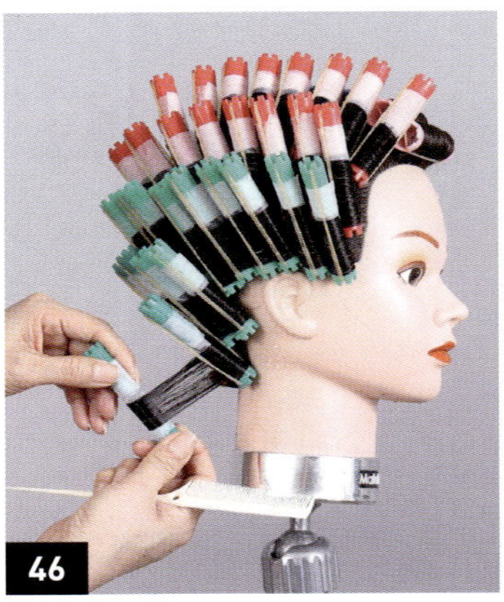

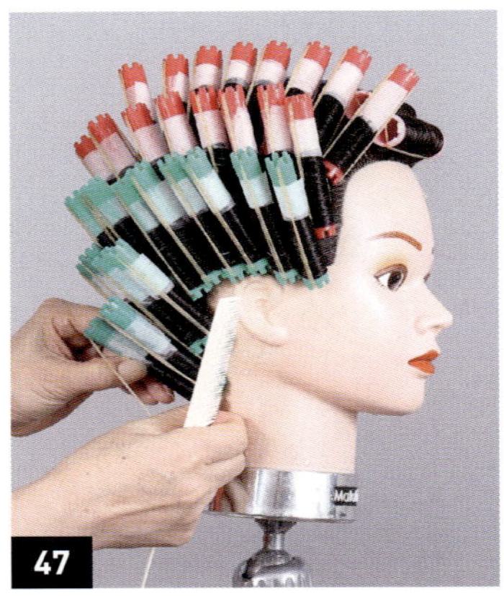

43~47. 6호 로드로 네이프 부분까지 로드가 두피면에 바짝 부착되도록 마무리 와인딩해준다.

48. 왼쪽 수평 브로킹을 나눈 상태

49~57. 5호 로드를 수직으로 와인딩을 시작하여 두상의 곡면에 따라 캔들 수직 와인딩한다.

58

59

60

61

62

63

64

58~64. 두 번째 단도 5호 로드로 시작하여 두상의 로드가 부착되도록 와인딩한다.

65

66

67

68

65~68. 세 번째 단은 6호 로드로 로드의 아래쪽이 부착되도록 와인딩한다.

69

69. 두상 90°로 들어서 빗질을 한다.

70~73. 두피면에 부착되도록 캔들 스틱 와인딩으로 마무리한다.

3) 완성사진

[그림 9-10] 완성사진

11. 오브롱 와인딩(Oblong winding)

1) 브로킹

1~4. 브로킹 모습

2) 시술과정

5. 크라운 부분에서 45도 대각 파팅을 나눈다.

6~7. 5호 로드를 사용하여 두상의 90°로 각도를 들어 하프 오프 베이스로 와인딩한다.

8. 대각 파팅을 나눈 후 대각으로 와인딩한다.

9. 대각 파팅을 나눈 상태

10. 두상에서 90° 각도로 들어 대각 와인딩한다.

11~13. 대각 와인딩으로 마무리한다.

14~15. 삼각형의 모발은 브로킹 라인과 평행이 되도록 하프 오프 베이스로 와인딩한다.

16. 반대 대각으로 파팅을 나눈 후 대각 와인딩한다.

17~24. 파팅에 맞는 대각 로드와 평행하도록 하프 오프 베이스로 와인딩한다.

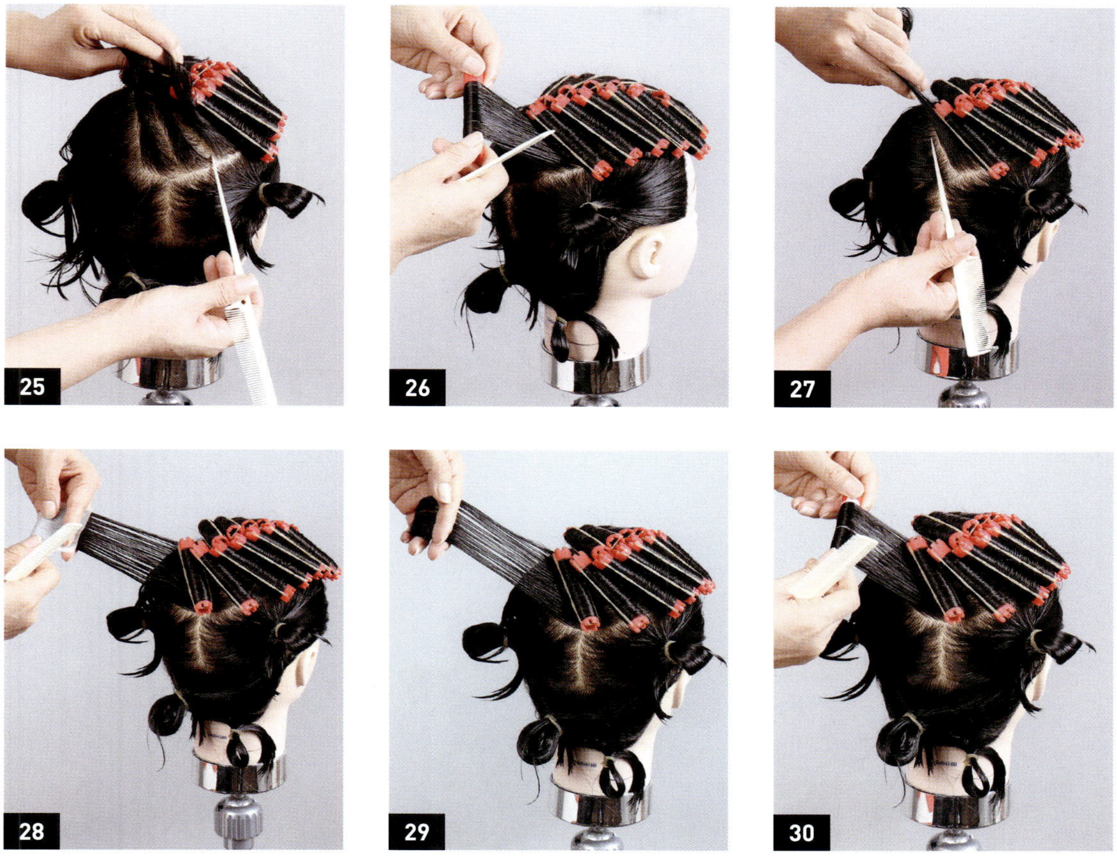

25~30. 크라운 부분의 두상을 방사선형이 되도록 파팅을 나눈 후 파팅과 평행한 대각 와인딩한다.

31~33. 동일한 방법으로 대각 와인딩으로 마무리한다.

34~36. 삼각형의 모발은 브로킹 라인과 평행이 되도록 하프 오프 베이스로 와인딩한다.

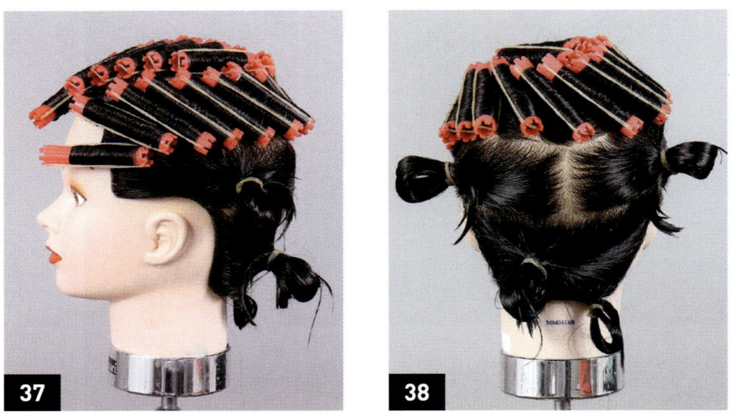

37~38. 두 번째 단까지 와인딩된 상태

39~42. 6호 로드를 사용하여 반대의 45도 대각이 이루어지도록 사선으로 파팅을 나눈 후 반대 사선으로 와인딩한다.

43~47. 6호 로드를 사용하여 45도의 대각 와인딩한다.

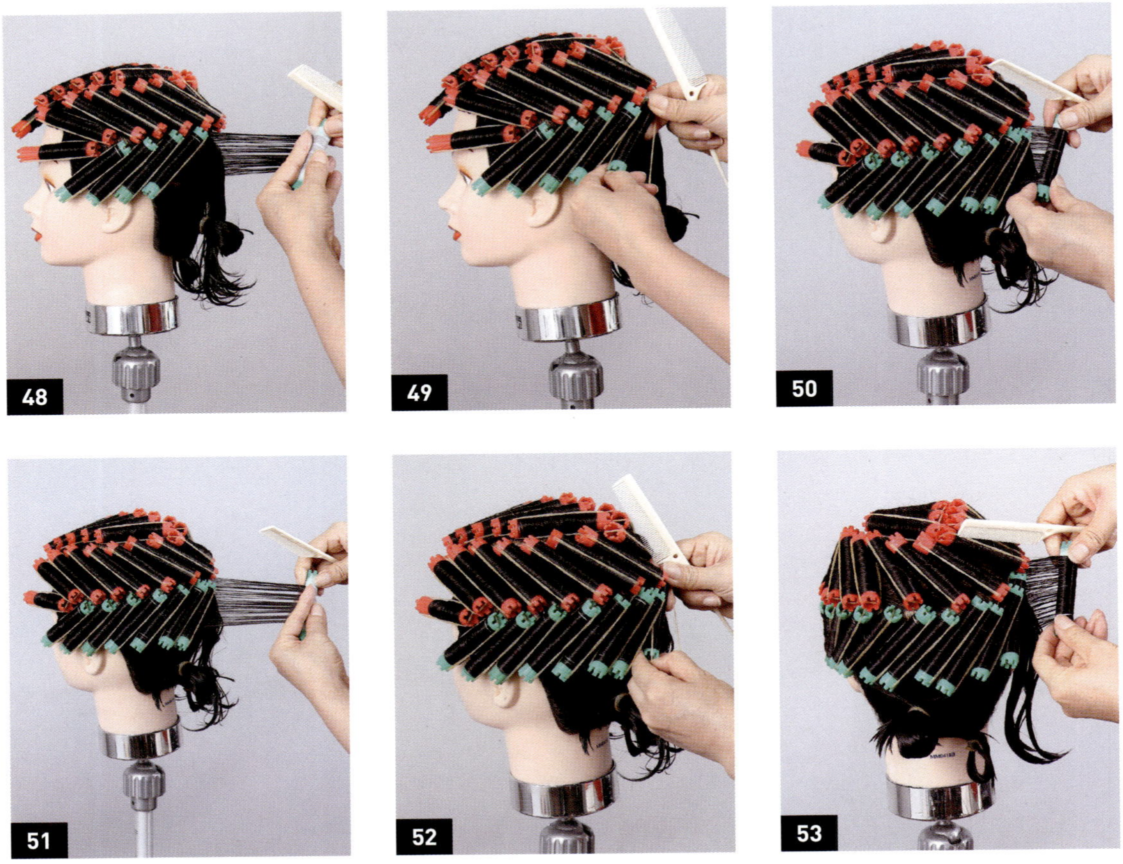

48~53. 두상의 곡면에 따라 45°의 대각 와인딩한다.

54~57. 두상에서 90° 각도를 들어 하프 오프 베이스로 와인딩한다.

58. 세 번째 단이 완성된 상태

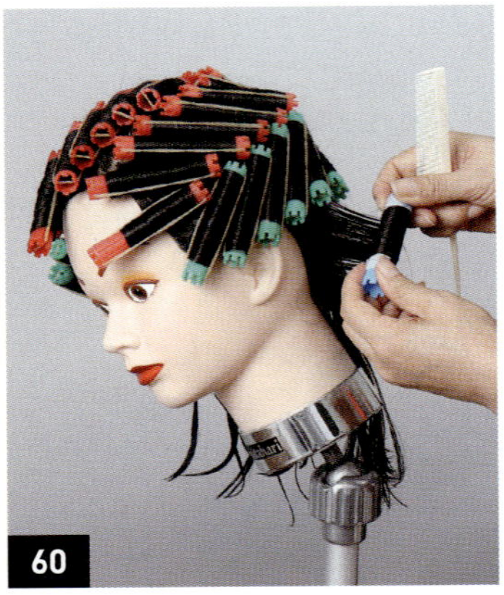

59~61. 마지막 단은 인덴테이션 기법을 사용하여 4호 로드를 사용하여 45도 대각 파팅을 나눈 후 모발 위에 로드를 놓고 아웃 커브가 되게 와인딩한다.

62~64. 다음 파팅도 4호 로드를 사용하여 같은 방법으로 와인딩한다.

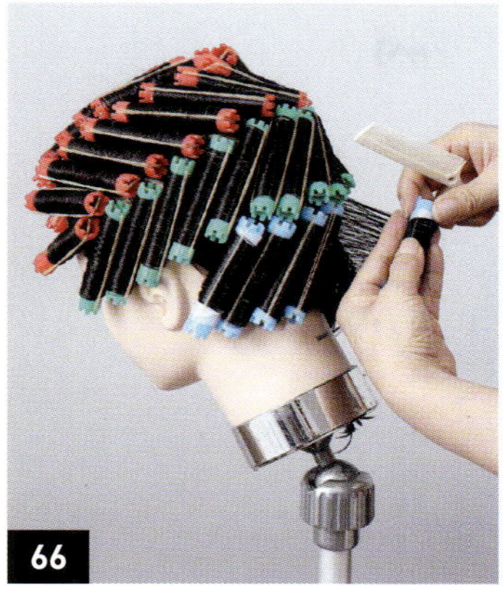

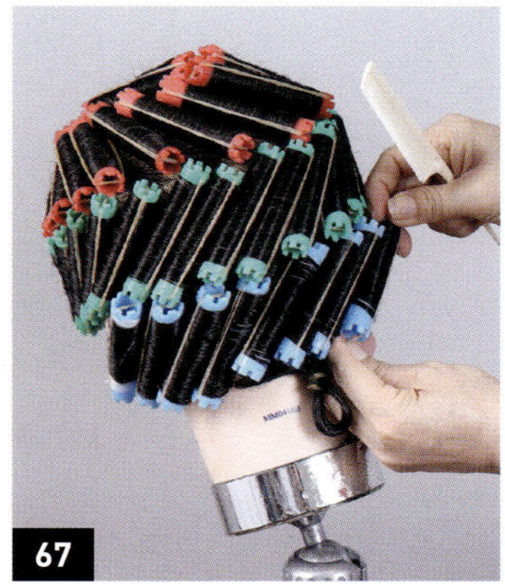

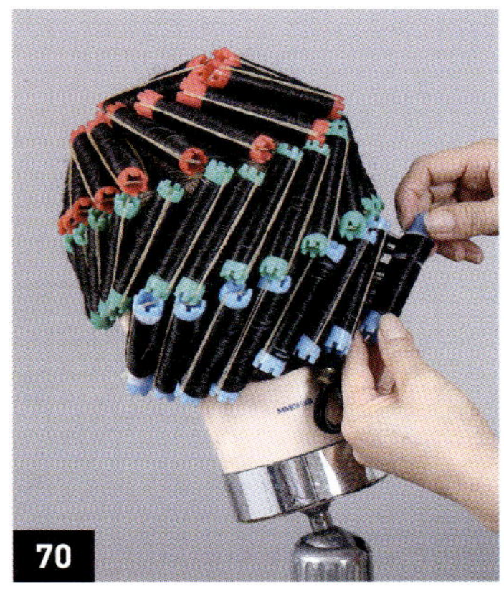

65~70. 두상의 90° 각도를 사용하여 빗질하고 인덴테이션 기법으로 와인딩한다.

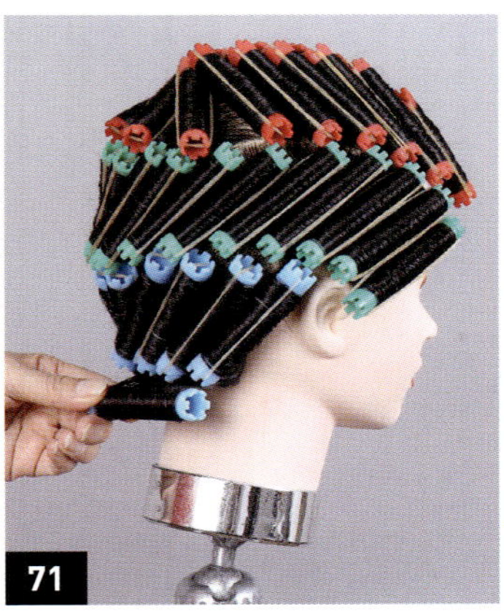

71. 오른쪽 네이프에 남은 모발은 수평 와인딩으로 마무리한다.

3) 완성사진

[그림 9-11] 완성사진

12. 인덴테이션 와인딩(Indentation winding)

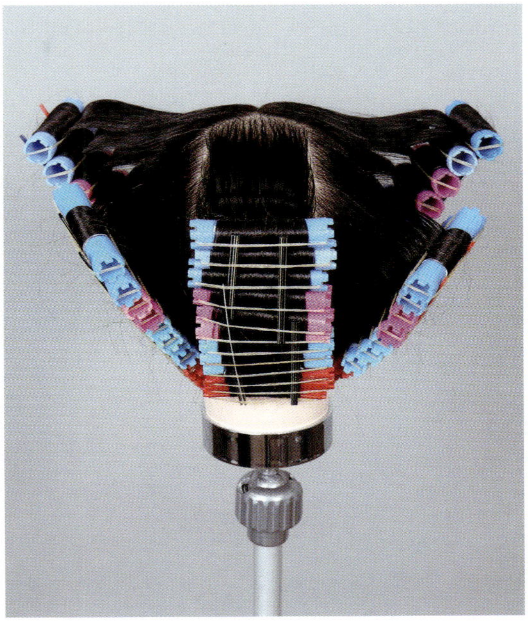

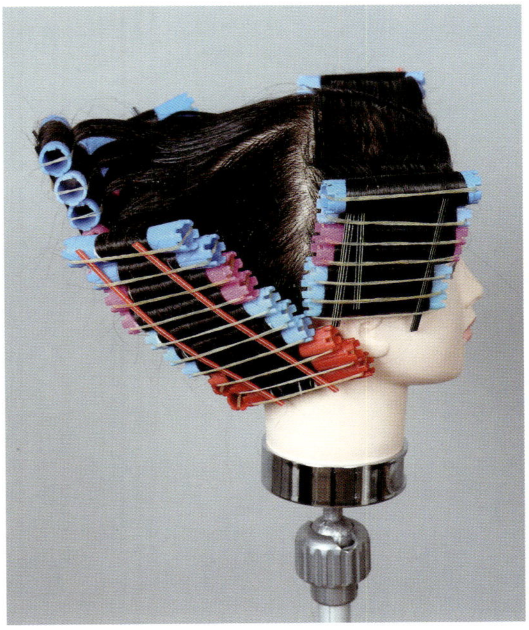

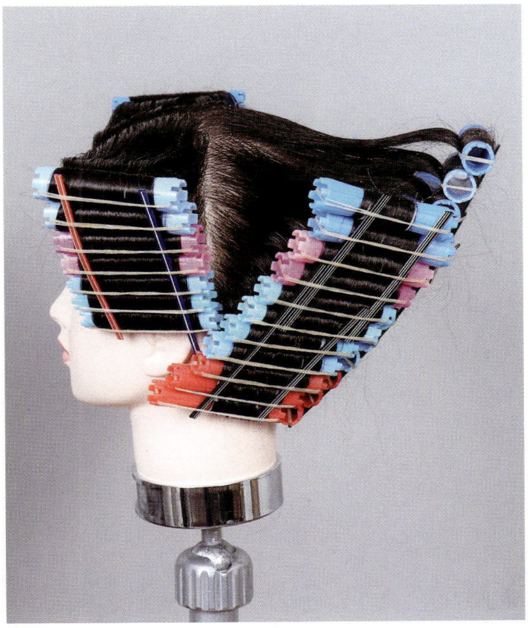

1) 브로킹

1~4. 브로킹 모습

2) 시술과정

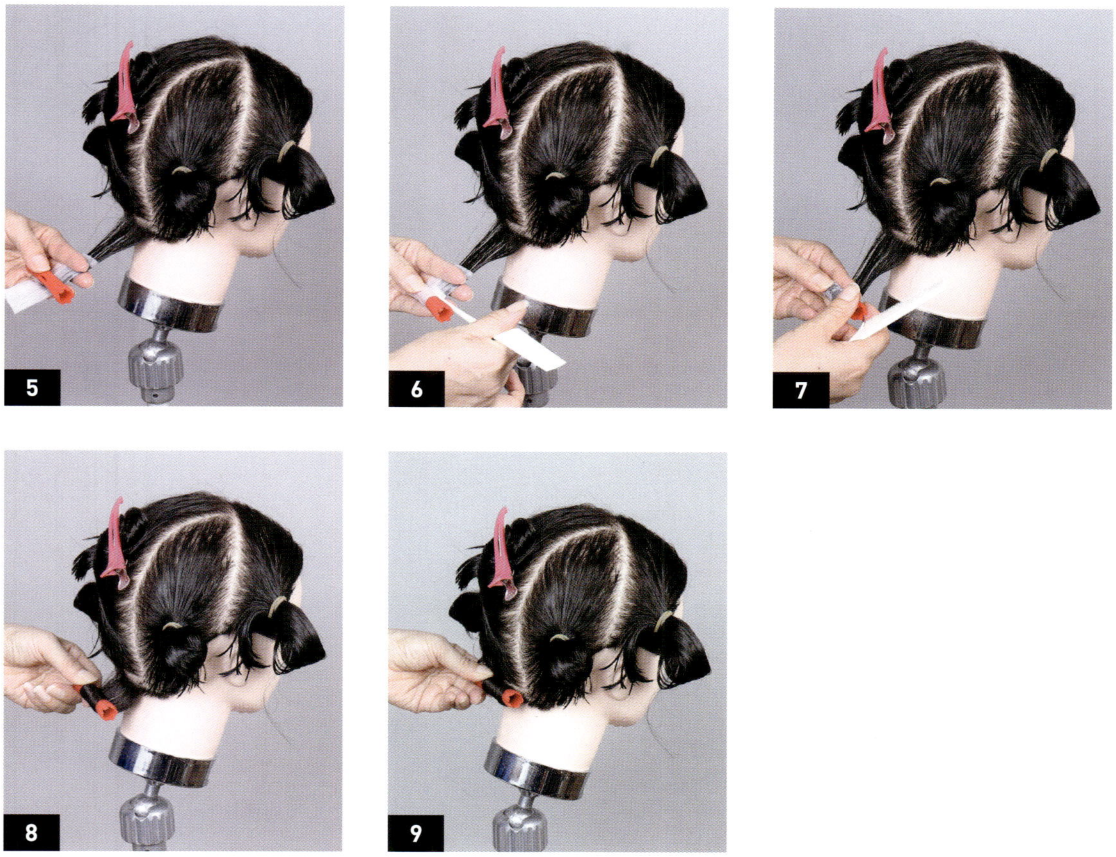

5~9. 네이프에서 5호 로드를 사용하여 모발의 윗쪽에 로드를 대고 아웃컬로 와인딩한다.

10~12. 두상에서 90° 각도를 들어 판넬을 빗질하여 아웃컬로 와인딩하면서 업 프로젝션형이 되도록 와인딩한다.

13~15. 4호 로드를 이용하여 아웃컬로 와인딩한다.

16~17. 3호와 2호 로드를 이용하여 아웃컬로 와인딩한다.

18

19

20

21

22

23

24

18~24. 오른쪽 백 사이드는 백의 중심에 맞춰 동일한 각도와 로드의 호수를 사용하여 아웃컬로 와인딩한다.

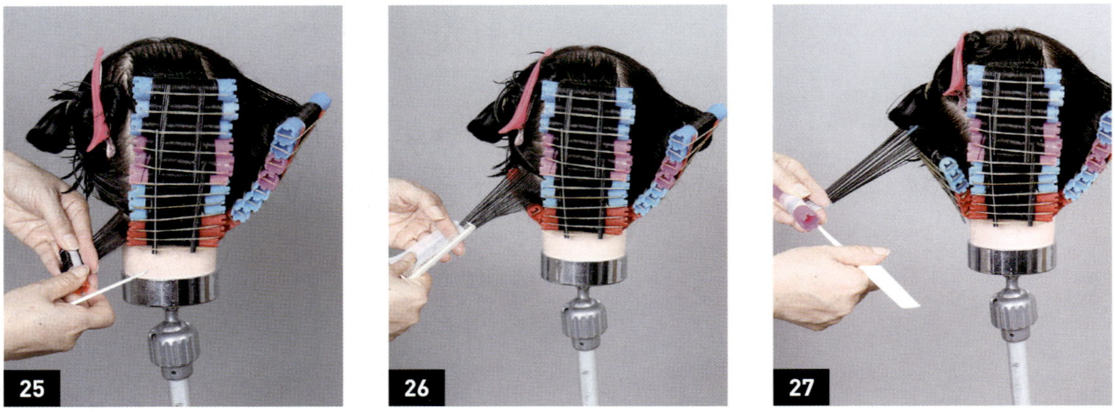

25~27. 왼쪽 백 사이드도 백과 동일한 와인딩한다.

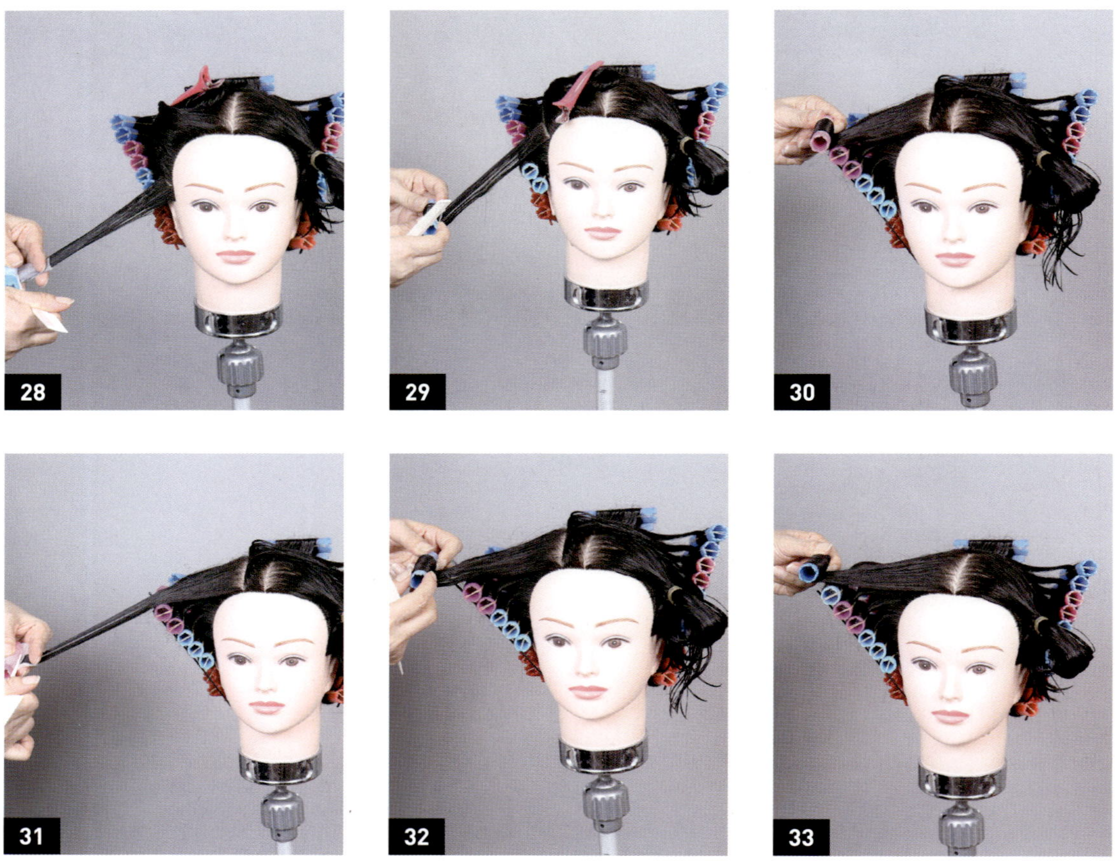

28~33. 오른쪽 사이드는 4호, 3호, 2호 로드로 마무리한다.

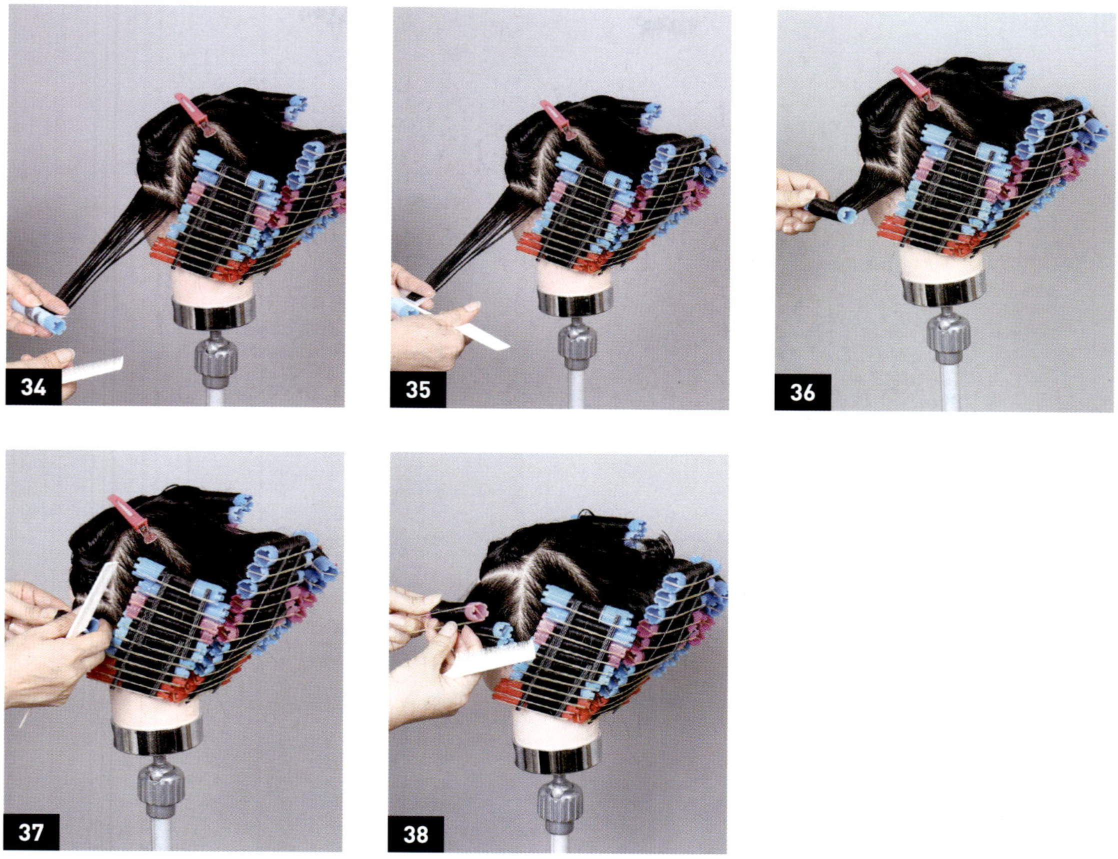

34~38. 왼쪽 사이드도 동일하게 마무리한다.

3) 완성사진

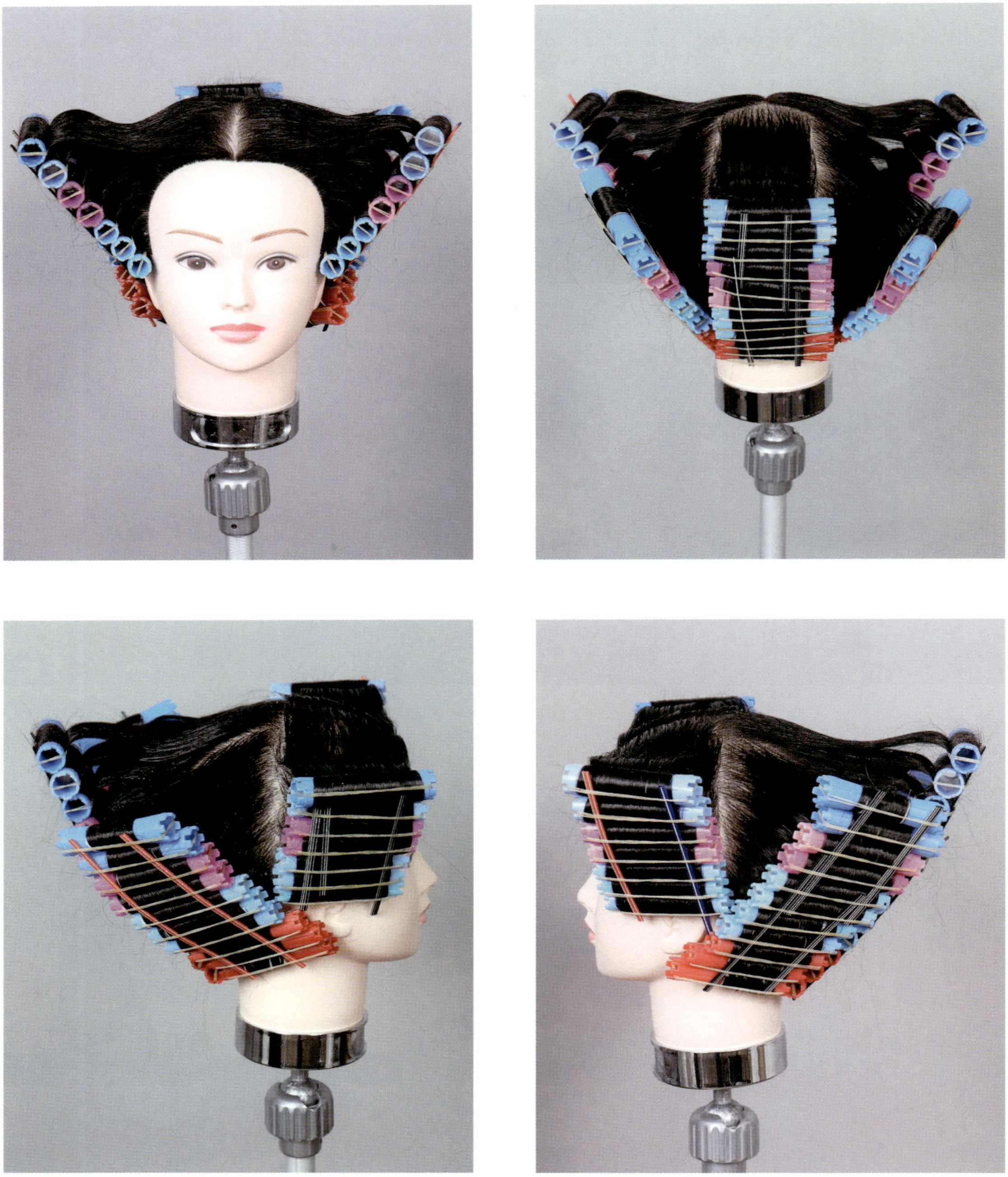

[그림 9-12] 완성사진

13. 포일 와인딩(Foil winding)

1) 브로킹

[그림 9-11] 완성사진

2) 시술과정

5. 네이프에서 2cm의 파팅을 나눈다.

6. 정사각형의 파팅을 나눈다.

7. 두상에서 90° 들어진 상태에서 포일을 대준다.

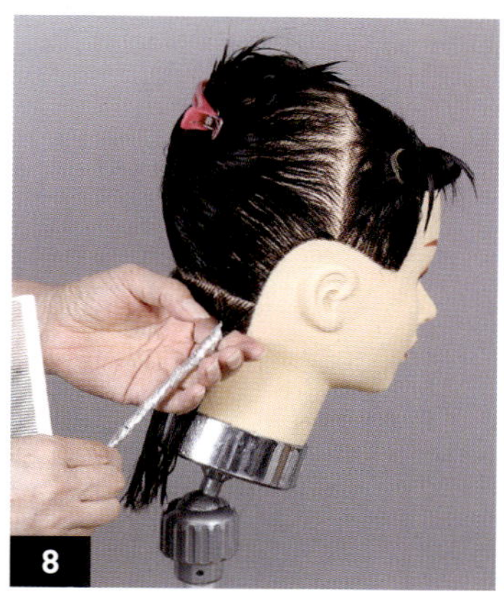

8. 포일을 비틀어 고정시켜준다.

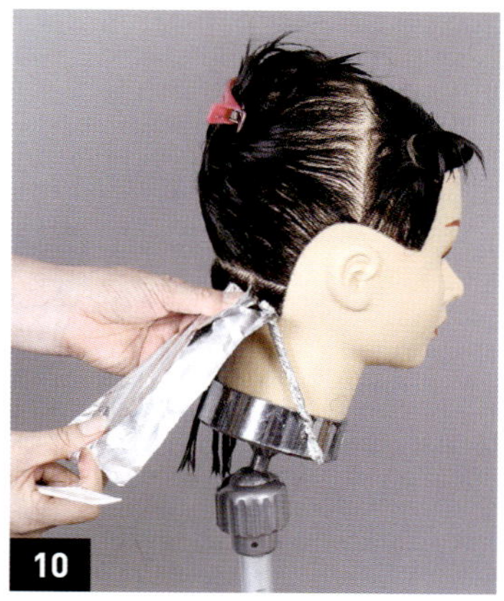

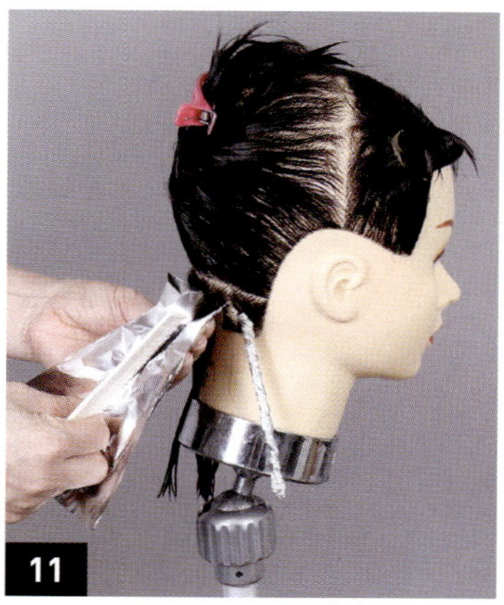

9~11. 두상에서 90° 들어진 상태에서 포일을 대고 비틀어 고정시킨다.

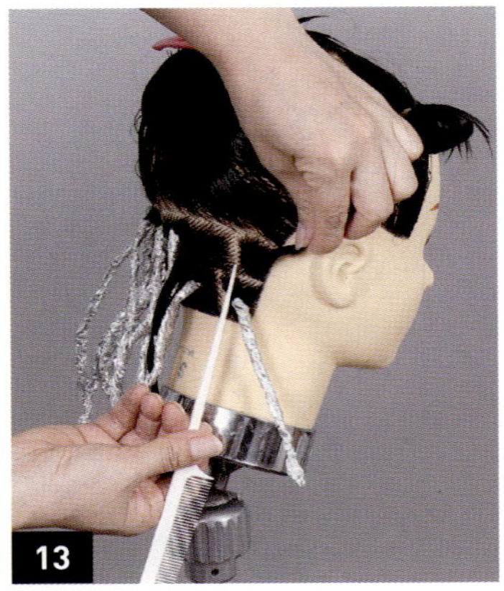

12. 두번째 단을 2cm 정도 나누어 준다.

13. 사각형 파팅을 아랫단과 같은 라인이 되지 않도록 벽돌쌓기 형으로 나눈다.

14. 두상에서 90°를 들어 동일한 방법으로 트위스트한다.

15. 2cm 정도 섹션을 나누어 준다.

16~17. 두상에서 2cm 정사각형으로 90° 들어 포일을 대고 트위스트한다.

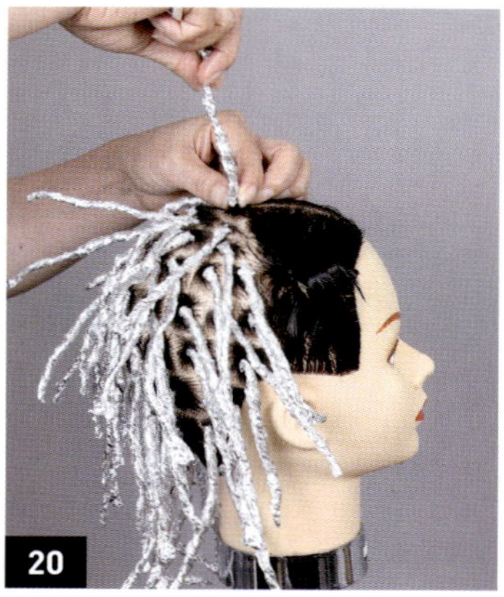

18~21. 두상의 곡면에 따라 각도를 들어주면서 동일한 방법으로 트위스트한다.

22. 백 부분의 포일 펌이 완성된 상태

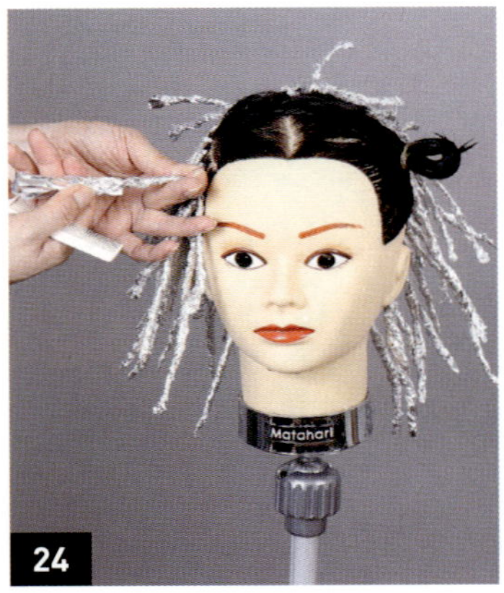

23~25. 오른쪽 사이드도 두상의 곡면에 따라 각도를 들어 주어 포일을 대고 트위스트한다.

26~27. 두피면에 포일이 잘 부착되도록 텐션을 유지하면서 트위스트한다.

28~29. 왼쪽 사이드도 2cm 정도 사각형 파팅을 나눈다.

30~31. 포일이 밀려나지 않도록 두피면에 바짝 대고 텐션을 유지하면서 트위스트한다.

32. 아랫단과 벽돌쌓기 하듯이 파팅을 나눈다.

33~37. 두상의 곡면에 따라 각도를 들어 주면서 동일 한 방법으로 트위스트한다.

38

38. 탑의 남은 모발도 2cm 간격으로 파팅을 나눈다.

39

40

41

42

39~42. 두상에서 90° 각도를 들어 텐션을 유지하면서 포일을 대고 트위스트한다.

3) 완성사진

[그림 9-13] 완성사진

14. 특수 로드 와인딩(Special rod winding) - 샤기펌

1) 브로킹

1~4. 브로킹 모습

2) 시술과정

5. 네이프에서 5cm 정도 수직 섹션을 나누어 얼굴 방향쪽으로 트위스트 해준다.

12

6~12. 깔대기 모양의 로드를 사용하여 모근 쪽은 얇은 쪽, 모발의 끝 부분은 굵은 쪽으로 가도록 트위스트를 틀면서 모발의 끝 부분부터 와인딩한다.

13

14

15

16

13~16. 동일한 방법으로 트위스트 스파이럴 와인딩한다.

17. 오른쪽 네이프 와인딩이 끝난 상태(리버스 방향으로 와인딩된 상태)

18~20. 왼쪽 네이프는 얼굴 방향 쪽으로 트위스트 해주고 리버스로 스파이럴 와인딩한다.

21. 네이프 와인딩이 끝난 상태

22~23. 왼쪽 사이드는 굵은 로드를 사용하여 리버스 방향으로 와인딩한다.

24~26. 백 부분은 사이드보다 가는 로드를 사용하여 리버스 방향으로 와인딩한다.

27~30. 오른쪽 사이드도 왼쪽과 같은 로드의 호수를 사용하여 리버스 방향으로 트위스트 스파이럴 와인딩한다.

31~32. 크라운 부분은 방사선 섹션을 이용하여 와인딩한다.

33~36. 로드의 호수를 아랫단보다는 한 홋수 굵은 로드를 사용하여 와인딩한다.

37. 셋째 단이 완성된 상태

38~39. 오른쪽 사이드 윗쪽은 수직 파팅으로 한 호수 굵은 로드를 사용한다.

40~44. 정수리 쪽으로 갈수록 방사선 파팅을 하여 트위스트 스파이럴 와인딩한다.

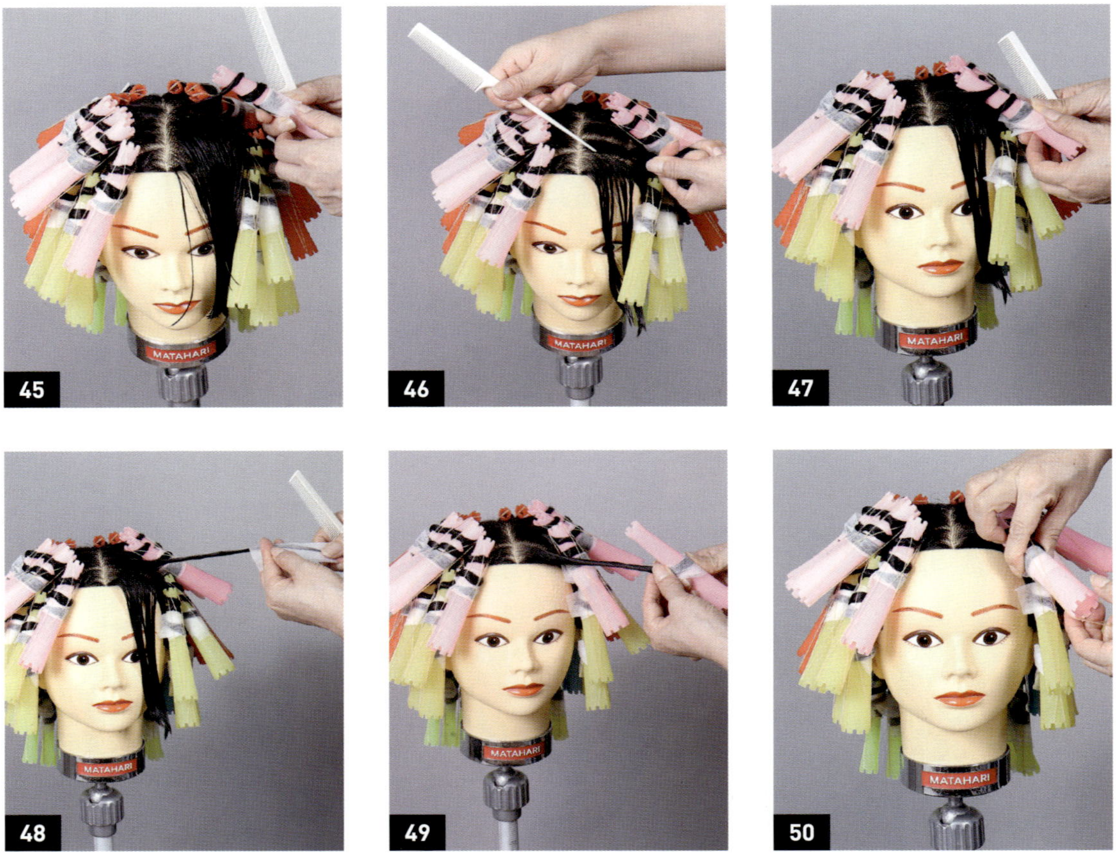

45~50. 왼쪽 사이드는 오른쪽과 동일하게 수직 파팅하여 트위스트 스파이럴 와인딩한다.

3) 완성사진

[그림 9-14] 완성사진

15. 위빙 와인딩(Weaving winding)

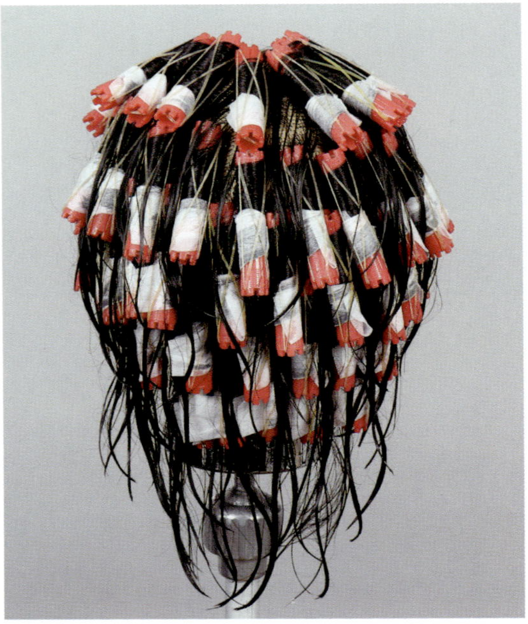

1) 브로킹

1~4. 브로킹 모습

2) 시술과정

5. 네이프에서 4cm 정도 수직 파팅을 나눈후 1/3은 남겨두고 2/3를 와인딩한다.

6. 북 앤드페이퍼로 모발의 끝을 감싼 후 중간에 로드5호를 사용하여 와인딩 시작한다.

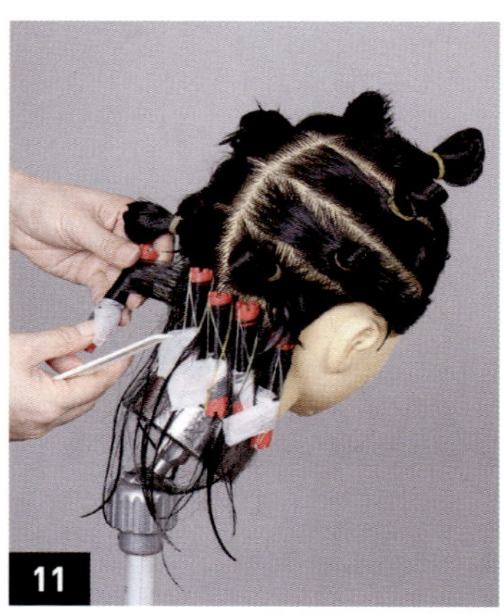

7~10. 모발 끝 부분이 바깥쪽으로 나오도록 스파이럴 와인딩으로 마무리한다.

11. 위빙으로 남겨진 모발과 스파이럴 와인딩한다.

12

13

14

12~14. 두번째 단도 4cm정도 수직 섹션으로 벽돌쌓기형의 와인딩한다.

15

16

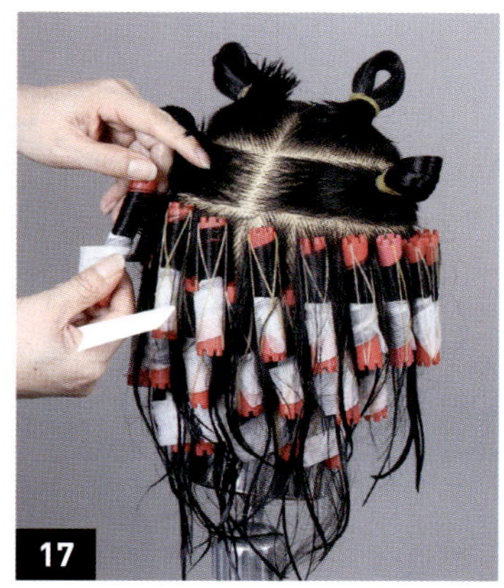

17

18

15~18. 세번째 단도 동일한 방법으로 진행한다.

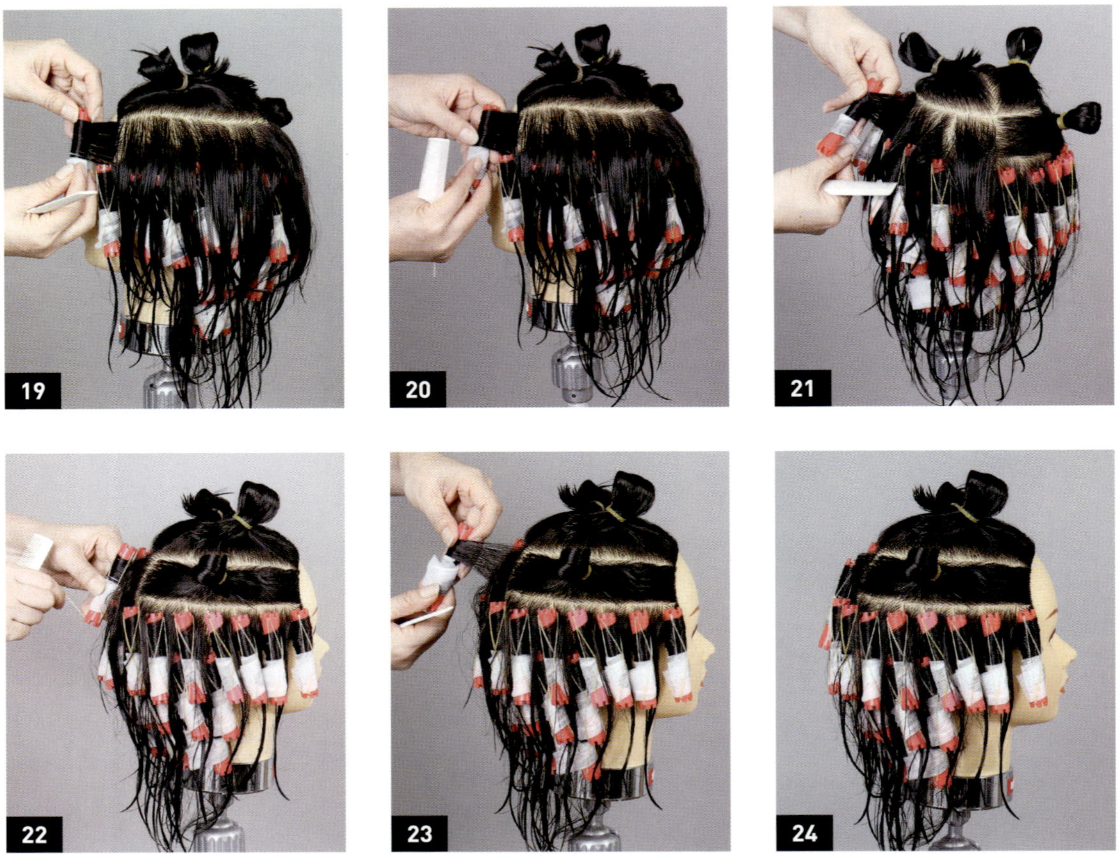

19~24. 네번째 단도 동일하게 파팅을 나누어 스파이럴 와인딩한다.

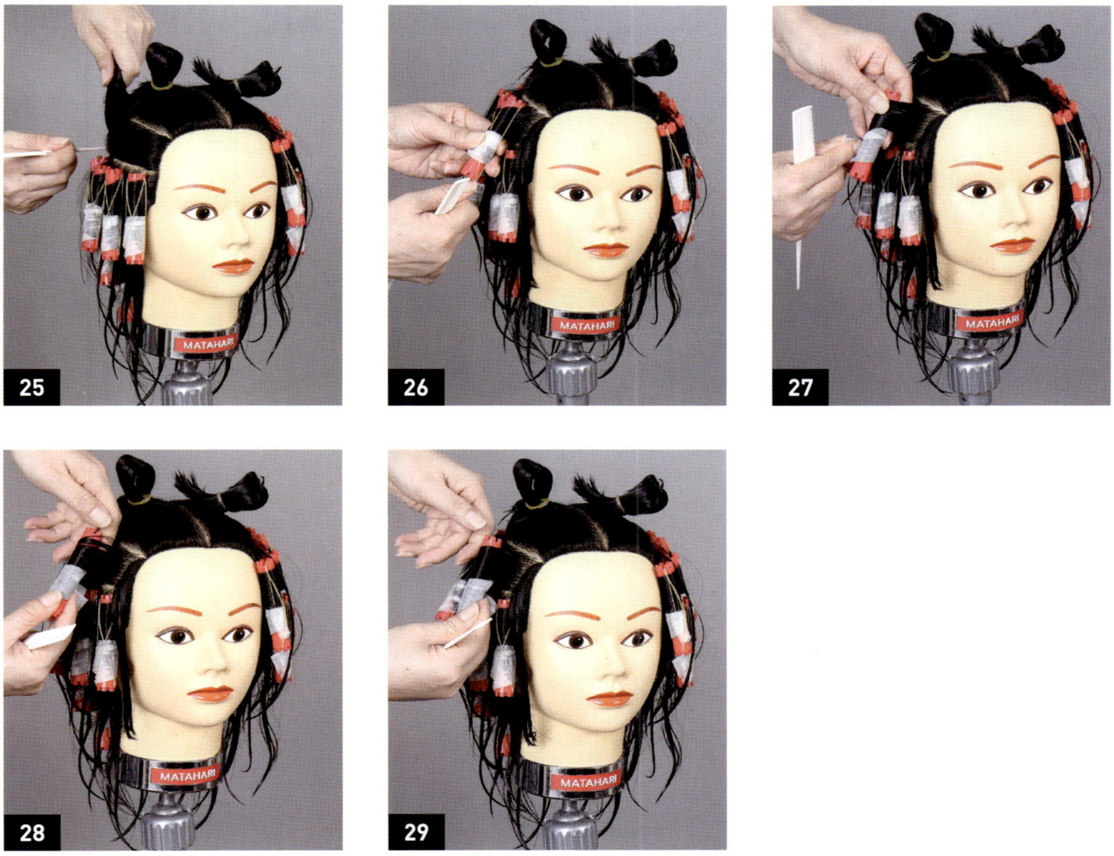

25~29. 오른쪽 사이드까지 위빙된 모발(1/3)은 남겨두고 2/3 모발은 로드 5호로 와인딩한다.

30

31

32

33

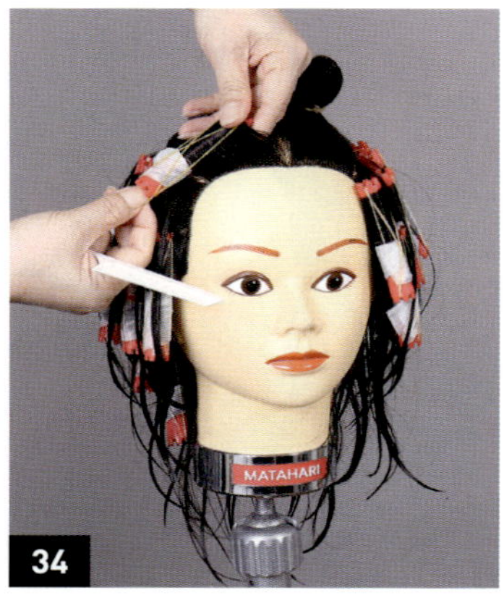
34

30~34. 사이드 위쪽 부분은 수직 파팅을 나눠준 후 와인딩한다.

35

36

37

35~37. 수직 파팅으로 스파이럴 와인딩한다.

38

39

40

41

38~41. 크라운 부분은 방사선형으로 사선 스파이럴 와인딩한다.

3) 완성사진

[그림 9-15] 완성사진

16. 롤 세팅 와인딩(Roll setting winding)

1) 브로킹

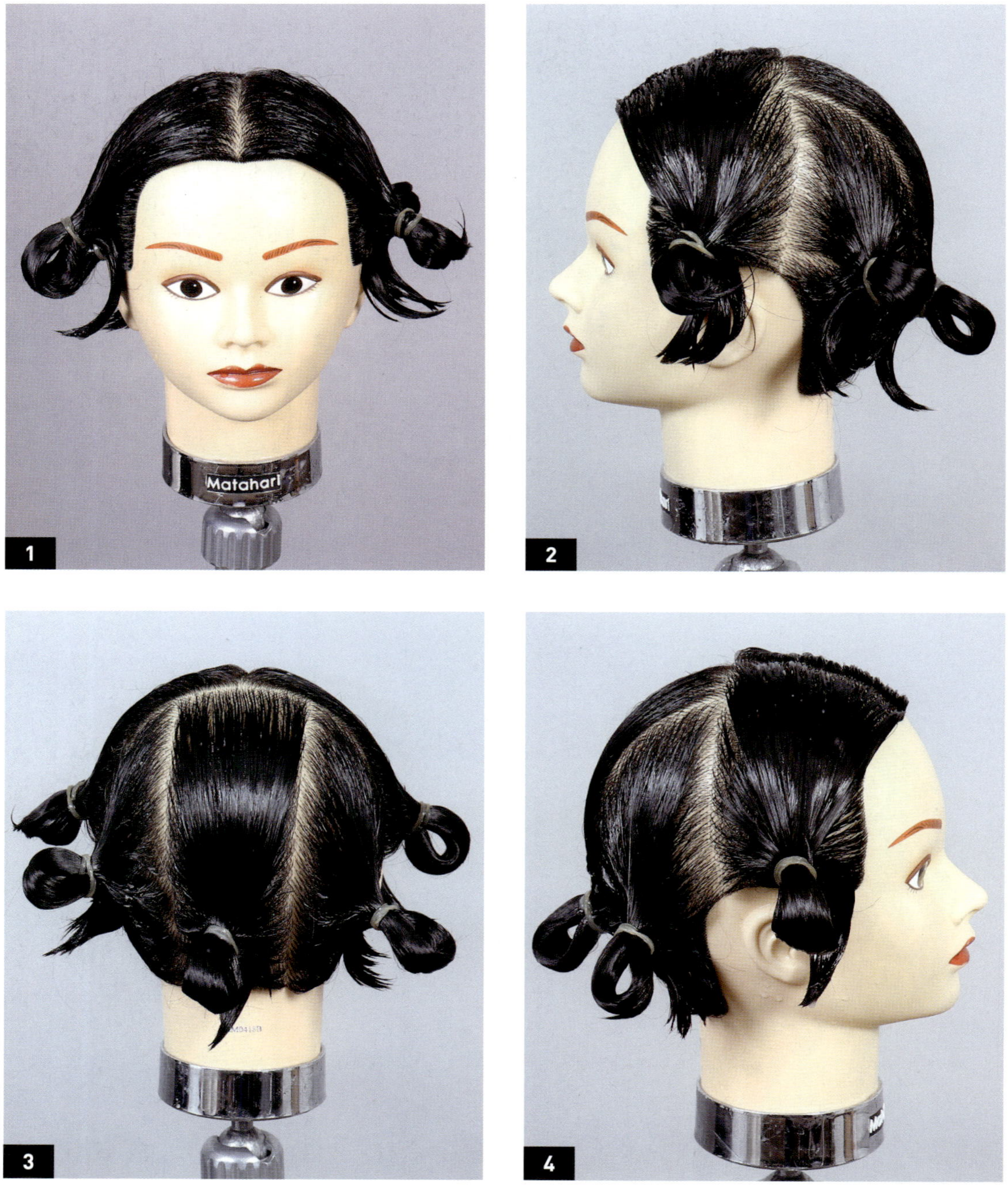

1~4. 브로킹 모습

2) 시술과정

5. 모발에 스트레이트 펌제를 도포한다.

6. 사용할 롤의 지름만큼 판넬을 나눈 상태에서 두피에 볼륨을 주기 위해 135°로 빗질을 해준다.

7. 롤을 모발 아래에 대고 롤링을 해 준 후 파지를 대어준다.

8. 온 베이스가 되도록 와인딩하고 고무줄을 사용하여 고정시켜준다.

9~10. 롤의 크기를 한 단계 작은 롤을 사용하여 볼륨을 최대한 활용하여 롤을 말아준다.

11~15. 모발의 끝부분에는 데미지가 없도록 페이퍼를 대어준 후 와인딩한다.

16. 롤을 말면서 스트레이트 펌제가 부족한 경우 재도포를 하면서 와인딩한다.

17~19. 두상의 곡면을 이용하여 온 베이스로 와인딩한다.

20

20. 사이드는 백의 롤과 동일한 롤로 후대각의 파팅을 하여 온 베이스로 대각 와인딩한다.

21

22

23

24

21~24. 동일한 사선으로 파팅을 하여 온 베이스로 와인딩 진행한다.

25~29. 왼쪽 백 사이드도 동일한 방법의 대각 와인딩한다.

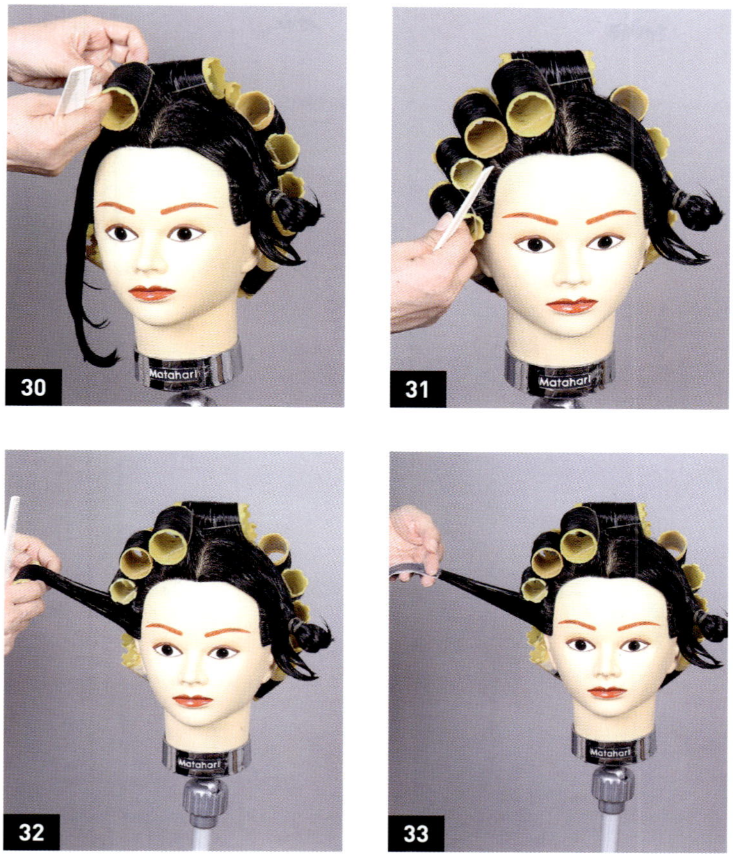

30~33. 오른쪽 사이드를 135° 들어서 와인딩을 하여 온 베이스 수평 와인딩한다.

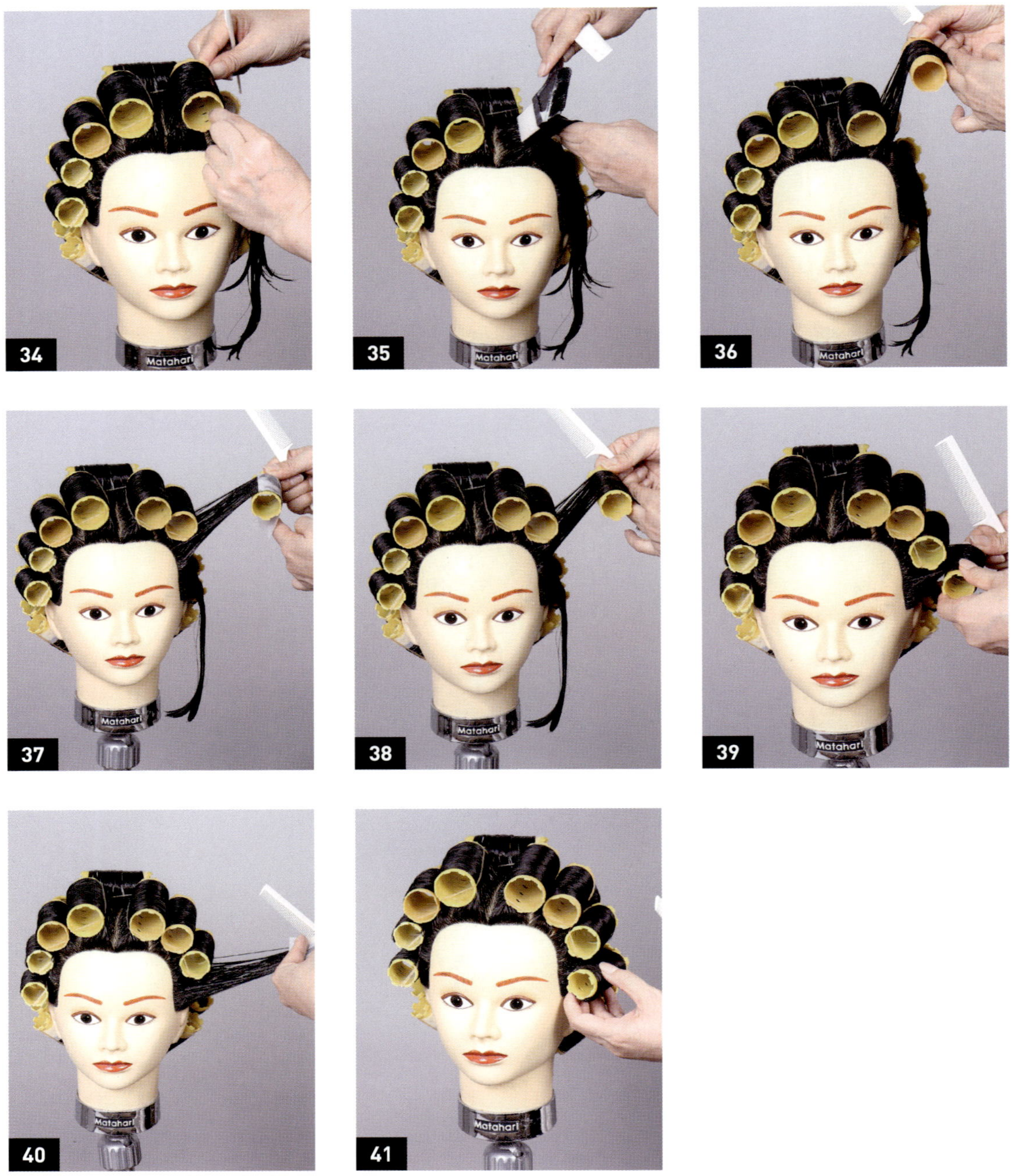

34~41. 왼쪽 사이드도 온 베이스로 수평 와인딩한다.

3) 완성사진

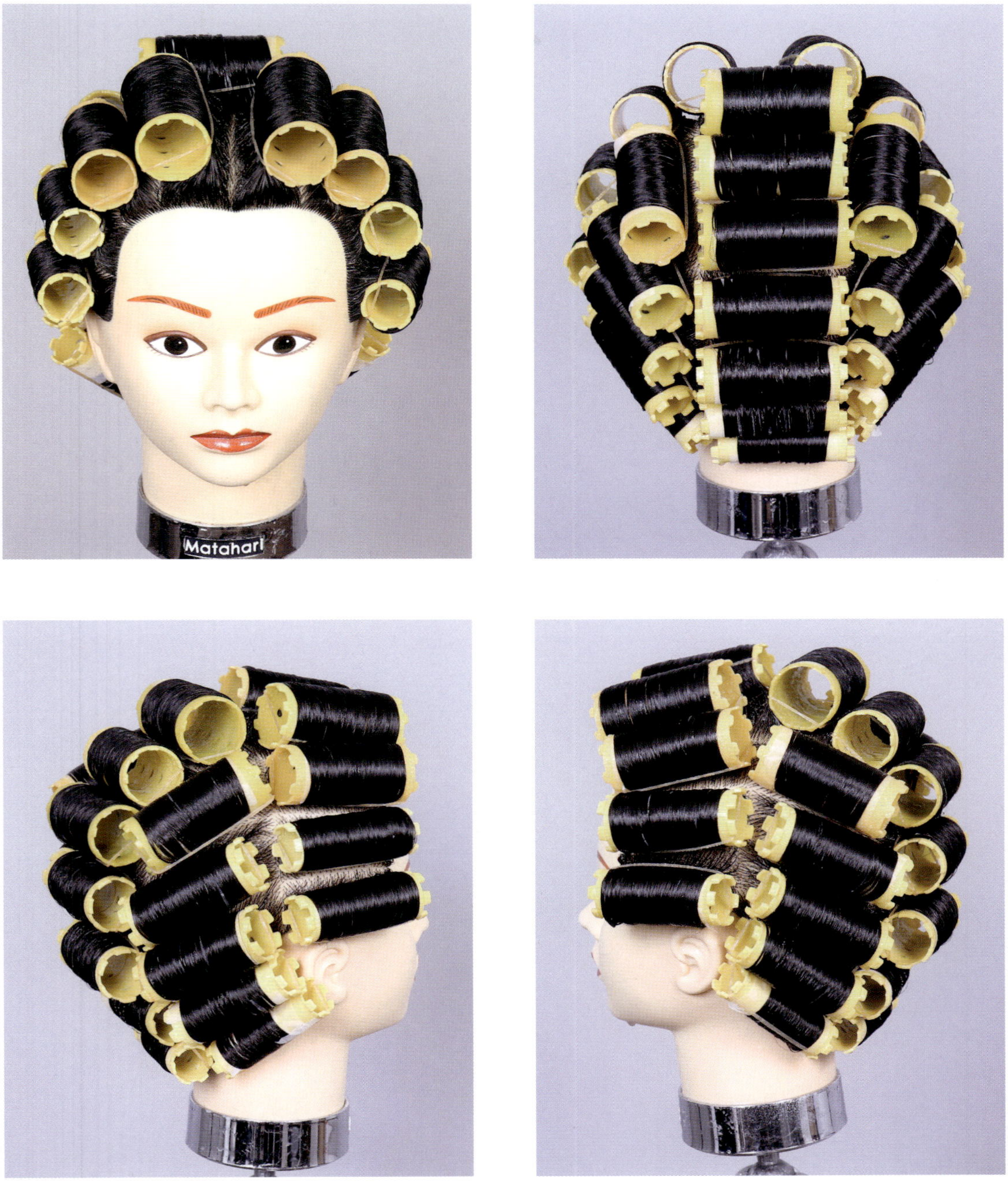

[그림 9-16] 완성사진

17. 롤 스트레이트 와인딩(Roll straight winding)

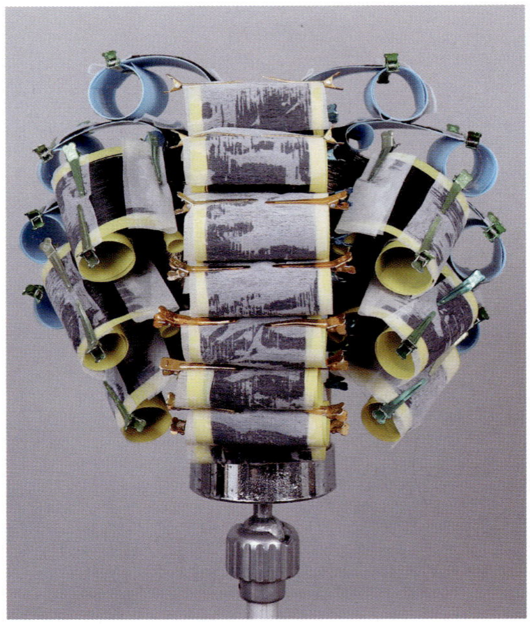

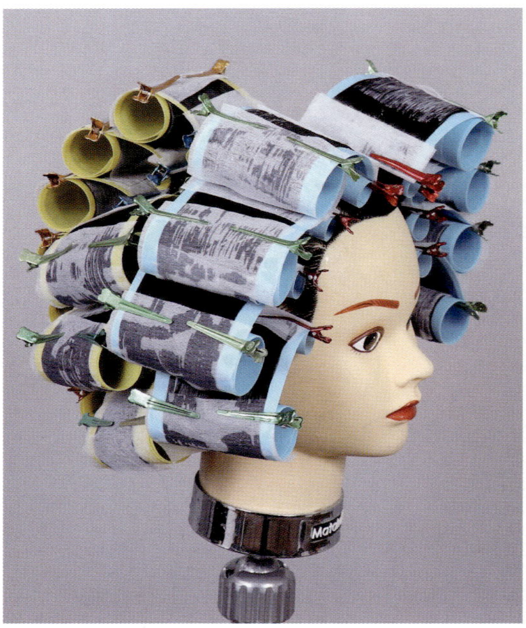

1) 브로킹

1~4. 브로킹 모습

2) 시술과정

5. 모발에 스트레이트 펌제를 도포한다.

6. 스트레이트 판을 모발 아랫쪽에 대고 빗질을 한 후 붙여준다.

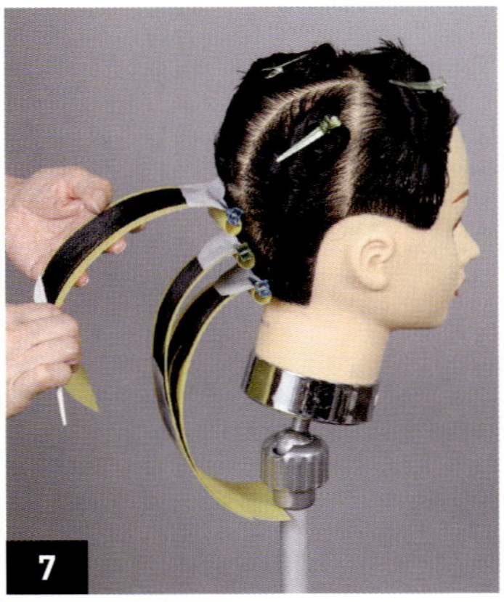

7. 판넬을 두상의 90° 각을 들어 빗질한 후 판넬 위에 얹고 가지런히 빗질한다.

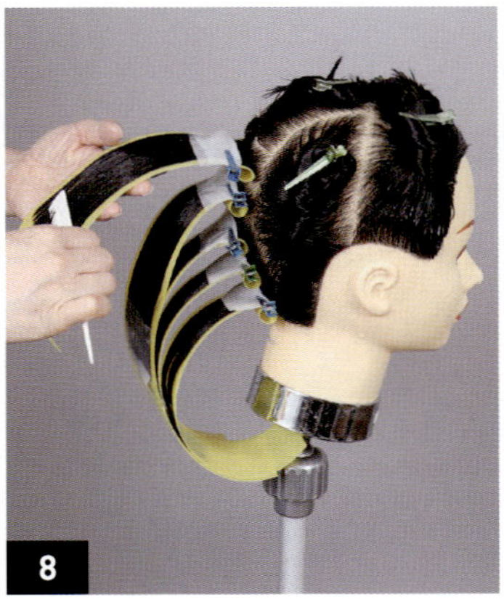

8. 두피면과 스트레이트 판이 닿는 곳에 자국이 남지 않도록 파지를 대고 핀셋으로 고정하여 흘러내리지 않도록 한다.

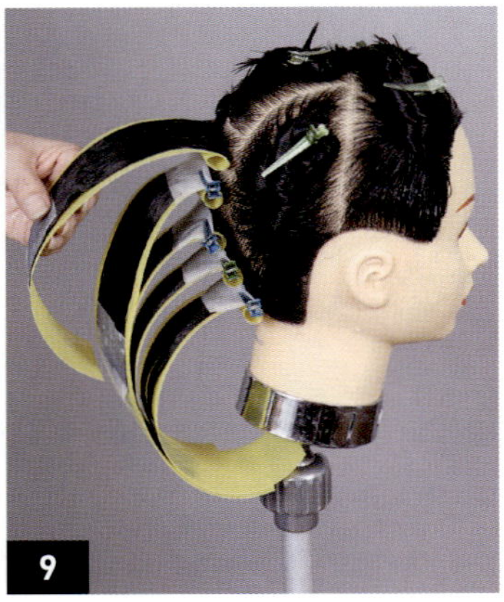

9. 모발 끝 부분에 파지를 대어 모발이 판넬에 잘 부착되도록 한다.

10. 센터가 끝나고 오른쪽 백 사이드의 모발을 두상에서 90° 빗질 후 스트레이트 판을 대어준다.

11. 판넬의 각도를 두상에서 90° 들어 빗질해준다.

12. 왼쪽 백 사이드도 두상에서 90° 들어 판넬을 모발 아래에 대어준다.

13. 두상각도 90°에서 빗질을 해주고 동일한 방법으로 진행한다.

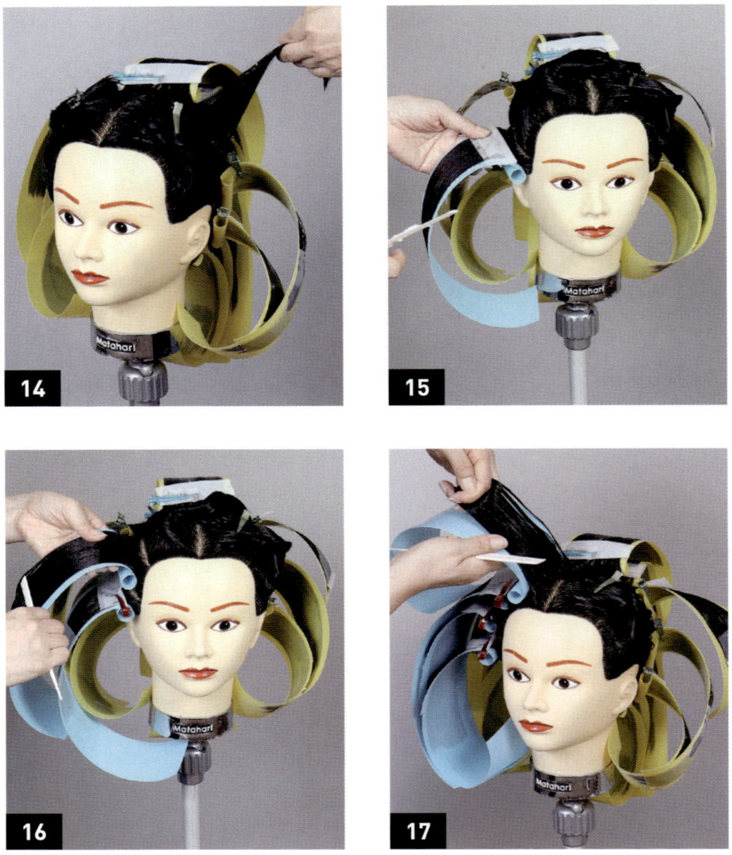

14~17. 오른쪽 사이드도 판넬을 90° 대어주고 모발이 잘 펴지도록 빗질을 곱게 해준다.

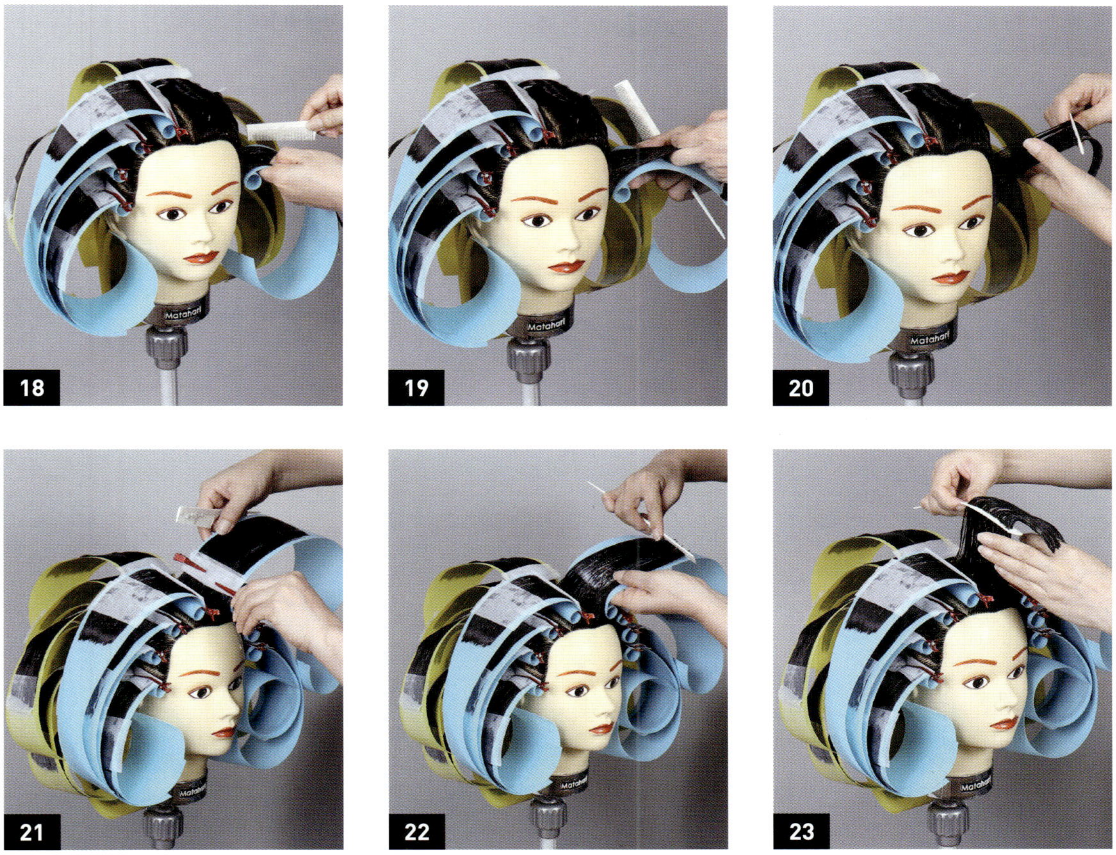

18~23. 왼쪽 사이드도 동일한 방법으로 진행한다.

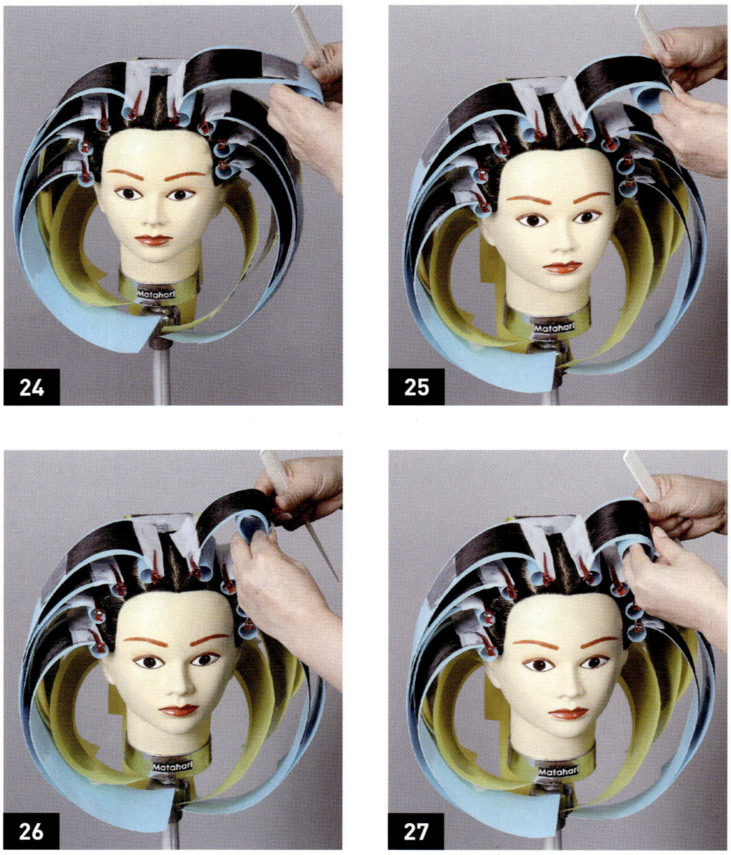

24~27. 스트레이트가 끝난 모발의 끝 부분을 둥글게 말아준 후 페이퍼를 대고 핀셋으로 고정해준다.

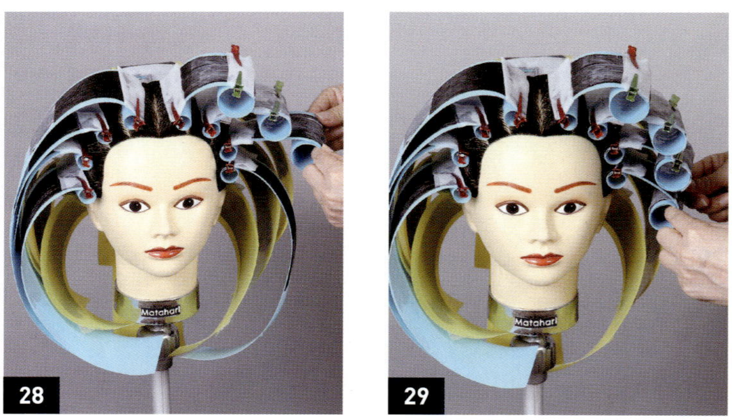

28~29. 모발 끝 부분이 원하는 롤의 크기만큼 정하여 핀셋으로 고정한다.

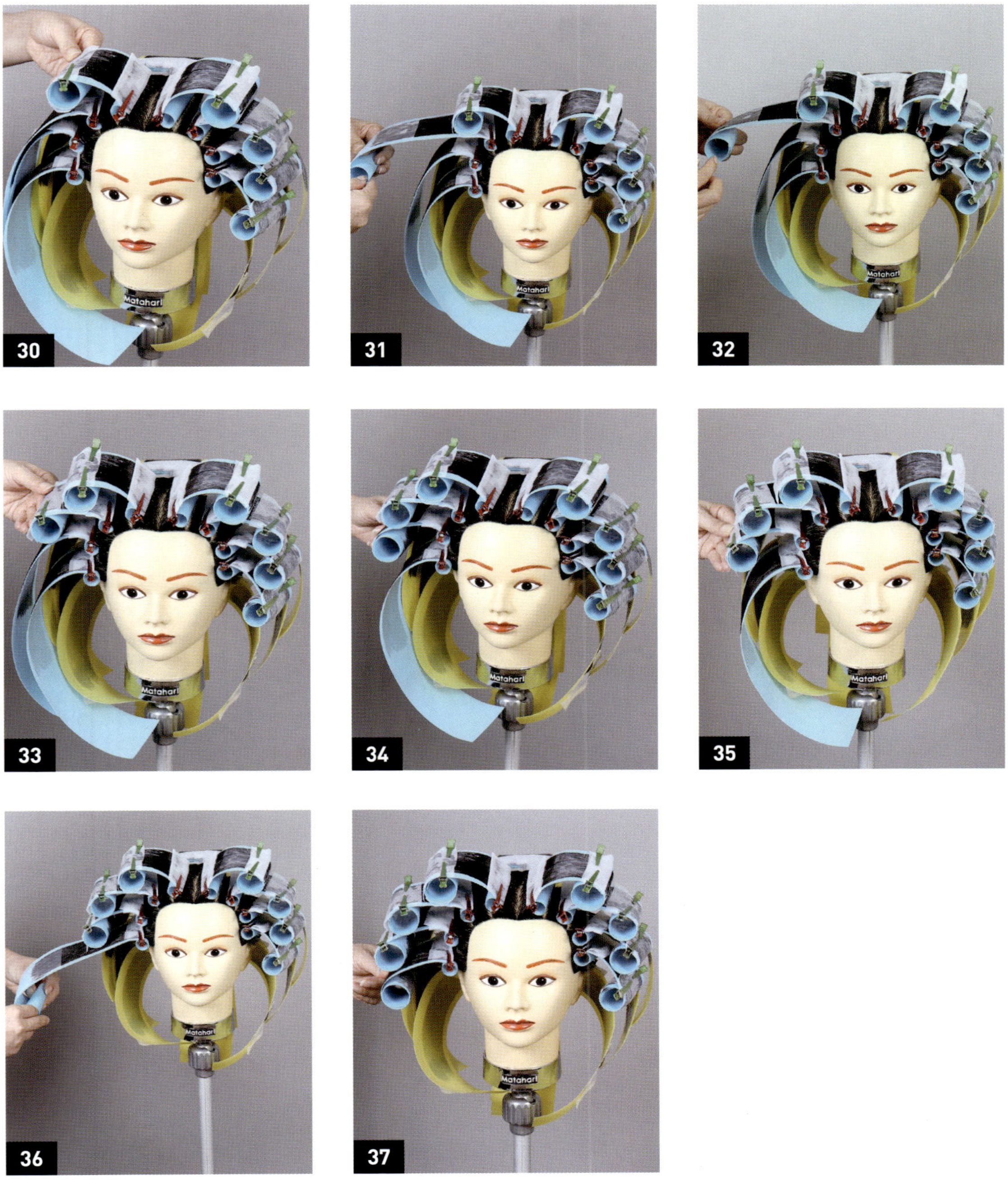

30~37. 오른쪽은 왼쪽의 롤의 크기에 맞추어 동일하게 진행한다.

38. 양 사이드가 롤 스트레이트 된 상태

39~40. 왼쪽 백 사이드는 사이드의 롤의 크기와 동일하게 진행한다.

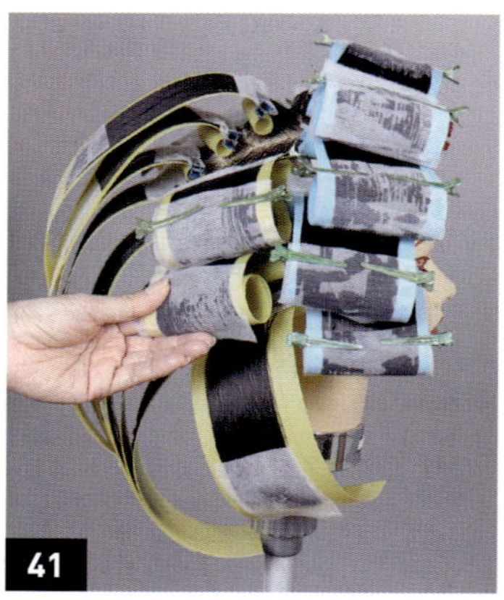

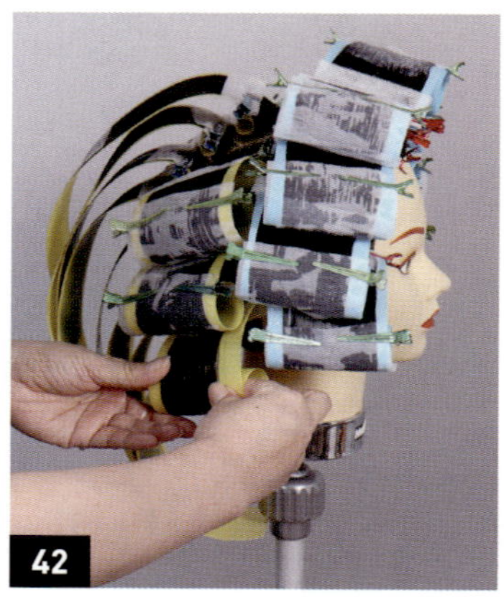

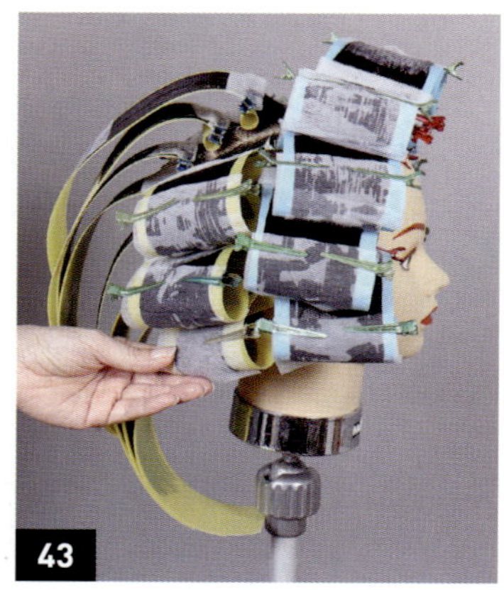

41~43. 오른쪽 백 사이드도 사이드의 롤의 크기와 동일하게 진행한다.

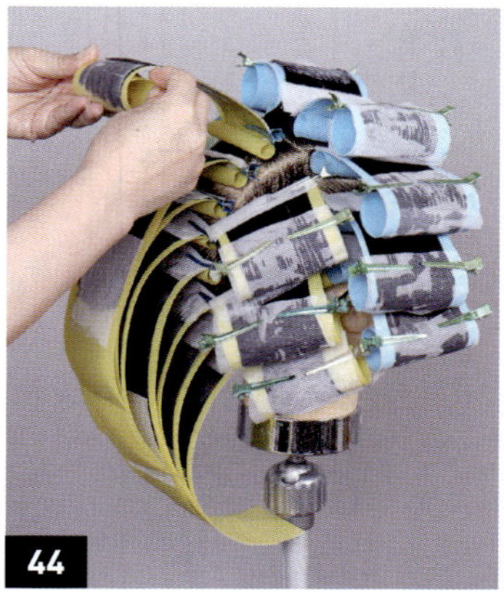

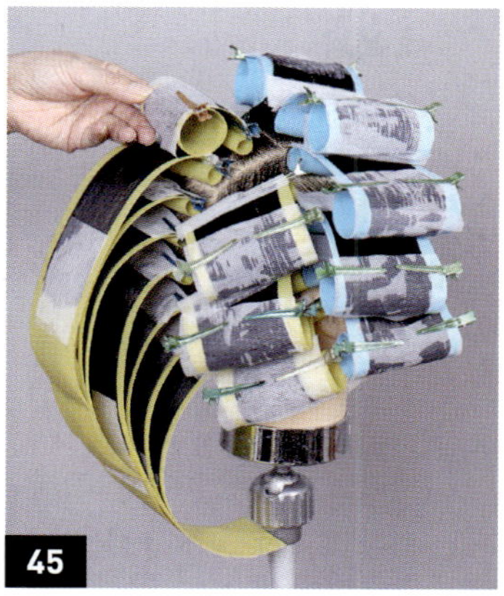

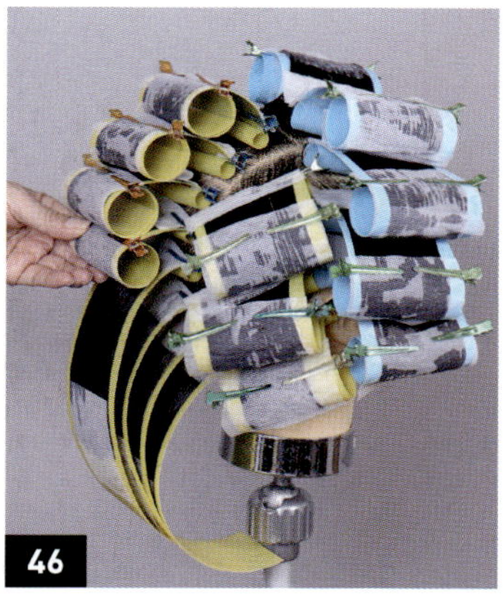

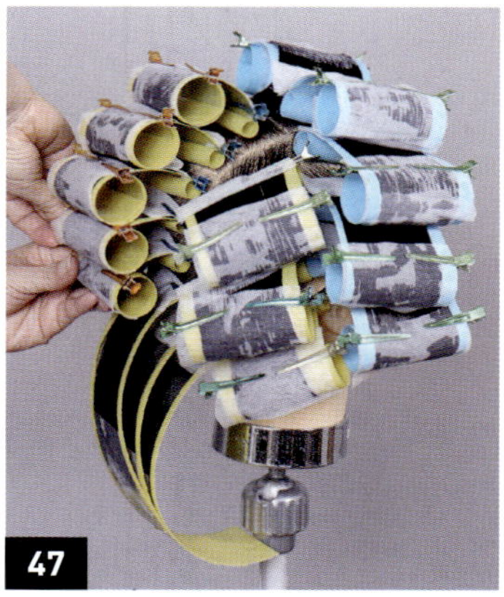

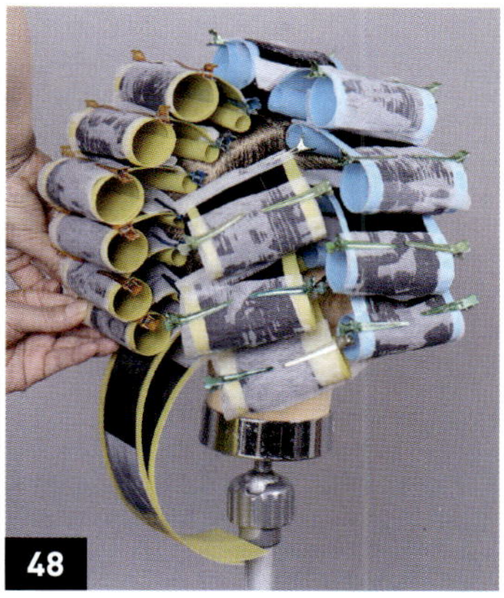

44~48. 백 부분도 롤의 형태와 크기를 조절하여 모발의 끝 부분을 둥글게 말아준 후 페이퍼를 대고 양쪽에 핀셋으로 고정해준다.

49. 스트레이트 펌제에 파지가 잘 부착되도록 수분을 공급해준다.

3) 완성사진

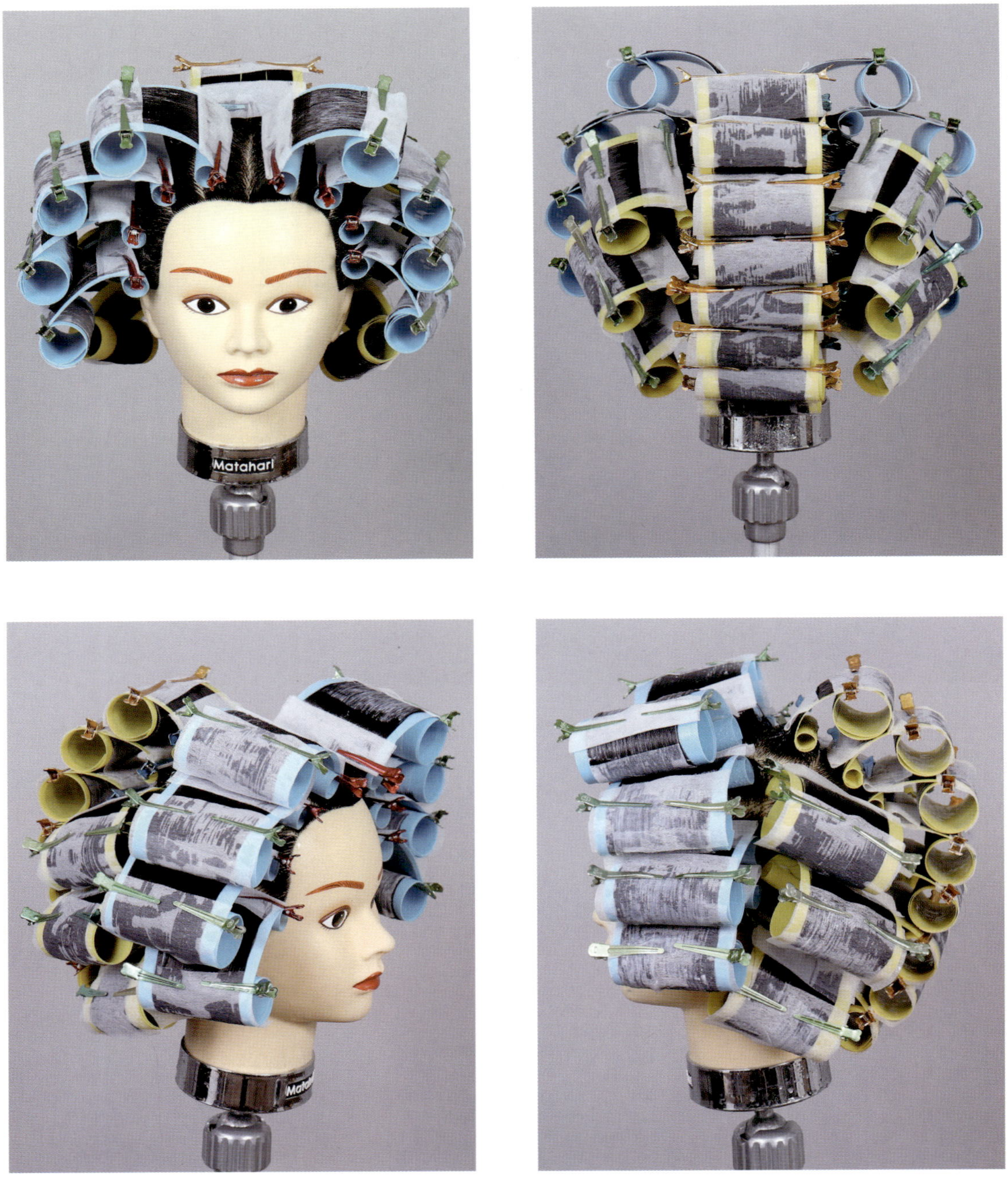

[그림 9-17] 완성사진

18. 판넬 스트레이트 와인딩(Panel straight winding)

1) 브로킹

1~4. 브로킹 모습

2) 시술과정

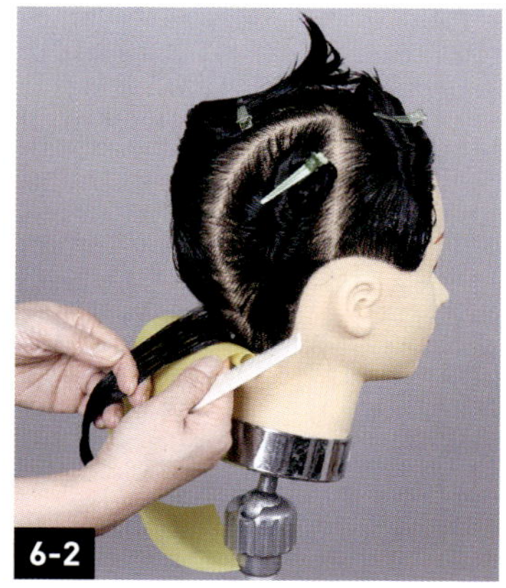

5. 모발에 스트레이트 펌제를 도포 한다.

6. 스트레이트 판을 모발 아랫쪽에 대고 빗질을 한 후 붙여준다.

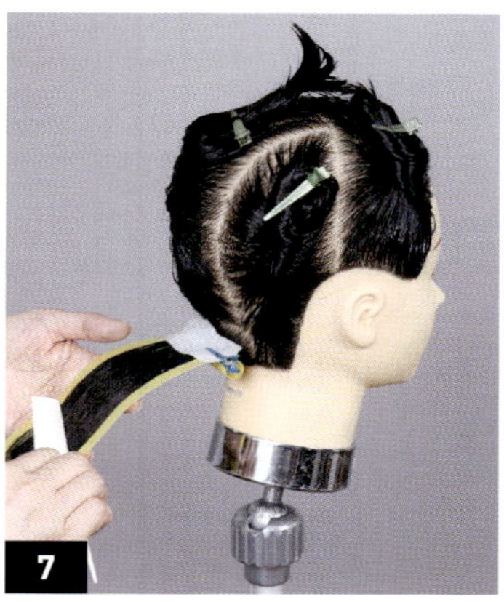

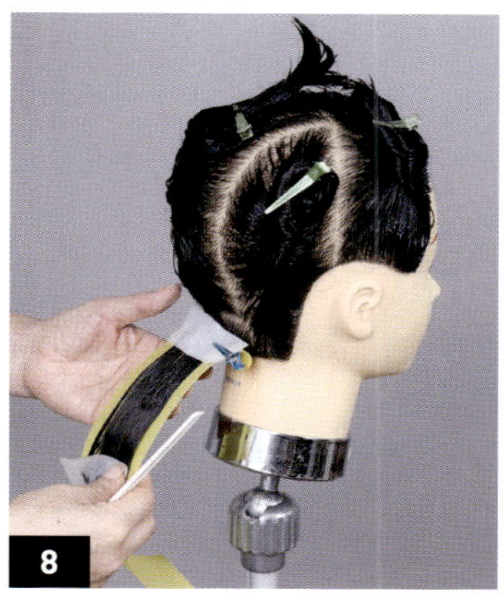

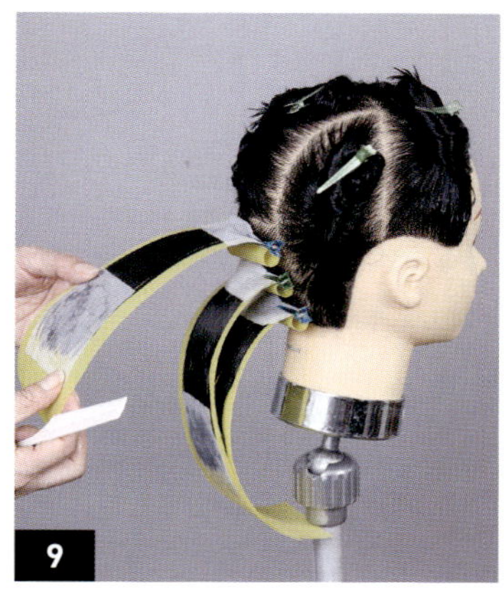

7. 판넬을 두상의 90° 각을 들어 빗질한 후 판넬 위에 얹고 가지런히 빗질한다.

8. 두피면과 스트레이트 판이 닿는 곳에 자국이 남지 않도록 파지를 대고 핀셋으로 고정하여 흘러내리지 않도록 한다.

9. 모발끝 부분에 파지를 대어 모발이 판넬에 잘 부착되도록 한다.

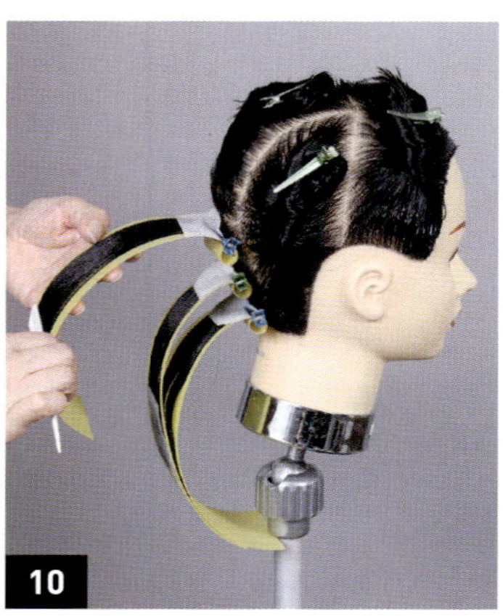

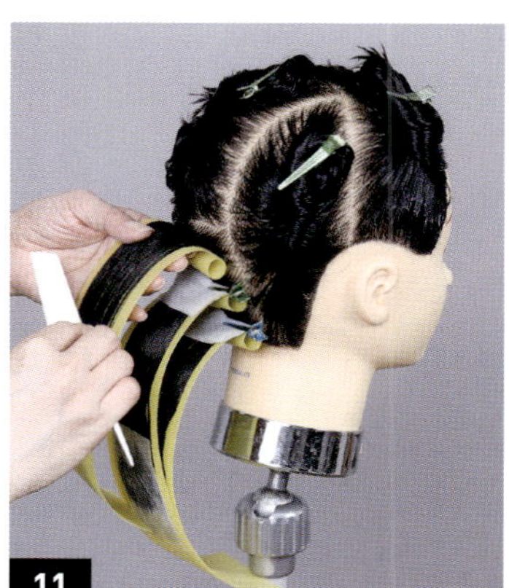

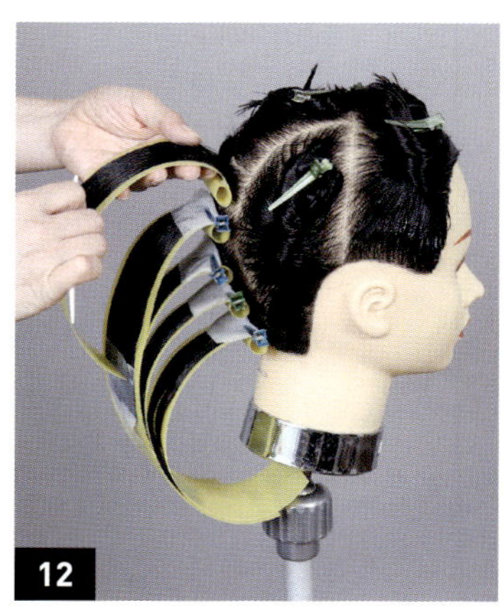

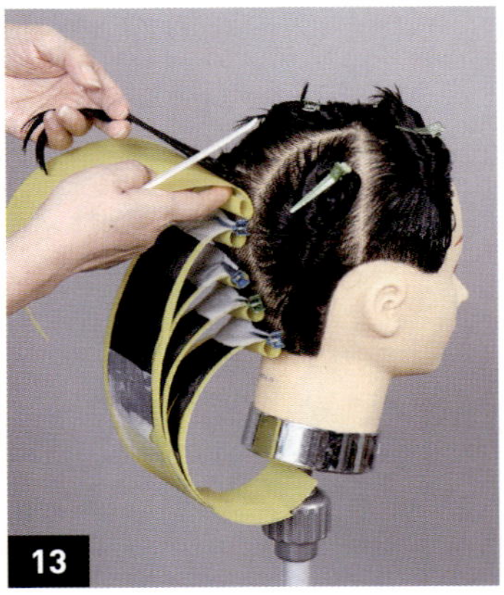

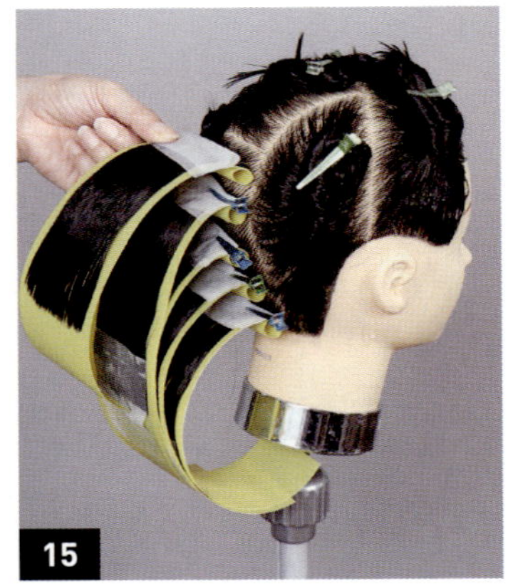

10~18. 두상의 둥근곡선에 따라 90° 각을 들어서 동일한 방법으로 스트레이트 한다.

19. 백의 스트레이트가 끝난 상태

20~28. 센터가 끝나고 오른쪽 백 사이드의 모발을 두상에서 90° 빗질 후 스트레이트 판을 대어준다.

29~31. 왼쪽 백 사이드도 판넬의 각도를 두상에서 90° 들어 빗질해준다.

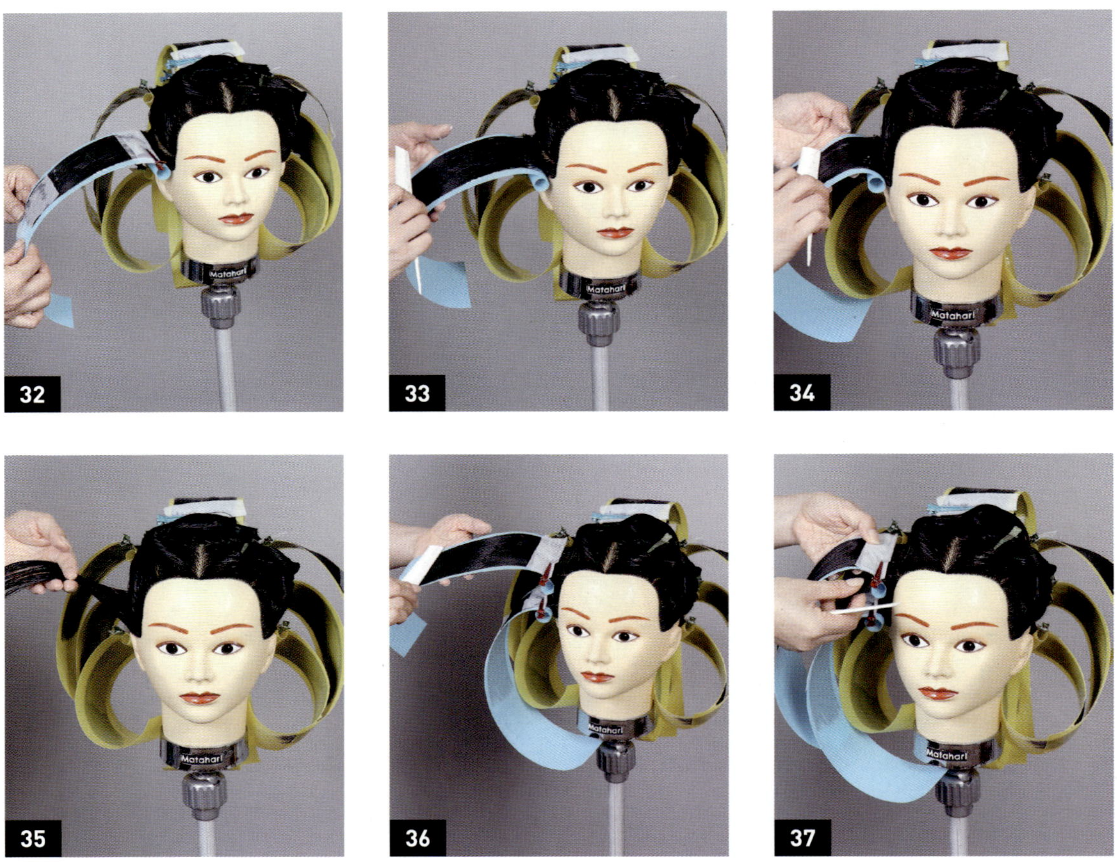

38

39

40

41

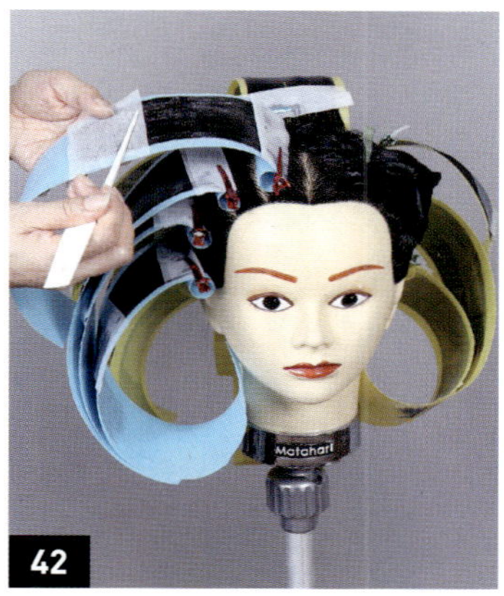

42

32~42. 오른쪽 사이드도 두상에서 90° 들어 판넬을 모발 아래에 대어준다. 두상의 곡면을 따라 볼륨을 조절하고 모발의 빗질과 텐션을 조절하여 준다.

43

44

45

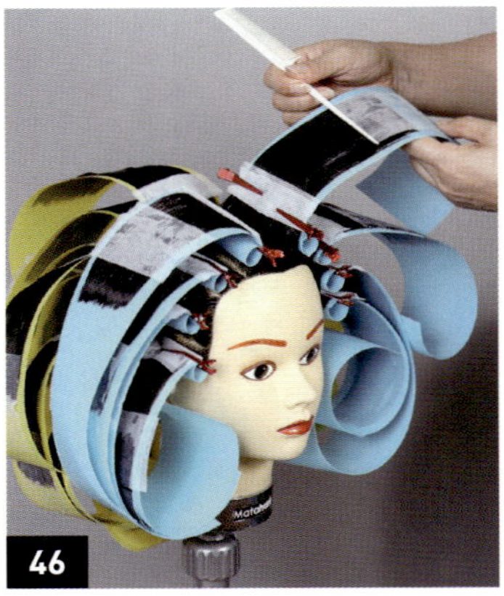

46

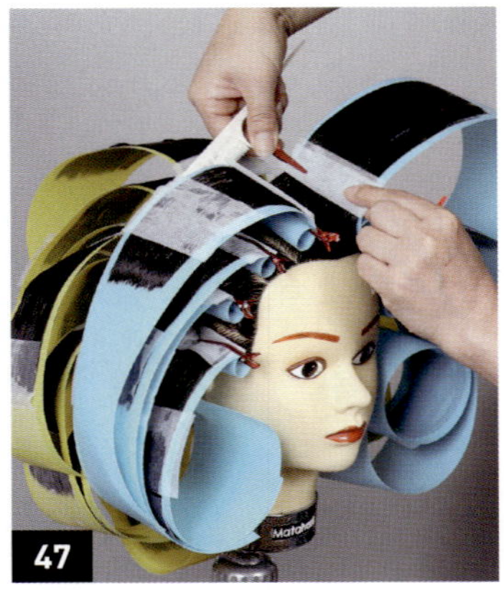

47

48

49

50

51

52

43~52. 왼쪽 사이드도 판넬을 90° 대어주고 모발이 잘 펴지도록 빗질을 곱게 해준다.

3) 완성사진

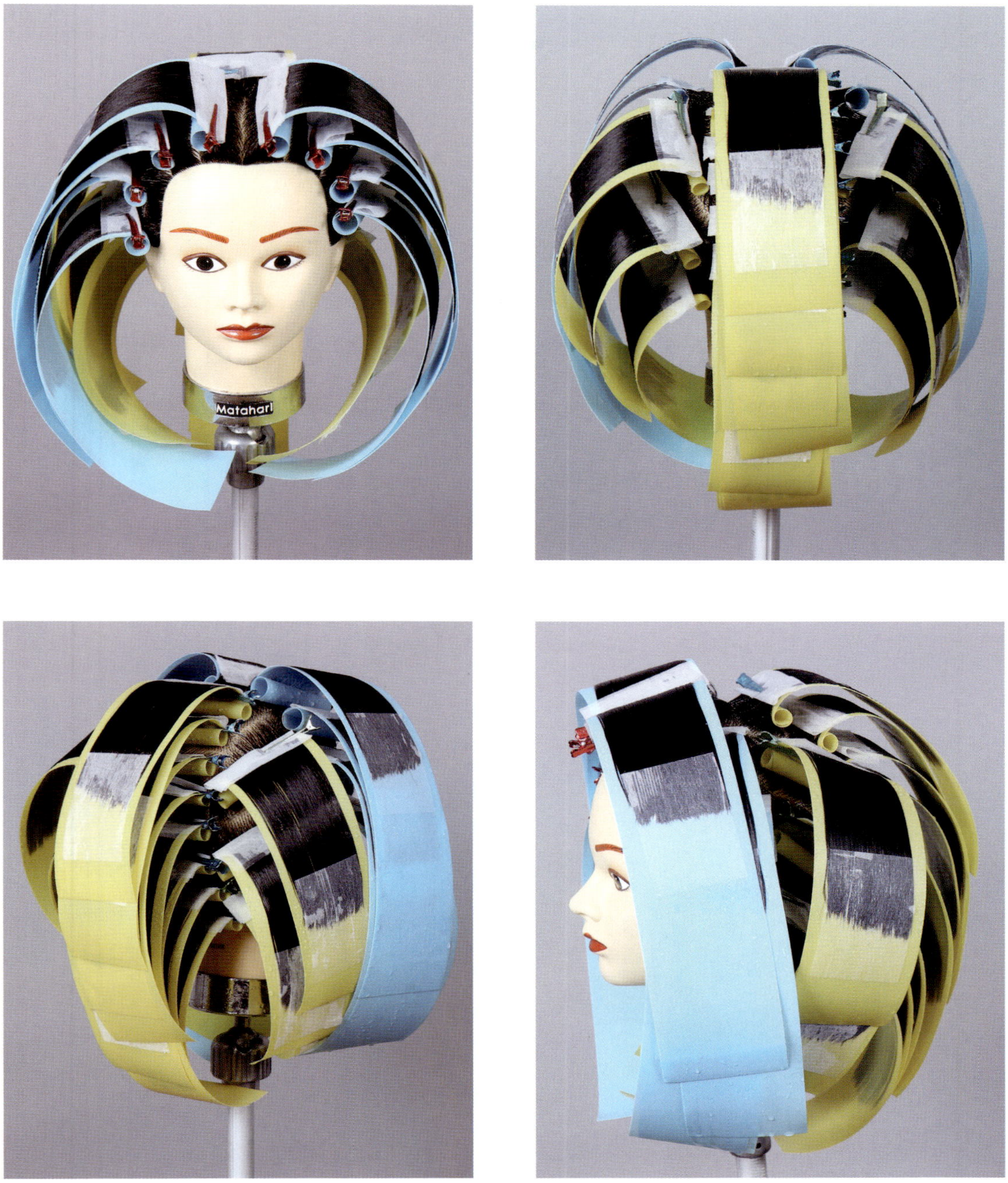

[그림 9-18] 완성사진

Chapter 10

히팅 퍼머넌트

1. 매직 스트레이트(Magic Straight)
2. 볼륨 매직 스트레이트(Volume Magic Straight)
3. 세팅 퍼머넌트 웨이브(Setting permanent wave)
4. 디지털 퍼머넌트 웨이브(Digital permanent wave)
5. 아이롱 퍼머넌트 웨이브(Iron permanent wave)

히팅 퍼머넌트

1. 매직 스트레이트
(Magic Straight)

2. 볼륨 매직 스트레이트
(Volume Magic Straight)

3. 세팅 퍼머넌트 웨이브
(Setting permanent wave)

4. 디지털 퍼머넌트 웨이브
(Digital permanent wave)

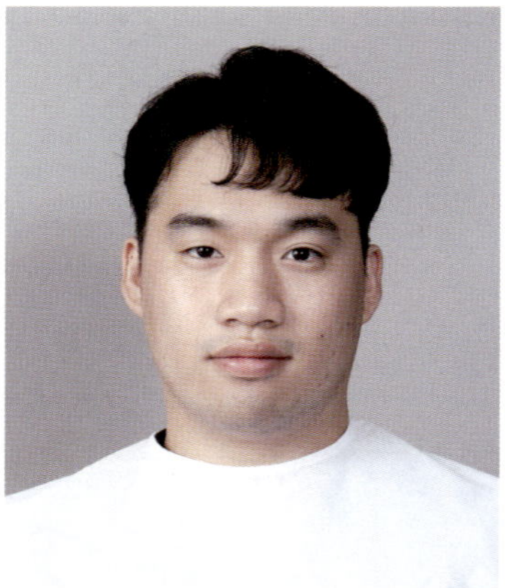

5. 아이롱 퍼머넌트 웨이브
(Iron permanent wave)

1. 매직 스트레이트(Magic Straight)

1) 브로킹

1~4. 브로킹 모습

2) 시술과정

5. 백 센터 네이프 부분의 모발을 두상 90° 각도를 들어 판 아이롱에 아래쪽 판넬에 모발을 얹는다.

6~7. 꼬리빗으로 먼저 모발을 빗질해 주면서 판 아이롱으로 지그시 누르면서 모발 끝쪽 부분까지 인 커브가 되도록 프레스해준다.

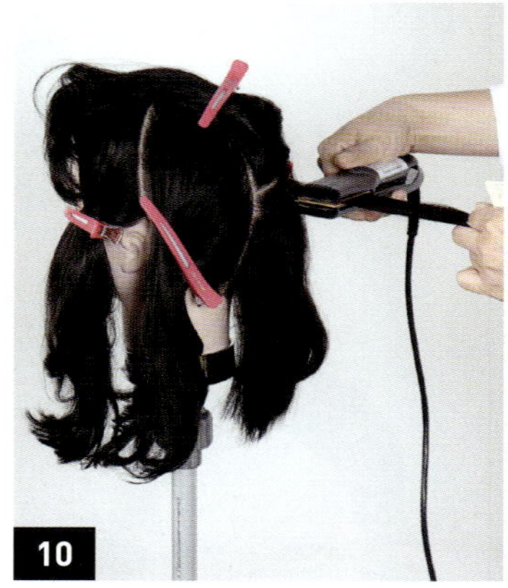

8~9. 다음 판넬도 동일하게 두상 90° 각도를 들어 판 아이롱으로 프레스 해준다.

10. 백 부분의 90°에 맞게 판 아이롱으로 다림질 하듯이 인커브 프레스한다.

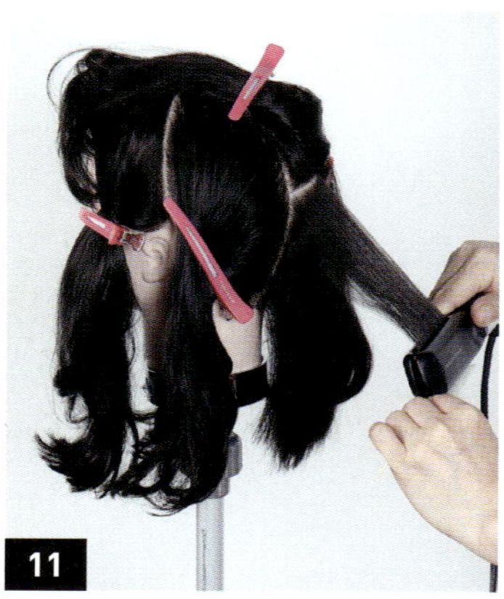

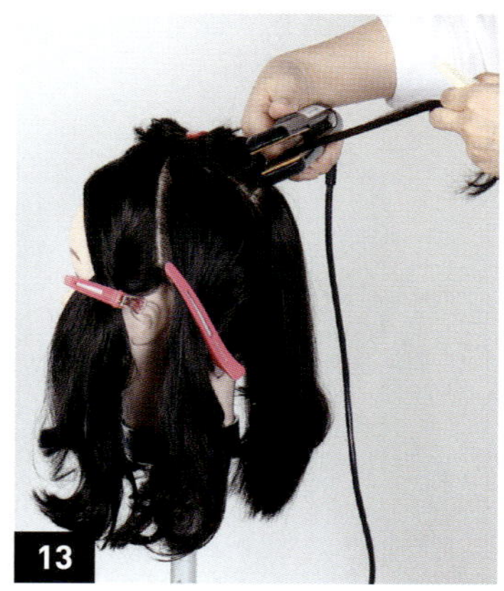

11~12. 뿌리 부분은 두상 각도를 사용하고 모발의 끝 부분은 각도를 다운 시키면서 판 아이롱으로 프레스한다.

13. 골덴 포인트 위치에서 90° 각을 유지하면서 프레스를 해준다.

14~15. 모발 끝 부분은 다운시켜 가면서 꼬리빗으로 모발을 정돈하면서 아웃 커브가 되지 않도록 인커브로 프레스한다.

16. 판 아이롱을 빼기 전에 모발을 꼬리빗으로 대어주어 텐션을 유지해준다.

17

18

19

20

21

17~20. 탑 부분도 90° 각도를 유지하며 프레스해준다.

21. 백 센터가 프레스된 상태이다.

22

23

24

22~23. 오른쪽 백 사이드를 프레스할 때는 중심에 있는 모발 1cm 정도 합류하여 자국이 없도록 한다.

24. 모발 끝까지 꼬리빗으로 빗질하여 약간 인 커브 프레스해준다.

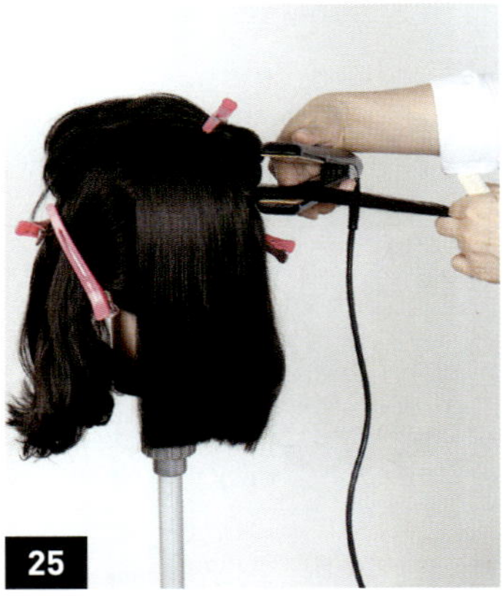
25

26

27

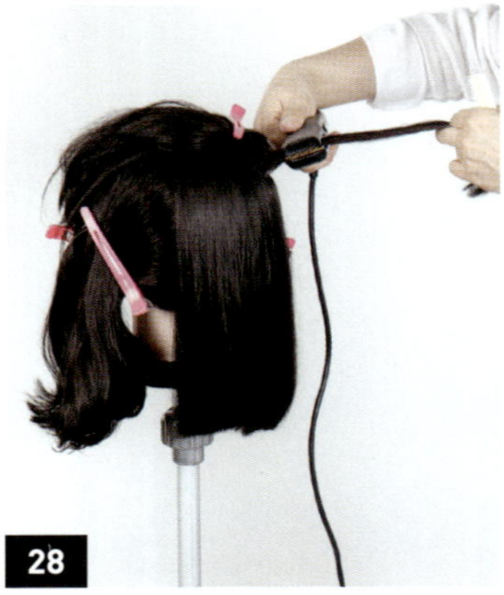
28

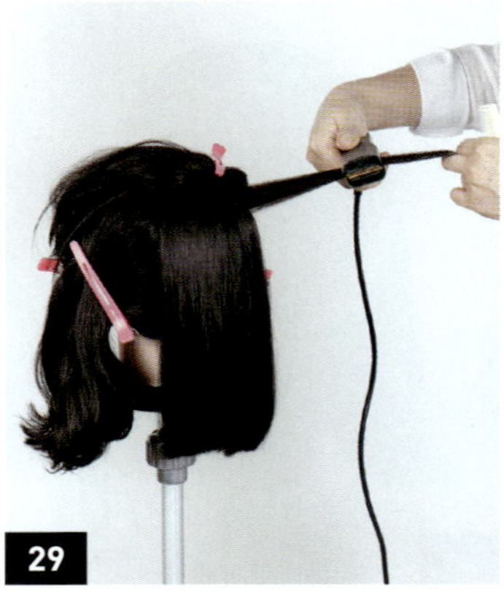
29

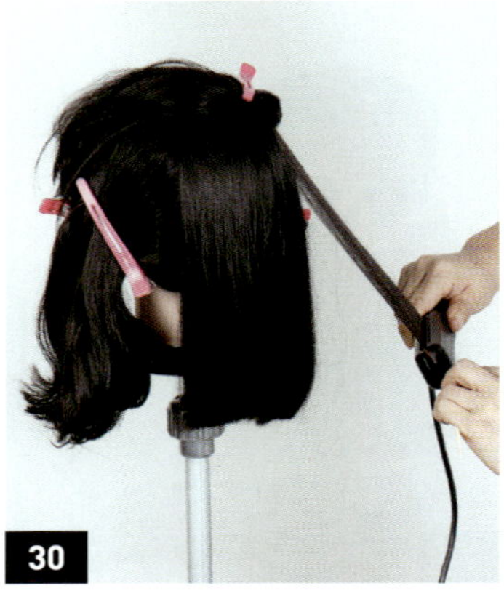
30

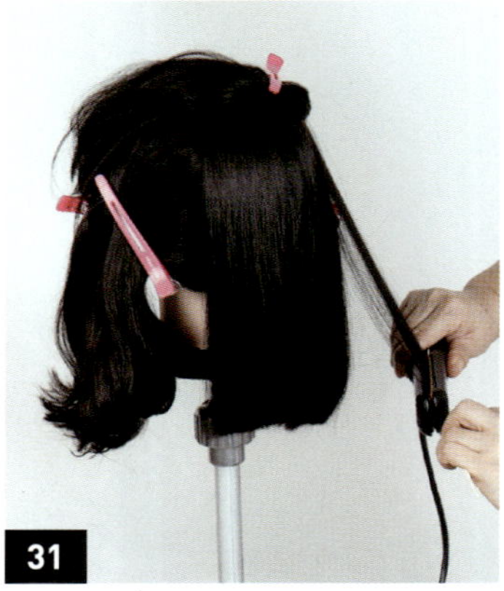
31

32

25~31. 백 사이드의 모발이 두상에서 90° 각도를 들어 동일한 방법으로 프레스한다.

32. 오른쪽 백 사이드가 프레스된 상태이다.

33~42. 왼쪽 백 사이드도 센터 모발의 1cm 합류하여 자국이 없도록 하며 두상각도 90°를 들어서 뿌리부분에 볼륨을 넣어주고 모발 길이부분에는 다운시켜가면서 모발 끝까지 동일한 방법으로 프레스한다.

43. 오른쪽 백 사이드가 프레스된 상태이다.

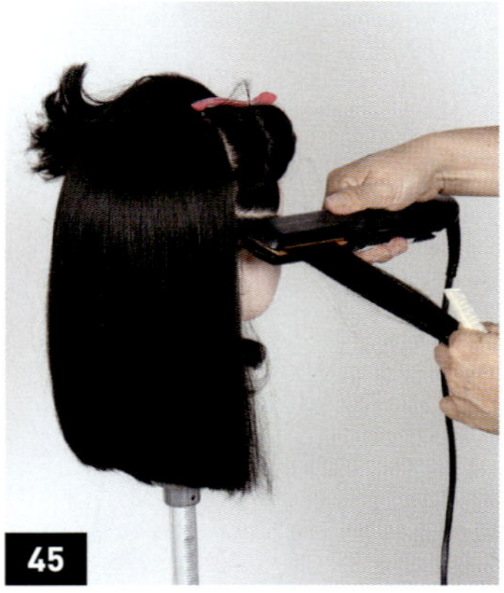

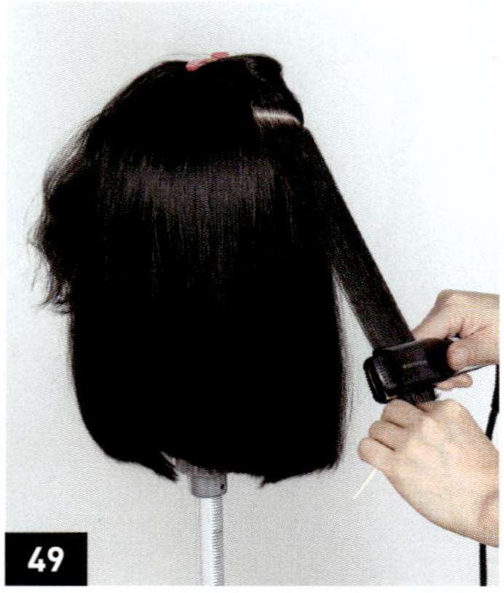

50

51

52

53

44~53. 오른쪽 사이드는 백 사이드 모발 1cm 정도 합류하여 프레스해주어 자국이 없도록 한다.

54

54. 오른쪽 사이드가 프레스 된 상태이다.

55

56

57

58

59

60

61

55~61. 왼쪽 사이드도 백 사이드 모발 1cm 합류하여 프레스 해주며, 뿌리 부분을 두상각도 90° 정도 들어 프레스한 다음 모발의 끝 부분이 아웃커브되지 않도록 자연스럽게 인커브로 프레스해준다.

3) 완성사진

[그림 10-1] 완성사진

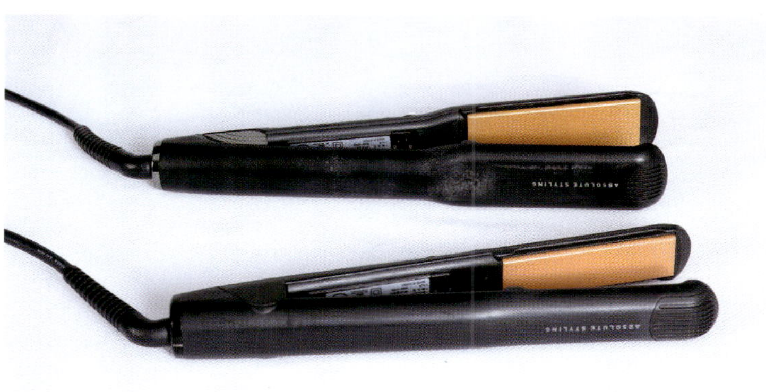

[그림 10-2] 매직

2. 볼륨 매직 스트레이트(Volume Magic Straight)

1) 시술과정

1. 시술 전 약제가 고루 도포될 수 있도록 샴푸를 하거나 물을 충분히 분무한다.

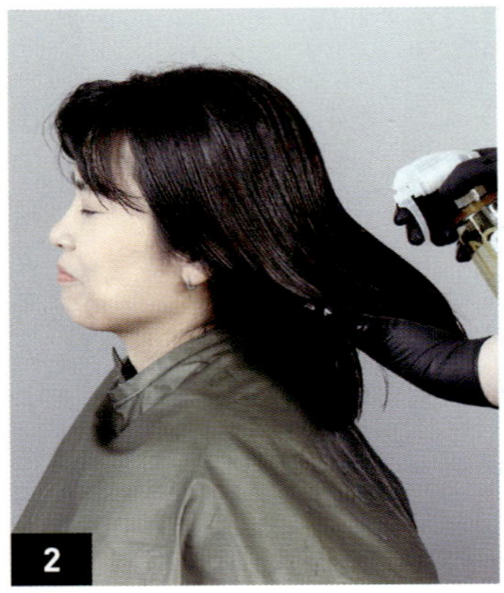

2. 모발의 과도한 손상을 방지하기 위해 PPT를 도포한다. 이때 시술자의 모발이 발수성모이고 최근 시술이력이 없는 상태이기 때문에 연화속도를 늦출 수 있는 LPP는 도포하지 않았다.

3. 약제 도포를 위해 정중선, 측중선으로 4 브로킹을 나누어준다.

4. 약제 혼합 전 모발의 상태를 파악하고 모발에 맞는 약제를 혼합한다.

5. 모발의 길이가 짧고 시술이력이 없으므로 모발 전체에 퍼머 1제를 도포한다.

6. 도포 각도 : 약제를 도포할 때는 약제가 위 아래 같은 위치에 도포될 수 있도록 두상각도 90°를 유지하여 도포한다.

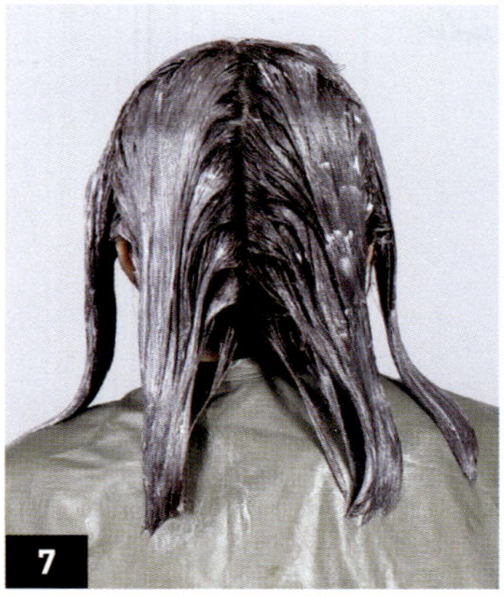

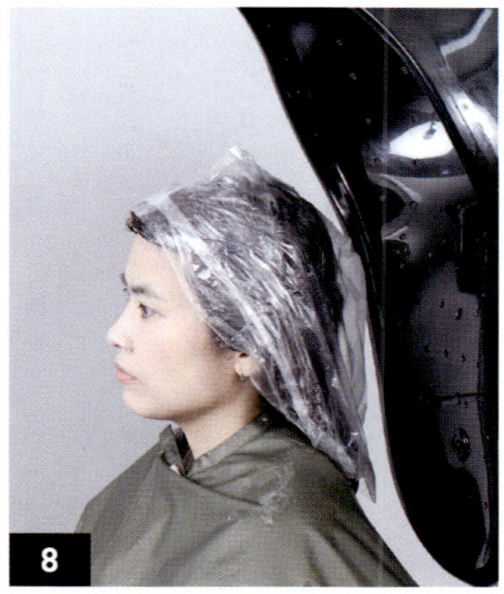

7. 1제가 도포된 모습

8. 열이 고루 분산될 수 있도록 비닐캡을 씌워주고 모발의 상태에 맞게 열처리한다(건강모 10분 손상모 5분 극손상모 자연방치).

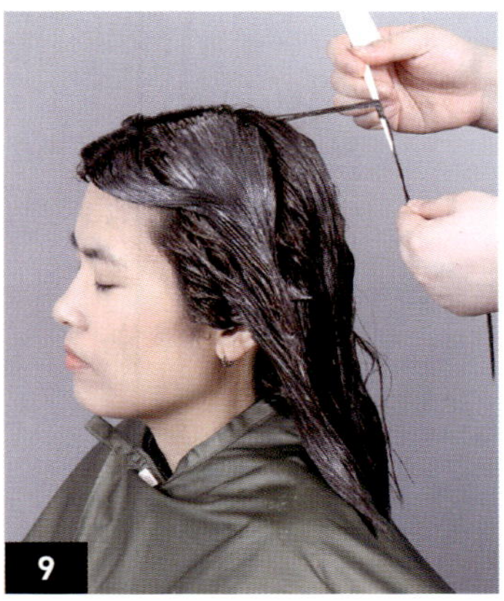

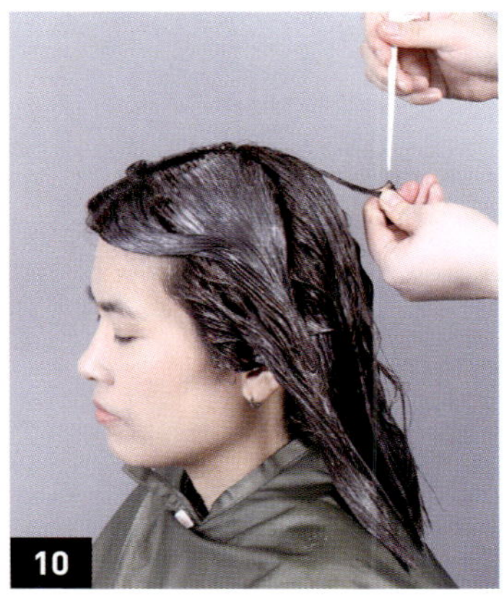

9~10. 모발이 연화가 되었음을 확인하기 위하여 꼬리빗에 모발을 감아 잡는다.

11. 일정시간이 지난 후(약 15초) 테스트 컬이 나왔는지 확인한다.

12. 모발을 헹구기 전 산도를 낮추기 위해 pH 밸런스를 도포한다.

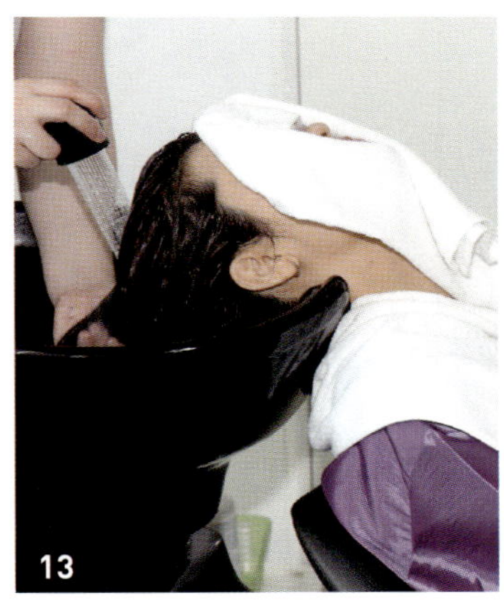

13. 1제가 깨끗하게 씻길 수 있도록 미온수로 충분히 헹구어준다.

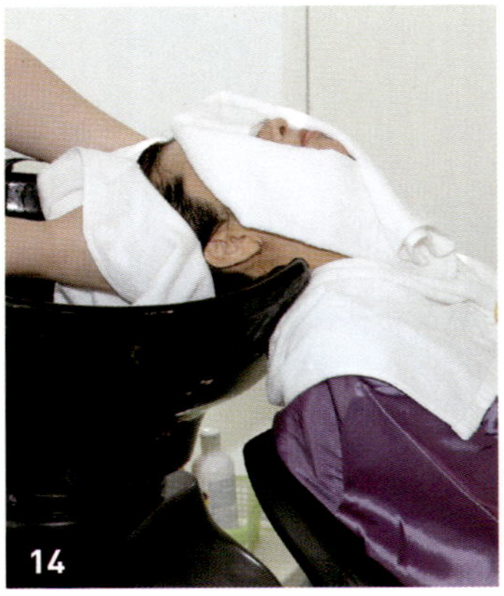

14. 중간처리제가 모발에 잘 침투될 수 있도록 모발에 있는 수분을 수건으로 충분히 제거한다.

15. 1제에 의해 손상되어 있는 모발을 위해 중간처리제를 도포한다.

16. 와인딩할 때 모발이 너무 많이 건조되어 있으면 손상이 있을 수 있기 때문에 적당량의 수분을 남기고 수건으로 건조한다.

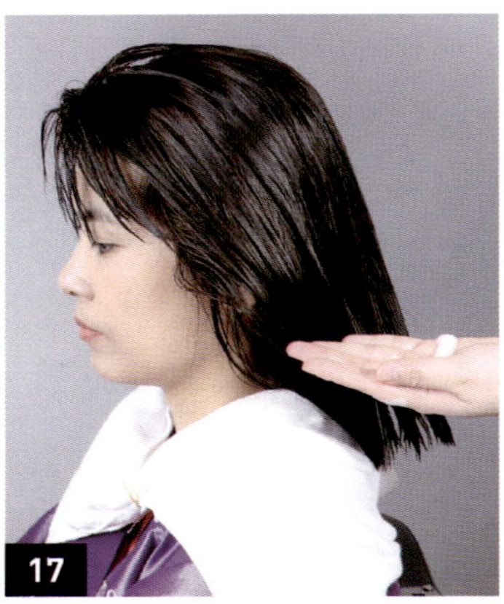

17. 모발의 수분을 유지시키고 열에 의한 손상을 방지하기 위해 열보호제를 도포한다.

18. 드라이기로 말리기 : 아이롱 작업 시에 알맞은 수분량을 위해 냉풍 건조한다.

19. 아이롱을 준비한다.

20. 프레스 작업이 편하도록 브로킹한다.

21

22

23

24

21~24. 뿌리 부분을 작업할 수 있도록 왼손으로 모발단을 90° 각도로 잡고 뿌리 부분을 프레스해주고 아래 부분은 반드시 빗과 함께 작업할 수 있도록 한다. 원하는 볼륨 컬에 맞게 반원형 아이롱을 회전하여 작업한다.

25

26

27

28

29

25~29. 뿌리 부분이 균일하게 펴질 수 있도록 90° 각도를 유지하고 순서대로 진행하며 브로킹 나누었던 부분이 갈라지지 않도록 유의하여 작업한다.

30

31

32

33

34

35

30~35. 탑 부분도 마찬가지로 두상에서 90° 각도로 뿌리 부분을 프레스해주고 아래 부분은 빗질과 아이롱 회전으로 원하는 볼륨을 형성한다.

36

37

36~37. 앞머리도 원하는 볼륨 정도로 프레스 작업한다.

38

39

38~39. 볼륨 매직 스트레이트 작업이 완성된 모습

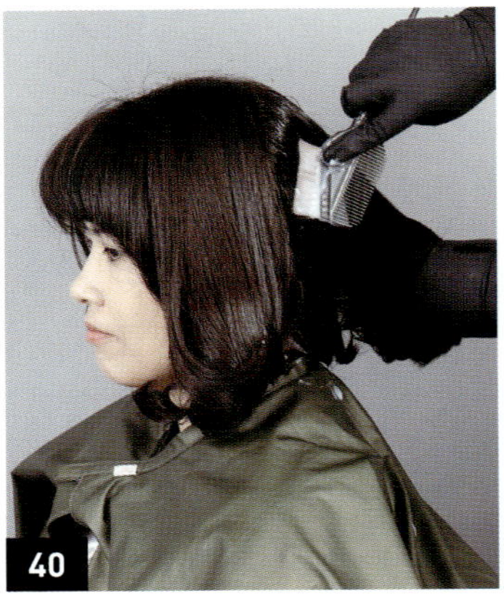

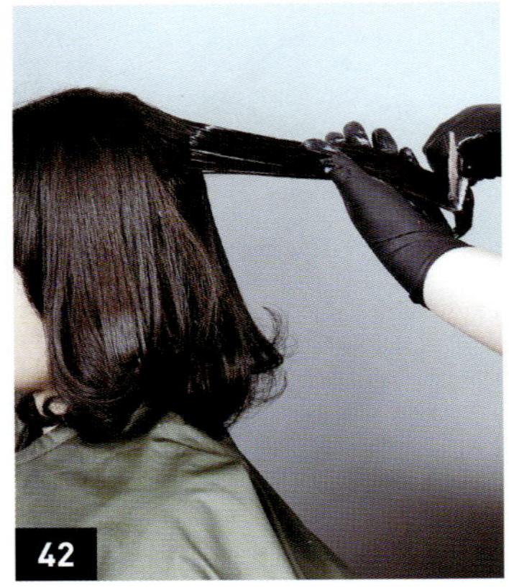

40~44. 부드러운 결을 위해 중화작업을 진행하는데 크림중화는 속도가 느릴 수 있으므로 보다 빠른 작업이 요구되며 모발 단 아래쪽에 볼륨이 형성되어 있는 부분은 필요에 따라 벨크로 롤이나 핀컬 작업을 할 수 있다. 방치시간은 2제가 과산화수소인 경우는 5~7분, 브롬산나트륨은 15~20분을 넘지 않도록 한다.

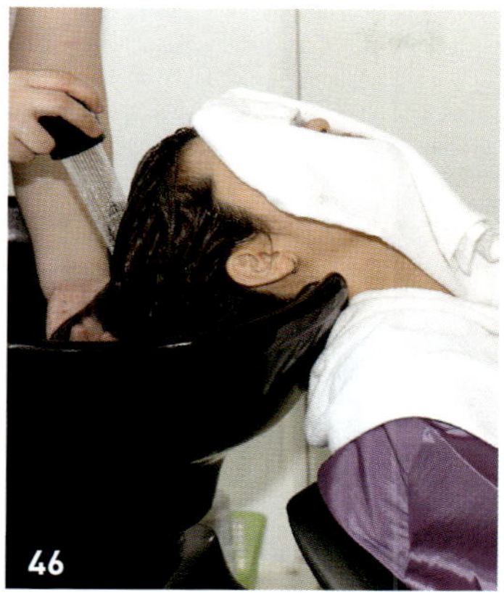

45. 2제를 도포한 모습이다.
46. 미온수로 충분히 헹구어준다.

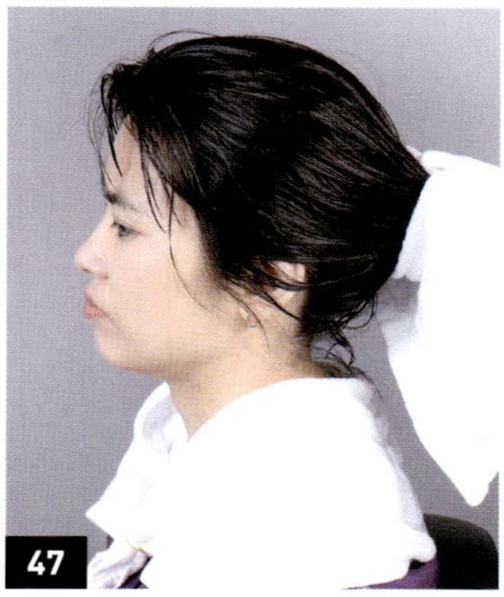

47. 수건으로 물기를 제거한다.
48. 드라이기 컬이 안쪽으로 향하게 말리기 위하여 고객이 머리를 숙인상태에서 앞쪽으로 향하게 드라이 바람을 쏘여준다.

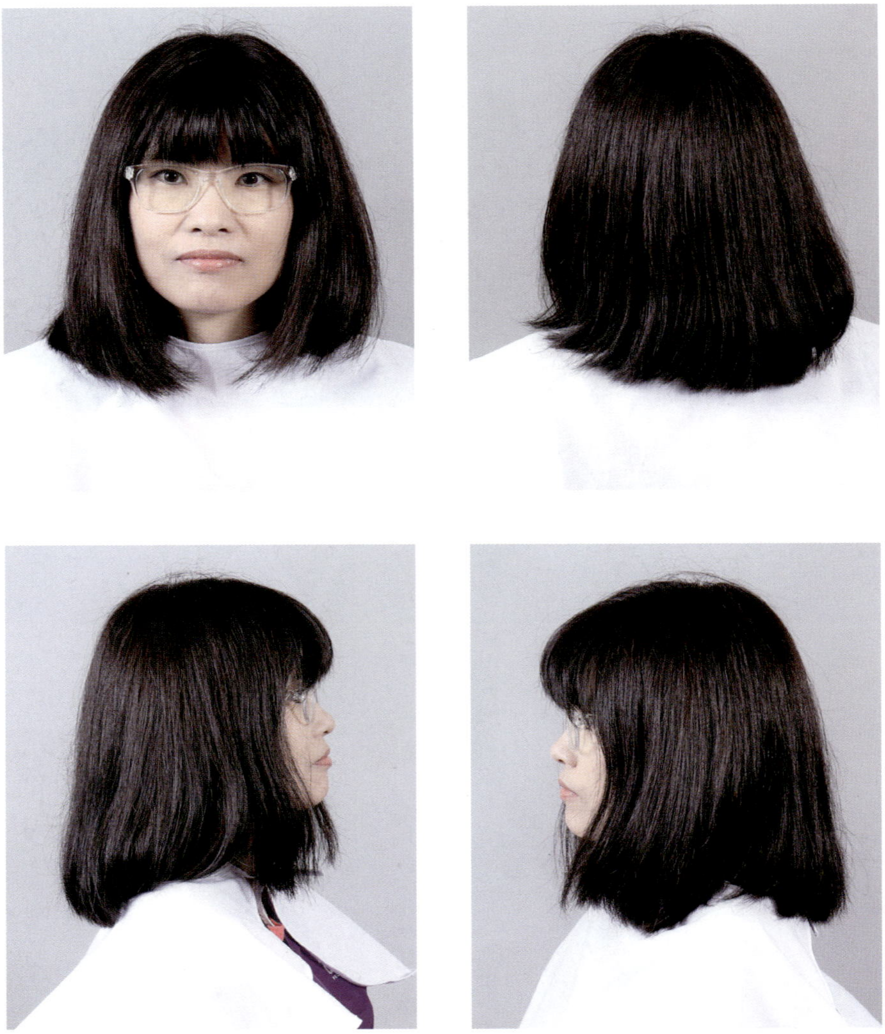

[그림 10-3] 시술 전

2) 완성사진

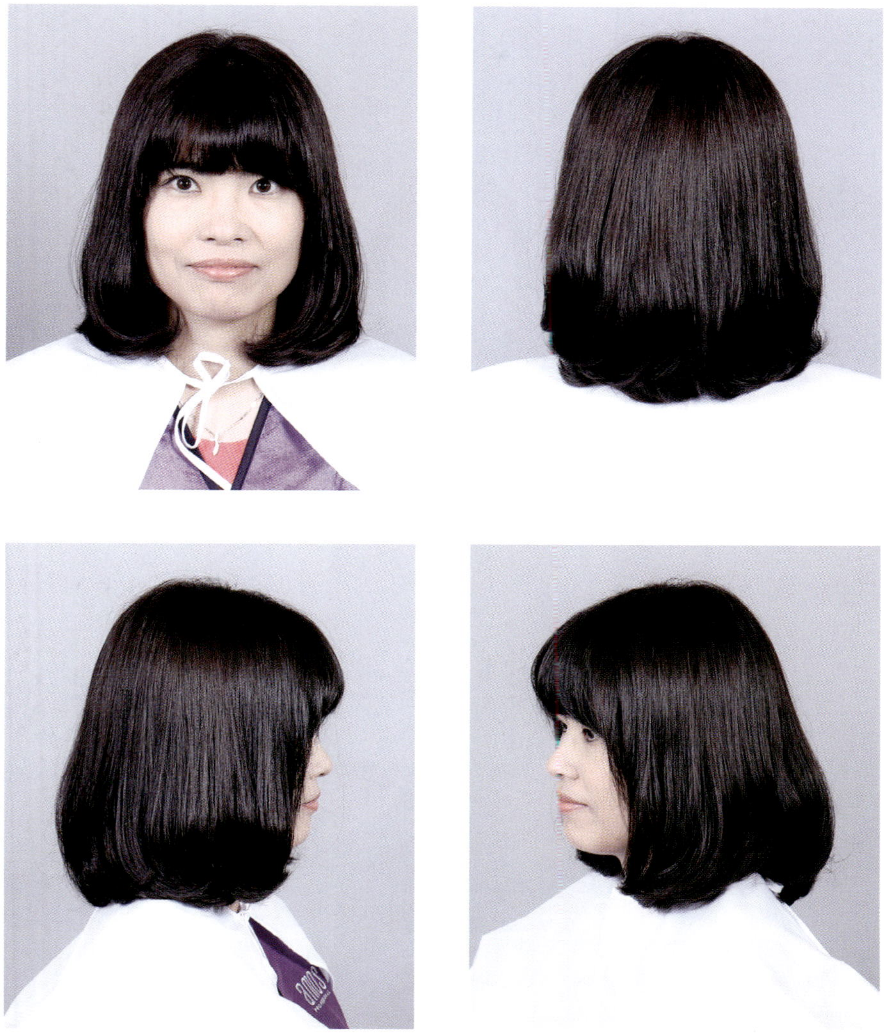

[그림 10-4] 시술 후

3. 세팅 퍼머넌트 웨이브(Setting permanent wave)

1) 시술과정

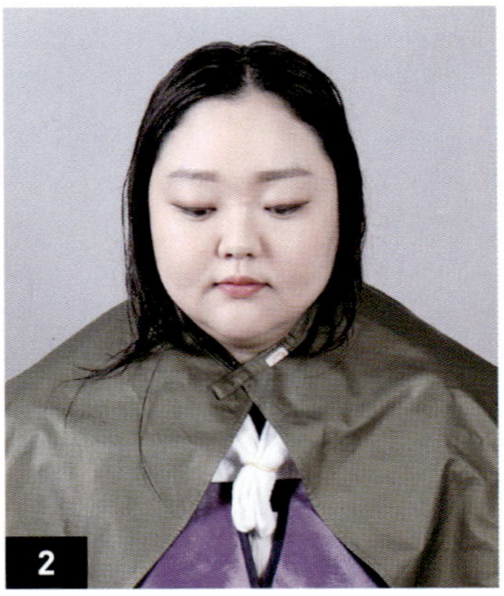

1~2. 수건 및 어깨보를 착용한다.

3. 시술 전 약제가 고루 도포될 수 있도록 샴푸를 하거나 물을 충분히 분무한다.

4. 모발의 과도한 손상을 방지하기 위해 PPT를 도포한다.

5. 모발의 과도한 손상을 방지하기 위해 LPP를 도포한다.

6. 약제 혼합 전 모발의 상태를 파악하고 모발에 맞는 약제를 혼합한다.

7. 약제 도포를 위해 정중선, 측중선으로 4 브로킹을 나누어준다.

8. 와인딩을 할 위치까지 약제를 원터치한다.

9. 와인딩 시 각도를 다운시켜서 와인딩하여야 하므로 각도에 유의하여 약제를 도포한다. 만약 와인딩 시 각도를 90°로 와인딩한다면 약제 도포 또한 90°로 들어서 와인딩해야 한다.

10. 앞머리는 볼륨을 위해 가까이 와인딩하여야 하므로 뿌리 부분까지 약제를 도포한다.

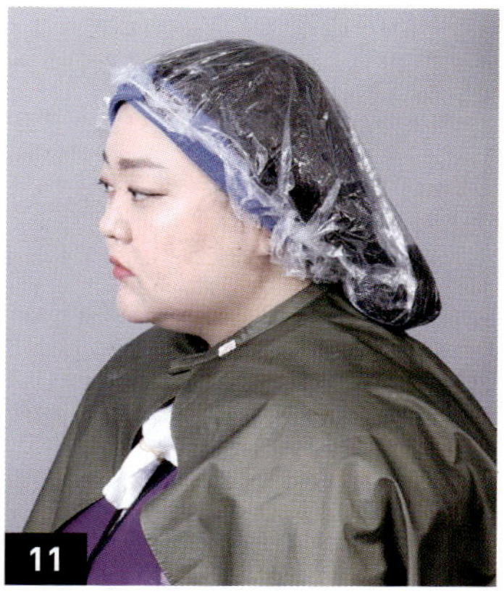

11. 열이 고루 분산될 수 있도록 비닐캡을 씌워준다.

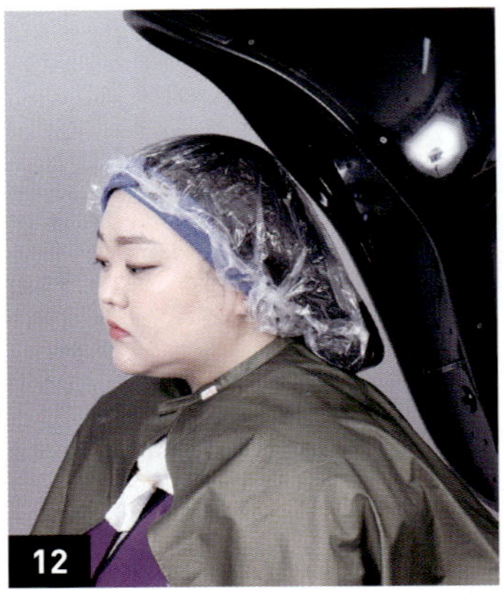

12. 모발의 상태에 맞게 열처리한다(건강모 10분, 손상모 5분, 극손상모 자연방치).

13~14. 모발이 연화가 되었음을 확인하기 위하여 꼬리빗에 모발을 감아 잡는다.

15. 일정시간이 지난 후(약 15초) 테스트 컬이 나왔는지 확인한다.

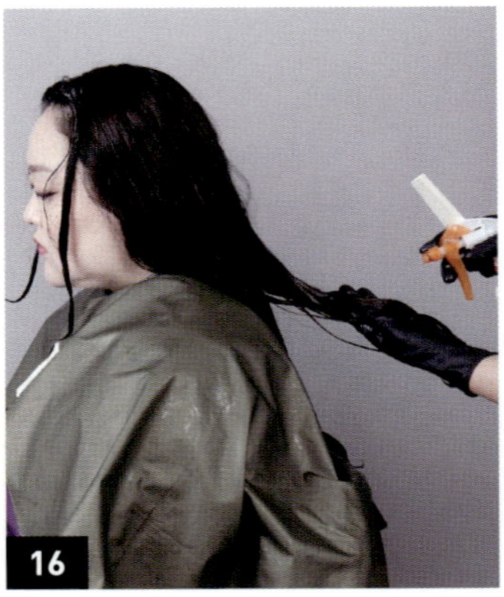

16. 모발을 헹구기 전 산도를 낮추기 위해 pH 밸런스를 도포한다.

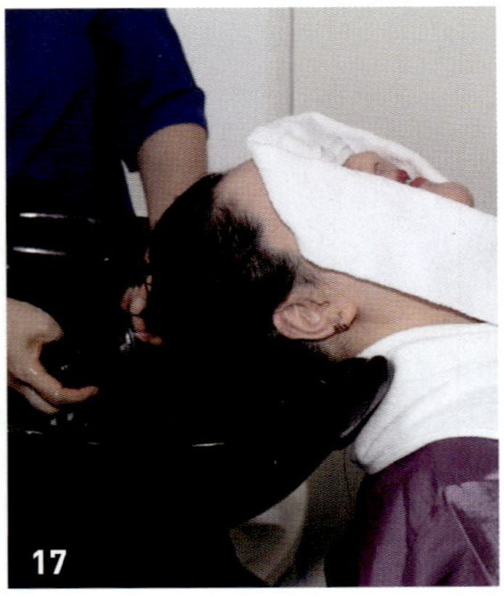

17. 1제가 깨끗하게 씻길 수 있도록 미온수로 충분히 헹구어준다.

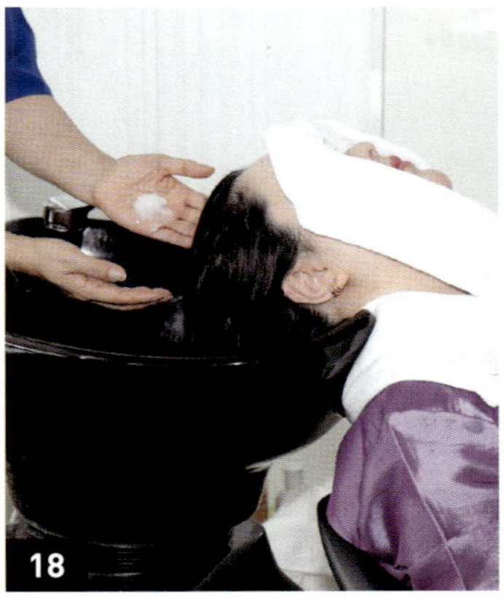

18. 중간처리제가 모발에 잘 침투 될 수 있도록 모발에 있는 수분을 수건으로 충분히 제거하고 중간처리제를 도포한다.

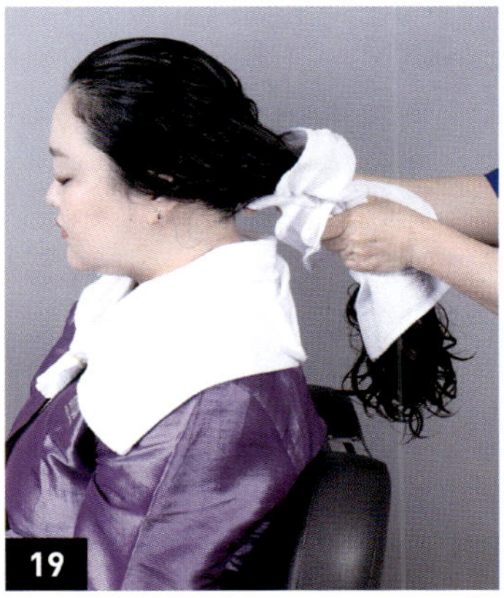

19. 와인딩할 때 모발이 너무 많이 건조되어 있으면 손상이 있을 수 있기 때문에 적당량의 수분을 남기고 수건으로 건조한다.

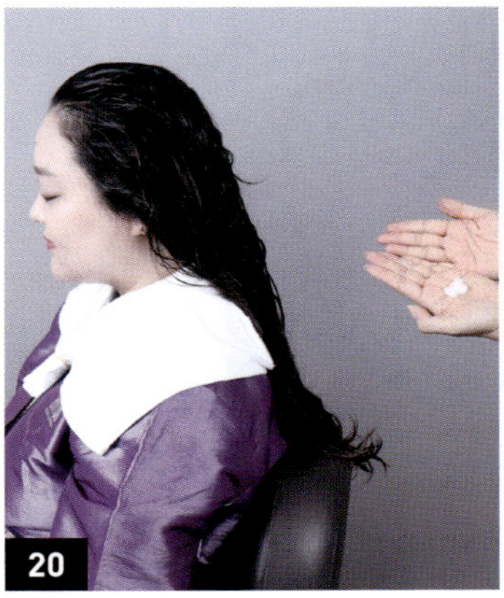

20. 모발의 수분을 유지시키고 열에 의한 손상을 방지하기 위해 열보호제를 도포한다.

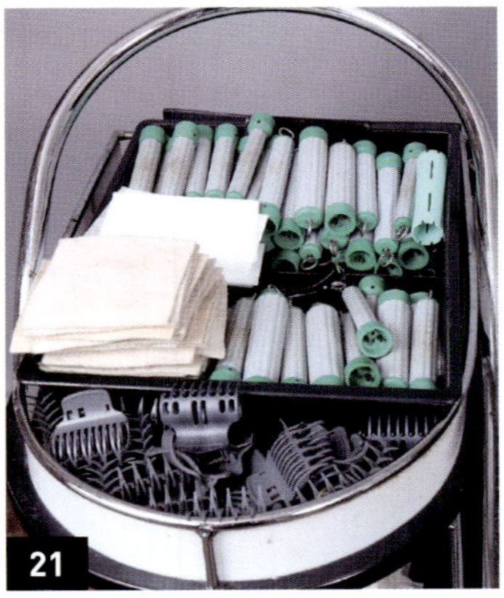

21. 세팅 와인딩을 준비한다.

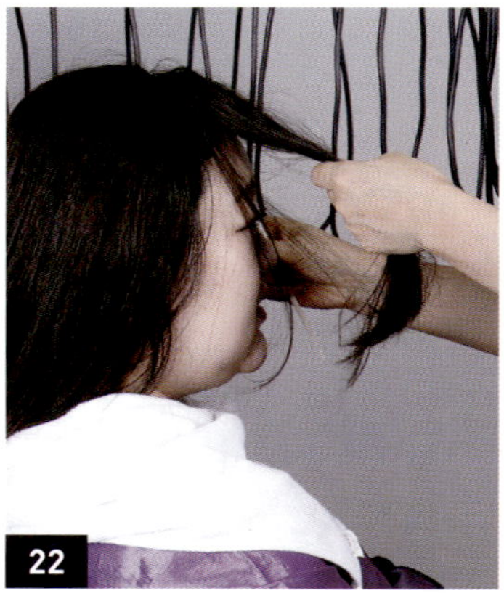

22

23

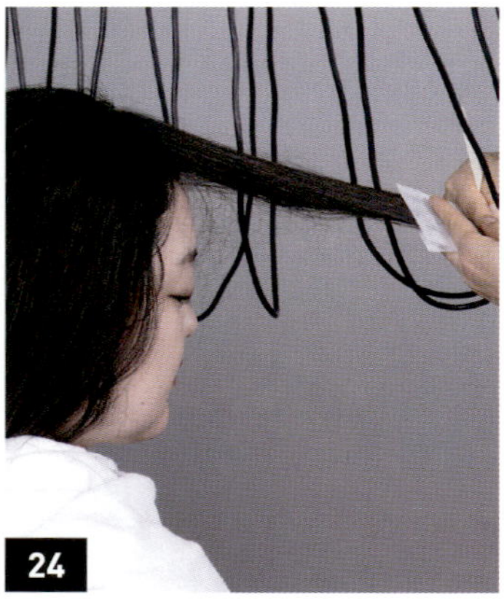

24

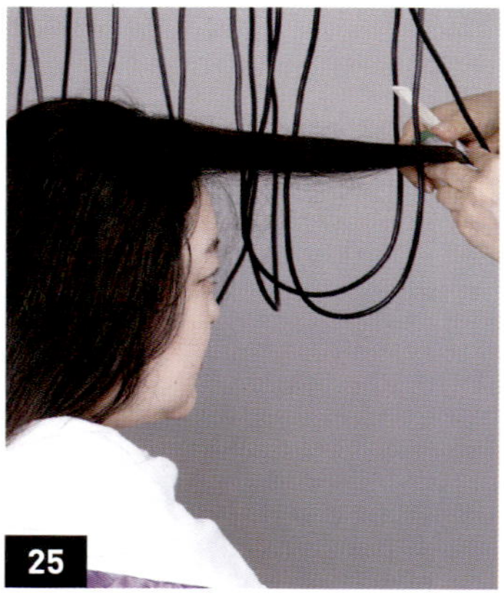

25

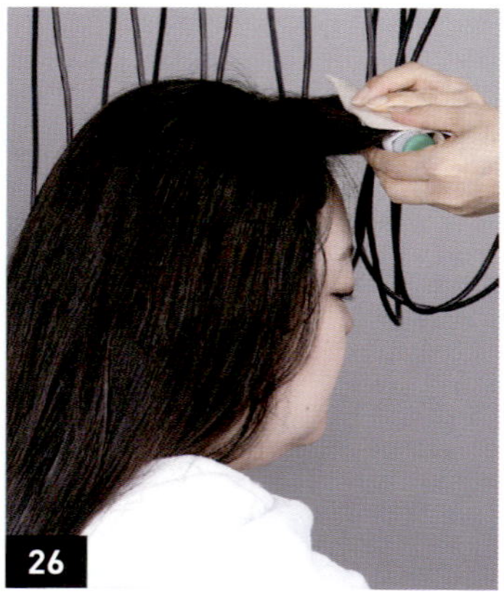

26

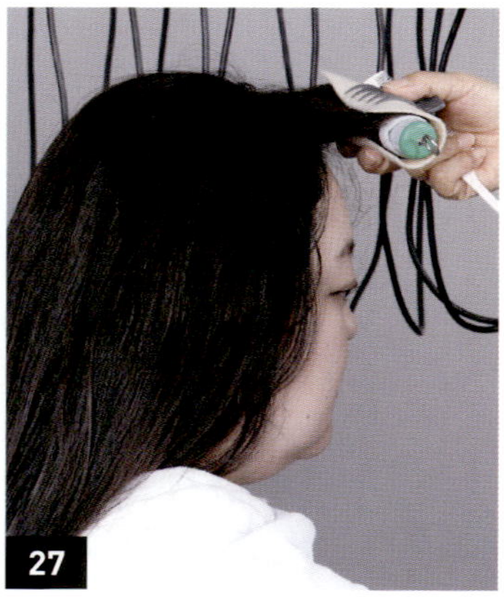

27

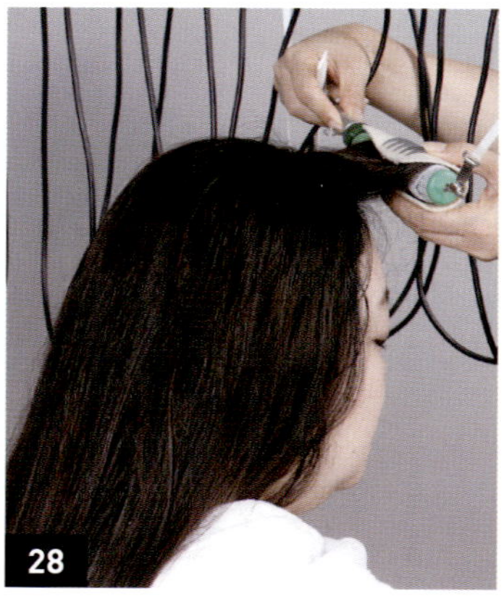

28

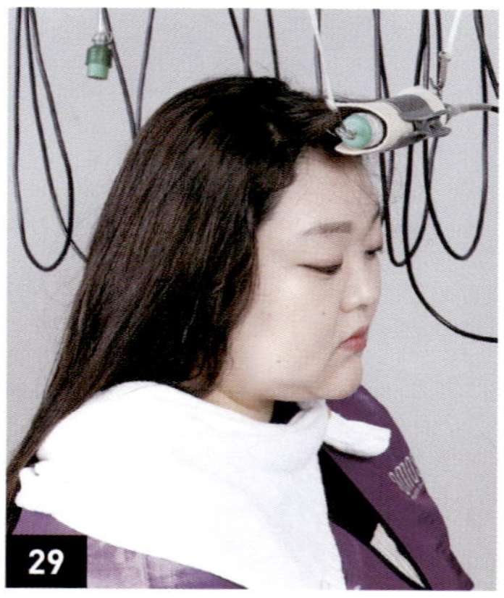

29

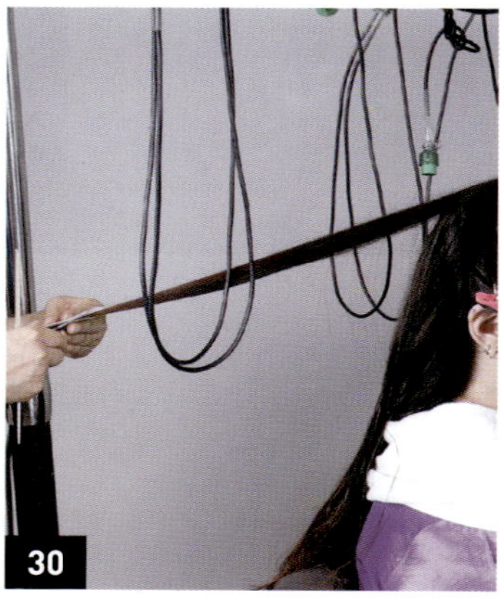

30

22~29. 앞머리는 자연스럽게 넘어가게 하기 위하여 가까이까지 와인딩한다.

30. 웨이브의 위치가 턱선 아래에서부터 나올 수 있도록 각도를 다운시켜서 원하는 위치까지 와인딩한다.

31~34. 모발 끝이 열에 의해 과도하게 손상되지 않도록 파지는 아래와 위에 각각 한 장씩 두고 와인딩하며 와인딩이 완료되면 부직포와 집게를 사용하여 고정하고 전선을 연결한 뒤 로드가 원하는 각도에서 고정될 수 있도록 고리를 끼워준다.

35. 전체 와인딩된 모습

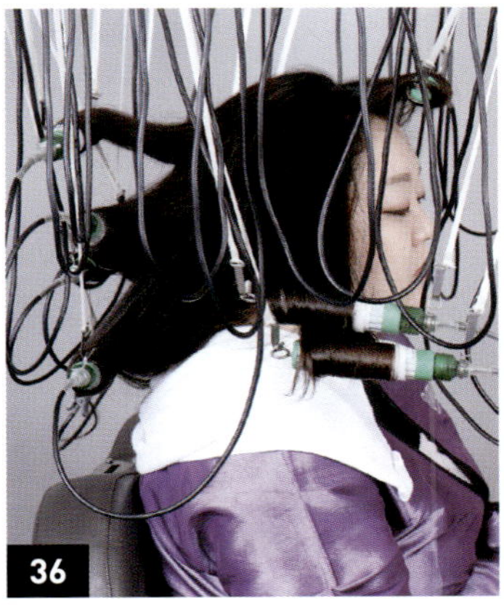

36. 열이 충분히 전달되어 건조되었을 때 부직포를 제거하고 모발을 식혀준다.

37. 컬의 형태가 변화되지 않도록 컬을 유지시키며 로드 아웃한다.

38~39. 부직포나 집게로 인한 자국을 가볍게 펴준다.

40. 2제 도포 시에 컬이 쳐지지 않도록 핀컬에 모발을 말아준다. 이때 더욱 탄력을 높이기 위해 일반 로드를 사용할 수도 있다.

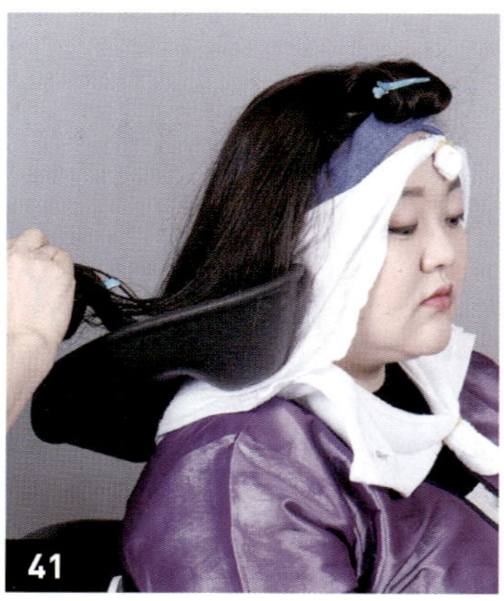

41. 중화를 준비한 모습이다.

42. 전체 모발에 2제를 충분히 도포하고 7분간 방치한다.

43. 방치 후 컬이 나왔는지 확인할 수 있다.

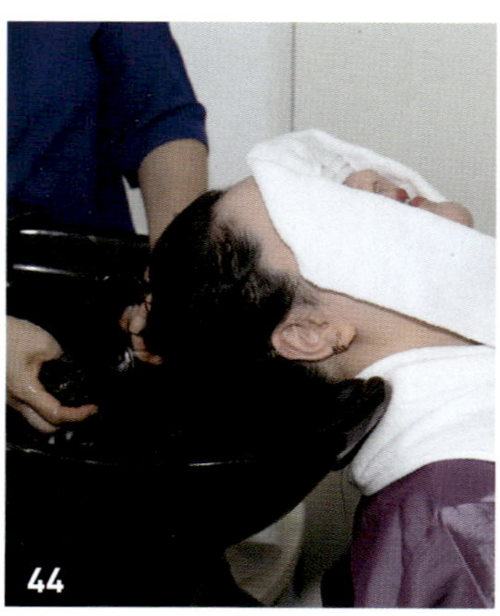

44. 미온수로 충분히 헹구어준다.

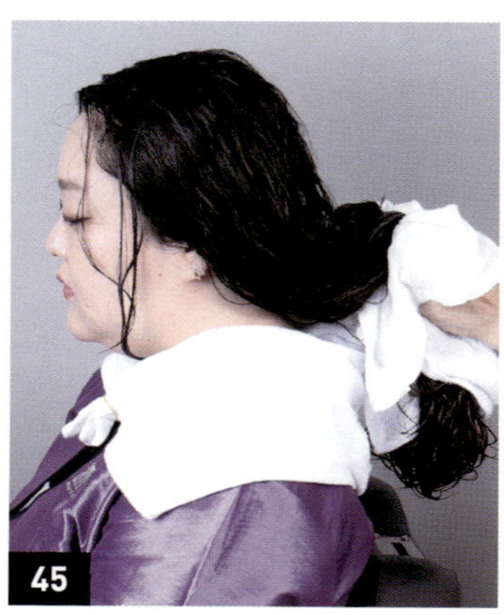

45. 수건으로 물기를 제거한다.

46. 컬을 살리면서 드라이한다.

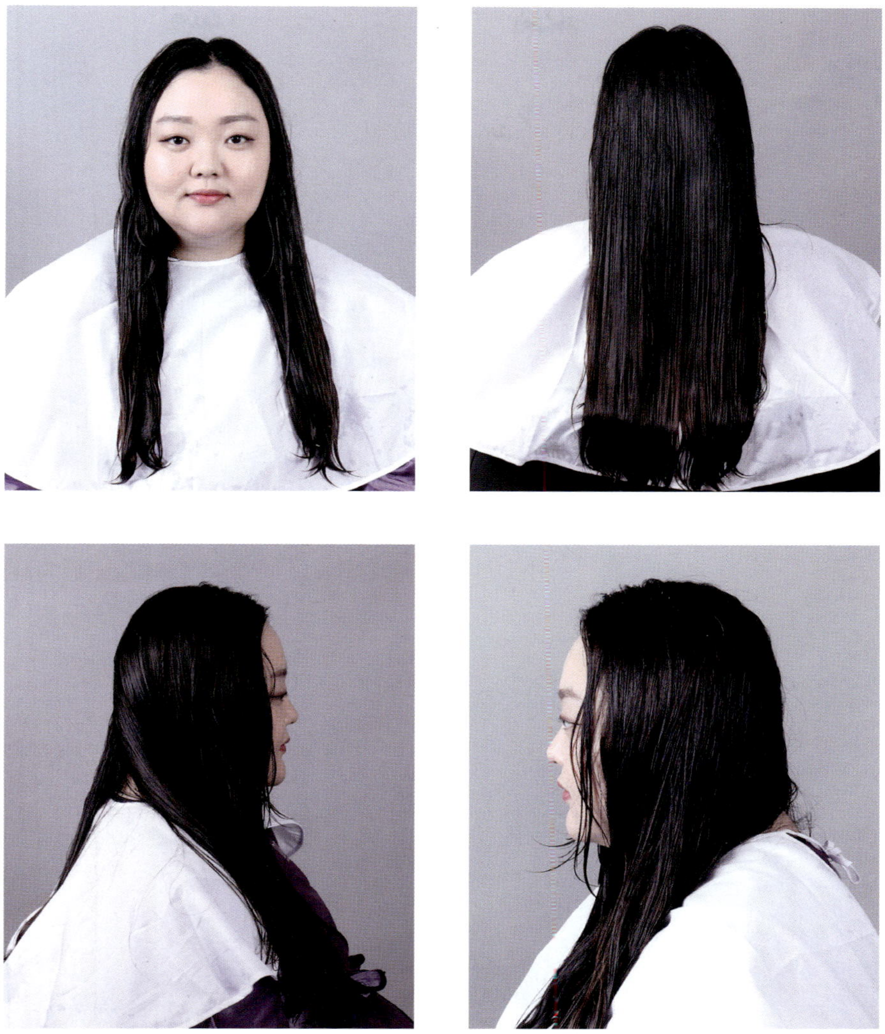

[그림 10-5] 시술 전

2) 완성사진

[그림 10-6] 시술 후

4. 볼륨 매직 스트레이트(Volume Magic Straight)

1) 시술과정

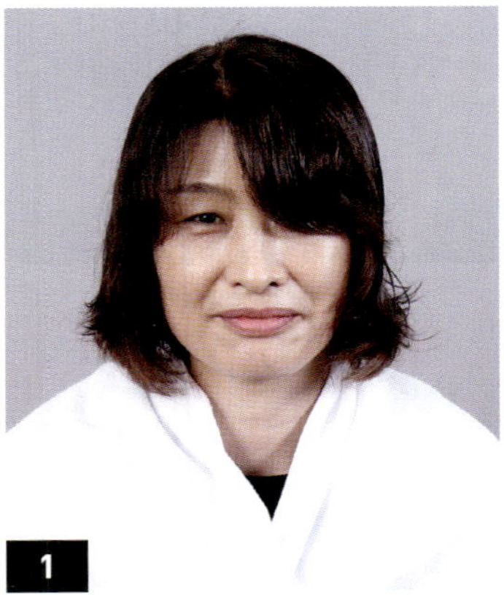
1

2

1~2. 수건 및 어깨보를 착용한다.

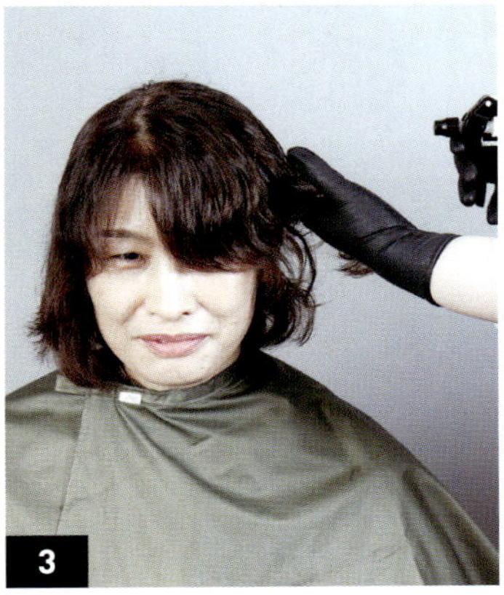
3

3. 시술 전 약제가 고루 도포될 수 있도록 샴푸를 하거나 물을 충분히 분무한다.

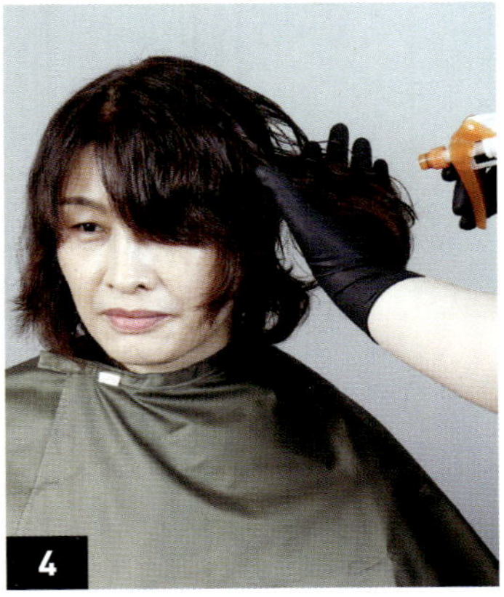
4

4. 모발의 과도한 손상을 방지하기 위해 Ppt를 도포한다.

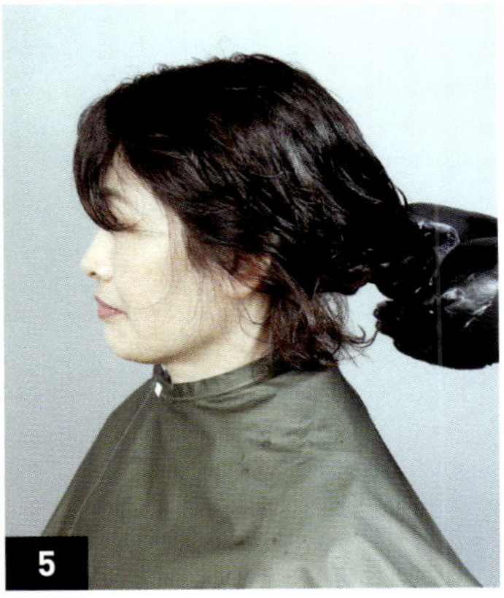
5

5. 모발의 과도한 손상을 방지하기 위해 LPP를 도포한다.

6

6. 약제 혼합 전 모발의 상태를 파악하고 모발에 맞는 약제를 혼합한다.

7. 약제 도포를 위해 정중선, 측중선으로 4 브로킹을 나누어준다.

8. 모발 끝 손상된 부분을 제외한 버진헤어에 퍼머 1제를 도포한다.

9. 약제를 도포할 때는 약제가 위아래 같은 위치에 도포될 수 있도록 두상각도 90°를 유지하여 도포한다.

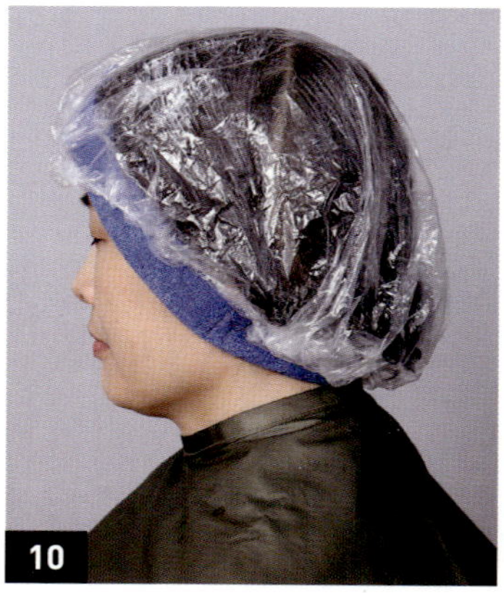

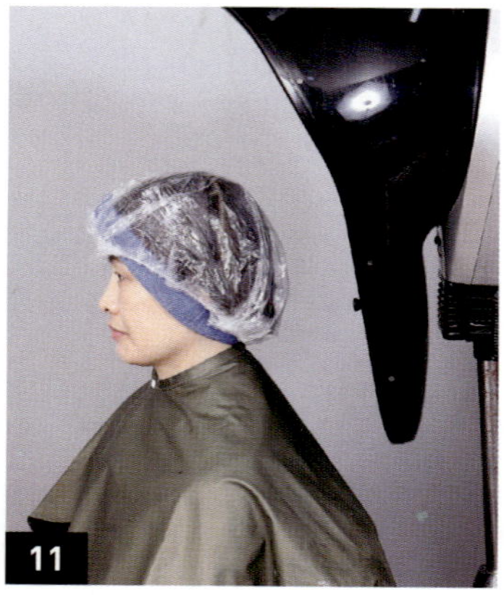

10. 열이 고루 분산될 수 있도록 비닐캡을 씌워준다.

11. 모발의 상태에 맞게 열처리한다(건강모 10분, 손상모 5분,극손상모 자연방치).

12. 모발상태에 따라 먼저 도포한 부분이 50% 이상 연화가 되었을 때 손상된 부분에 1제를 도포한다.

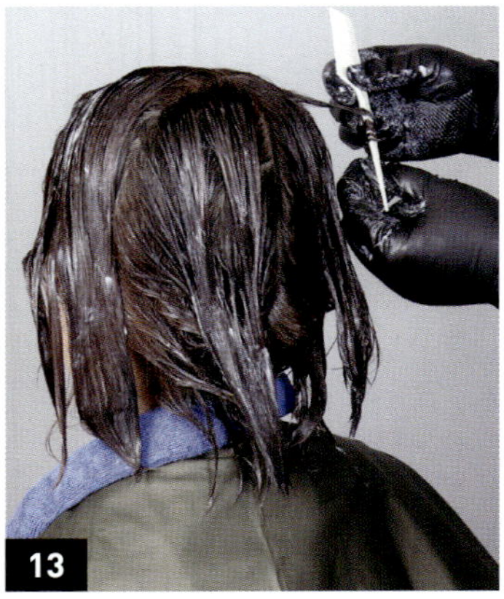

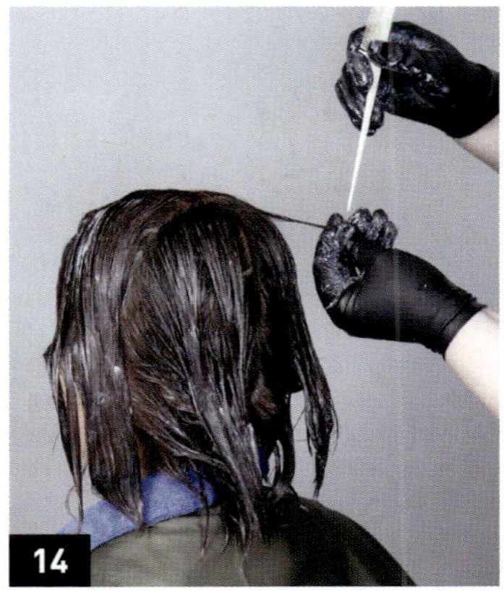

13~14. 모발이 연화가 되었음을 확인하기 위하여 꼬리빗에 모발을 감아 잡는다.

15. 일정시간이 지난 후(약 15초) 테스트 컬이 나왔는지 확인한다.

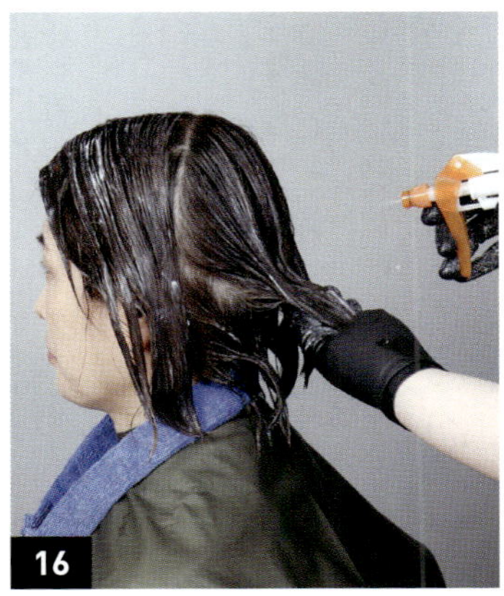

16. 모발을 헹구기 전 산도를 낮추기 위해 pH 밸런스를 도포한다.

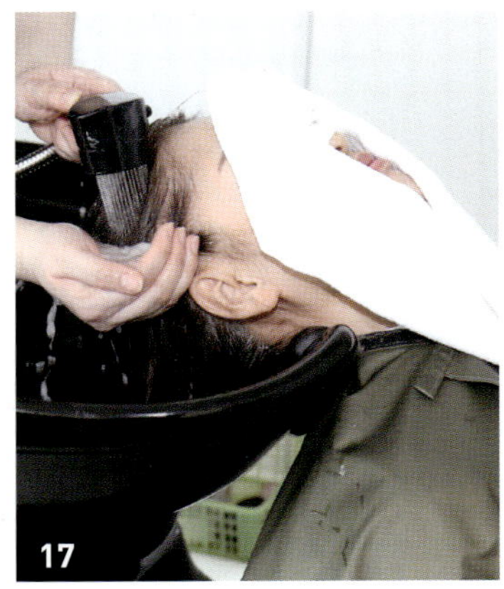

17. 1제가 깨끗하게 씻길 수 있도록 미온수로 충분히 헹구어준다.

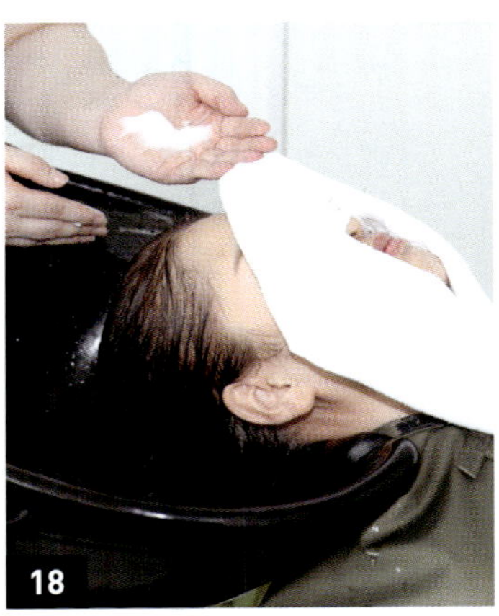

18. 중간처리제가 모발에 잘 침투될 수 있도록 모발에 있는 수분을 수건으로 충분히 제거하고 중간처리제를 도포한다.

19. 와인딩할 때 모발이 너무 많이 건조되어 있으면 손상이 있을 수 있기 때문에 적당량의 수분을 남기고 수건으로 건조한다.

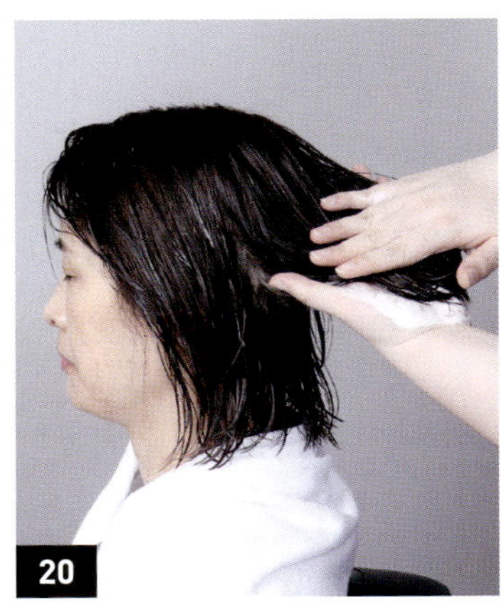

20. 모발의 수분을 유지시키고 열에 의한 손상을 방지하기 위해 열보호제를 도포한다.

21. 와인딩할 수 있도록 5 브로킹을 나눈다.

22. 디지털 와인딩 로드를 준비한다.

23. 맨 아래 단 와인딩 파지 아래: 한 판넬의 세로 폭은 로드의 굵기와 비례하게 커지도록 하고 와인딩 각도는 90°로 유지하고 파지를 아래에 둔다.

24. 모발 끝이 열에 의해 손상되지 않도록 두 번째 파지는 위에 둔다.

25. 좌우의 텐션을 유지하며 와인딩을 한다.

26. 수분 손실을 방지하고 두피를 열에서 보호하기 위해 부직포를 대 준다.

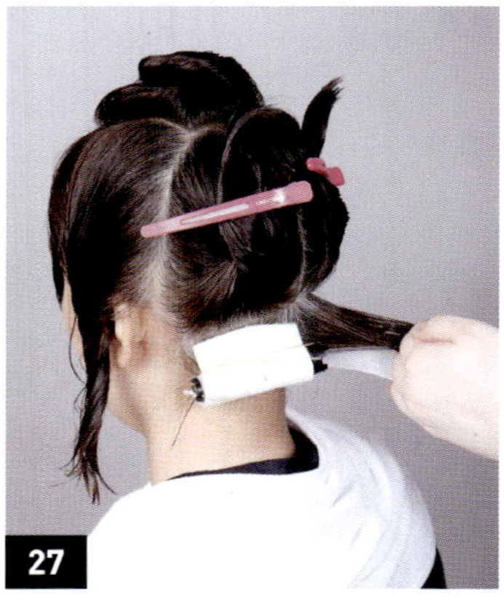

27. 디지털 전선이 연결되는 곳을 피해 밴딩한다.

28. 두상의 좌우 폭에 따라 섹션을 나눈다.

29. 백 부분이 와인딩되면 사이드를 와인딩한다.

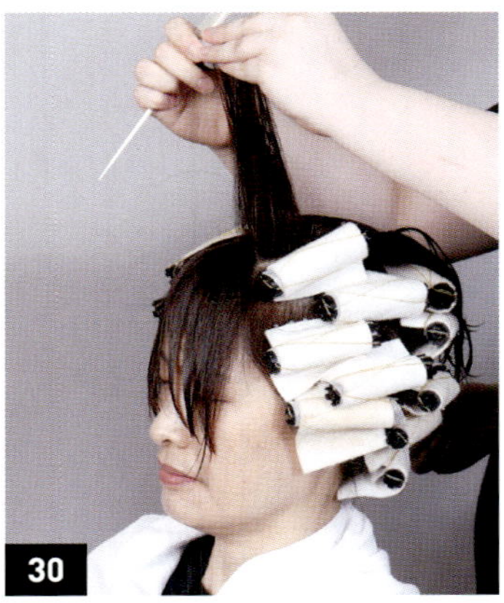

30. 탑 부분도 90°로 와인딩한다.

31. 디지털 와인딩(앞)

32. 디지털 와인딩(뒤)

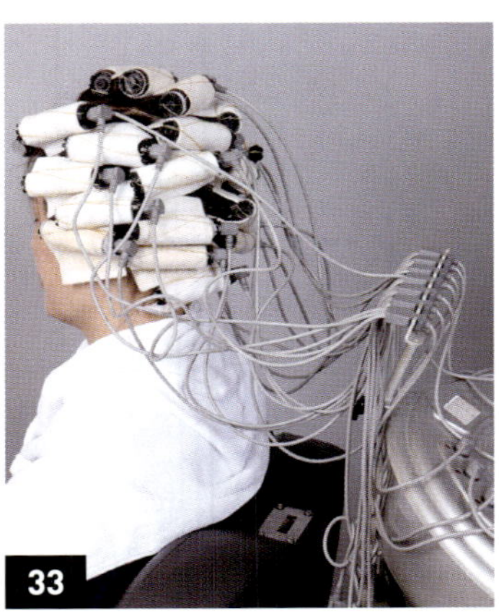

33. 디지털 전선을 연결하고 모발에 맞는 열을 가해준다.

34. 열이 어느 정도 식은 후 모발의 건조를 위해 부직포만 제거한다.

35. 컬의 형태가 변화되지 않도록 컬을 유지시키며 로드 아웃한다.

36. 디지털 로드가 모두 아웃된 상태이다.

37. 고무줄이나 부직포로 인한 자국을 가볍게 펴준다.

38. 2제 도포 시에 컬이 처지지 않도록 로드에 모발을 말아준다.

39. 중화를 준비한 모습이다.

40. 아래에서부터 위로 2제를 충분히 도포하고 7분간 방치한다.

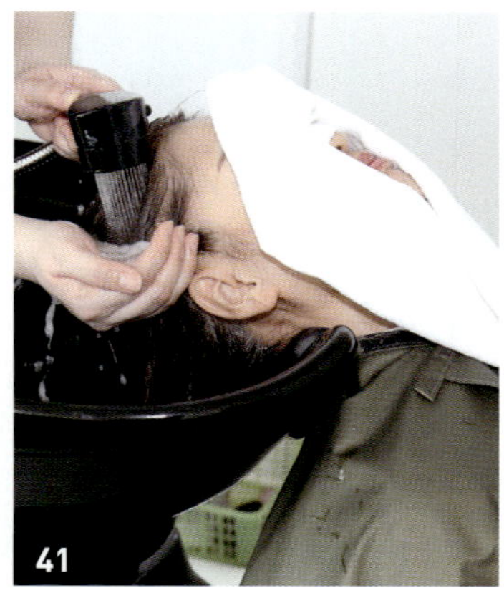

41. 미온수로 충분히 헹구어준다.

42. 수건으로 물기를 제거한다.

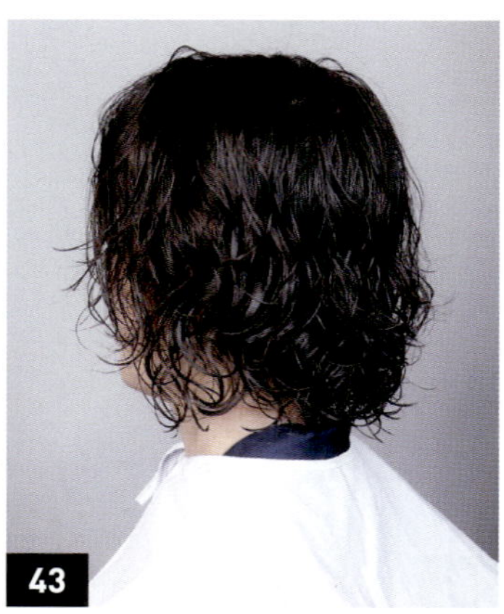

43. 말리기 전 모습이다.

44. 컬을 살리면서 드라이한다.

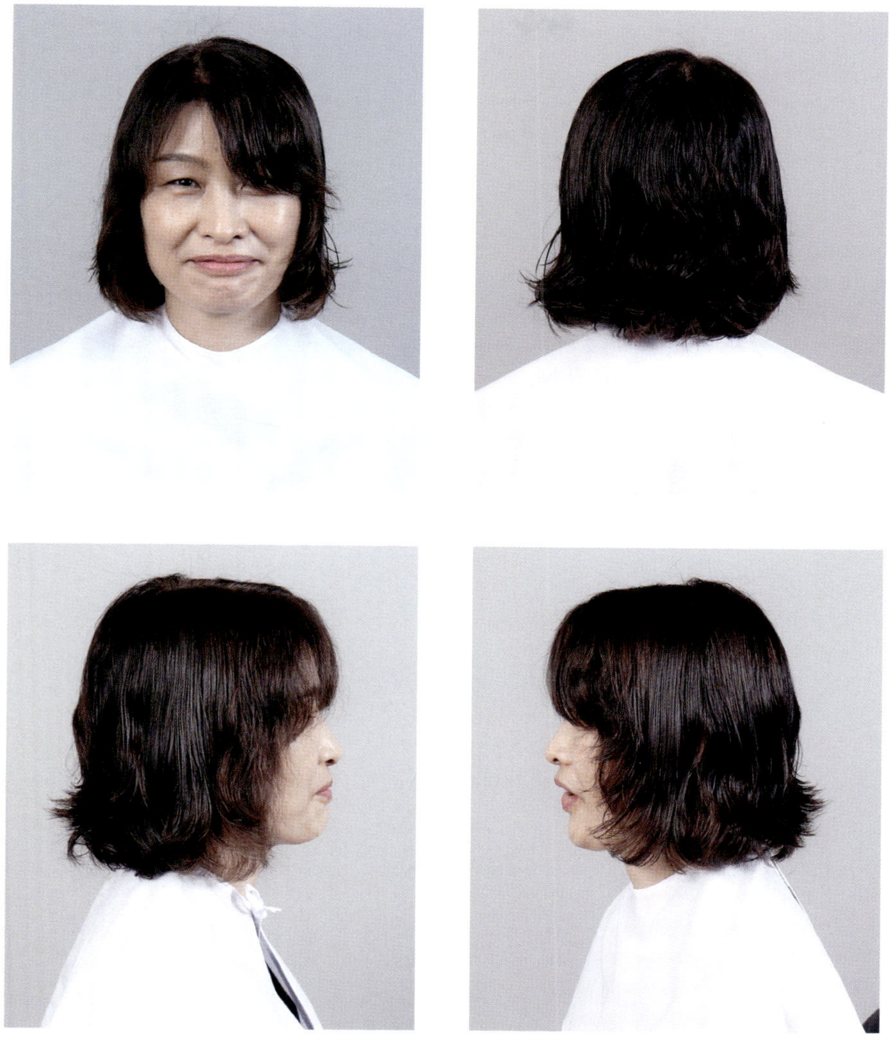

[그림 10-7] 시술 전

2) 완성사진

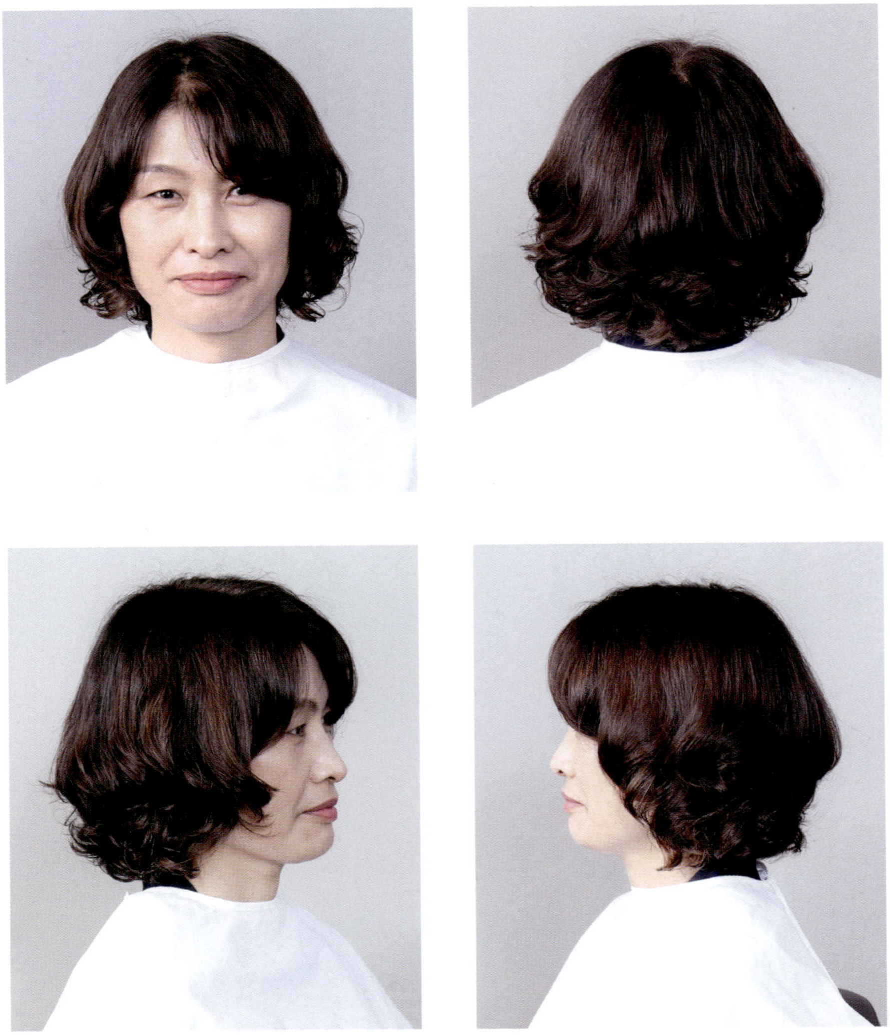

[그림 10-8] 시술 후

5. 아이롱 퍼머넌트 웨이브(Iron permanent wave)

1) 시술과정

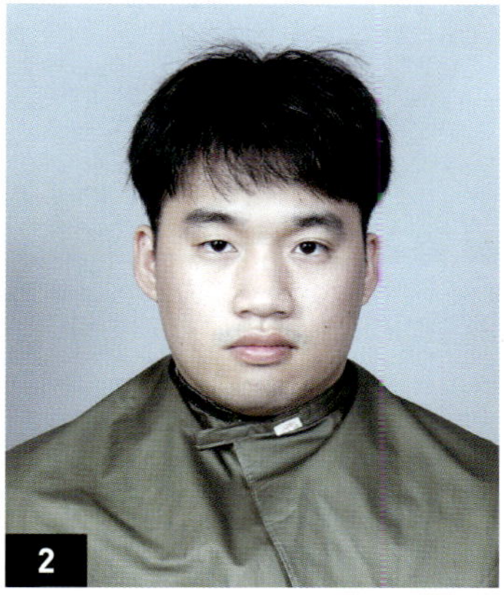

1~2. 수건 및 어깨보를 착용한다.

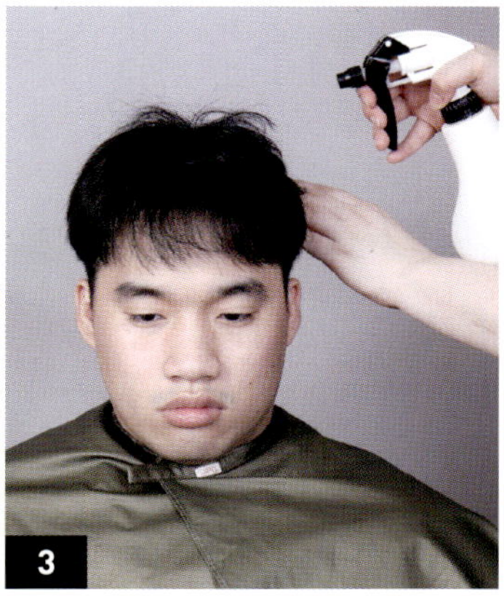

3. 시술 전 약제가 고루 도포될 수 있도록 샴푸를 하거나 물을 충분히 분무한다.

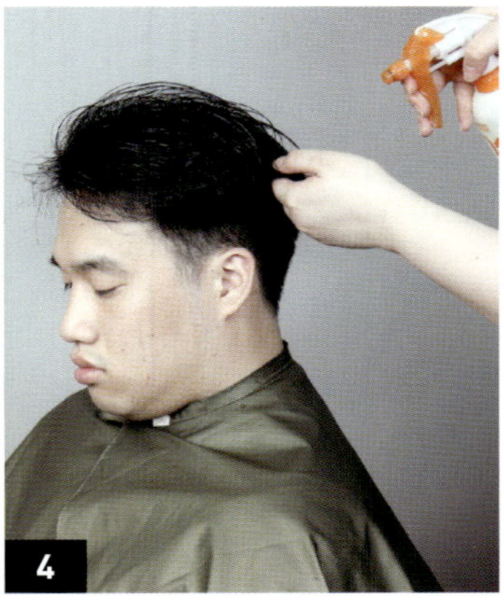

4. 모발의 과도한 손상을 방지하기 위해 PPT를 도포한다.

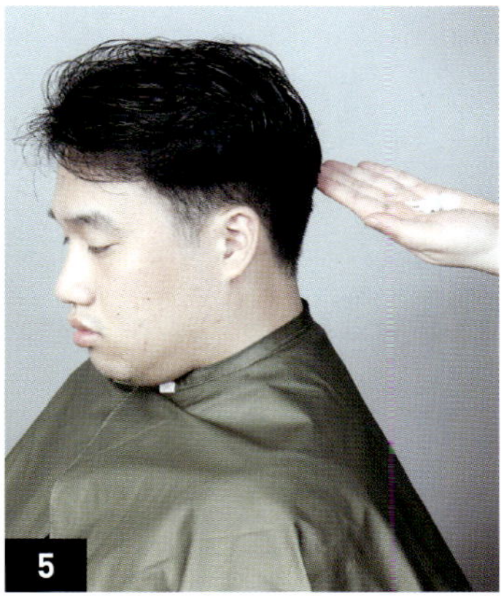

5. 모발의 과도한 손상을 방지하기 위해 LPP를 도포한다.

6. 약제 혼합 전 모발의 상태를 파악하고 모발에 맞는 약제를 혼합한다.

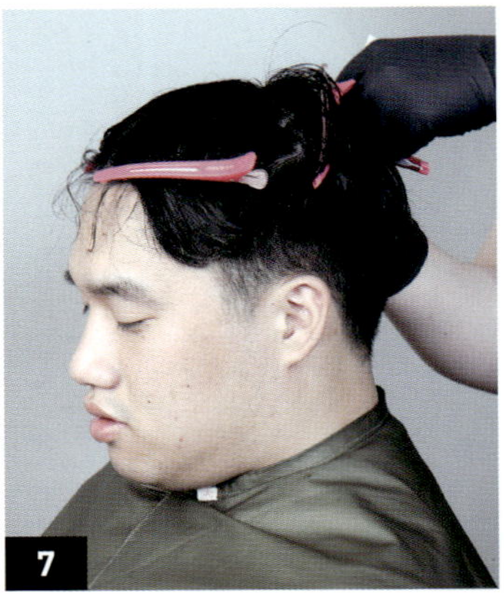

7. 약제 도포를 위해 정중선, 측중선으로 4 브로킹을 나누어준다.

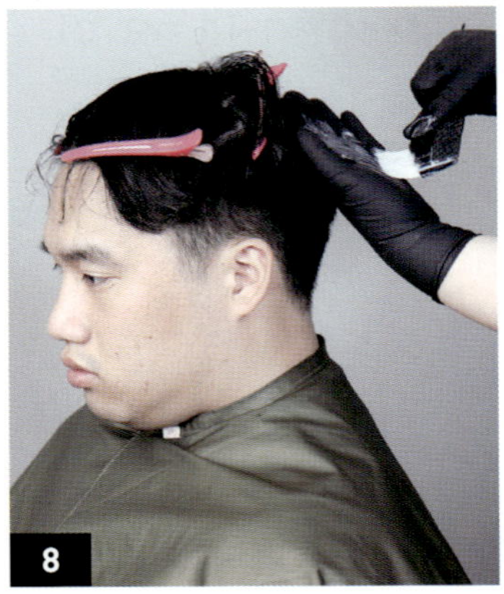

8. 모발의 길이가 짧고 시술이력이 없으므로 모발 전체에 퍼머 1제를 도포한다.

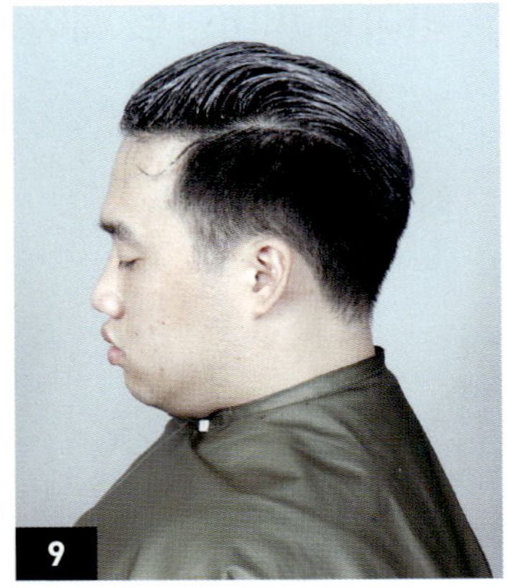

9. 1제가 도포된 모습이다.

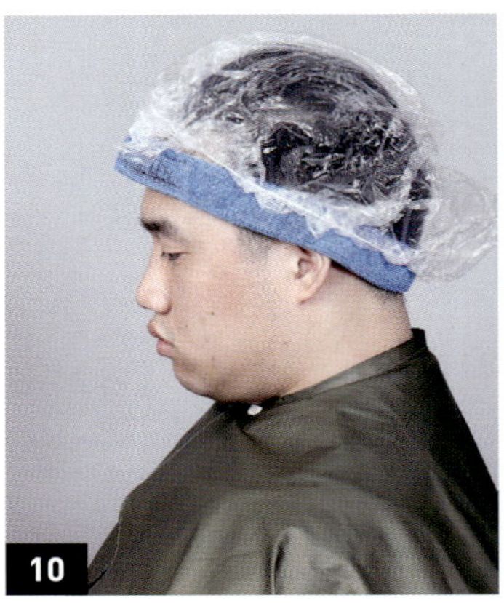

10. 열이 고루 분산될 수 있도록 비닐캡을 씌워준다.

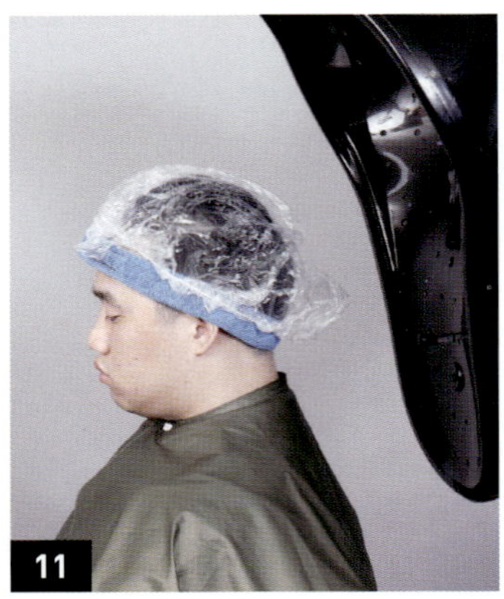

11. 모발의 상태에 맞게 열처리한다(건강모 10분, 손상모 5분, 극손상모 자연방치).

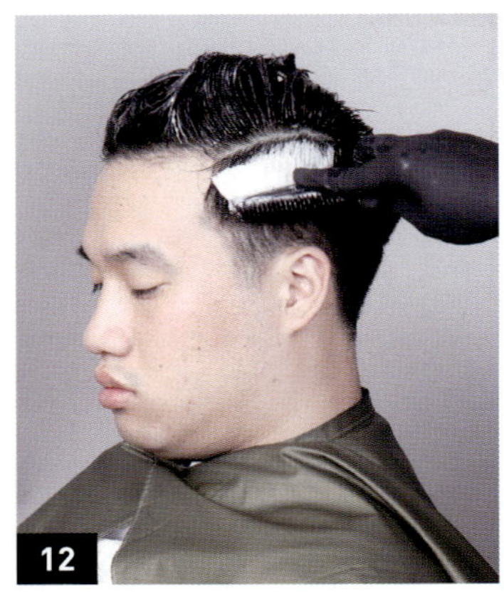

12. 투블럭 라인의 짧은 모발이 뜨지 않도록 사이드에 약제를 도포한다.

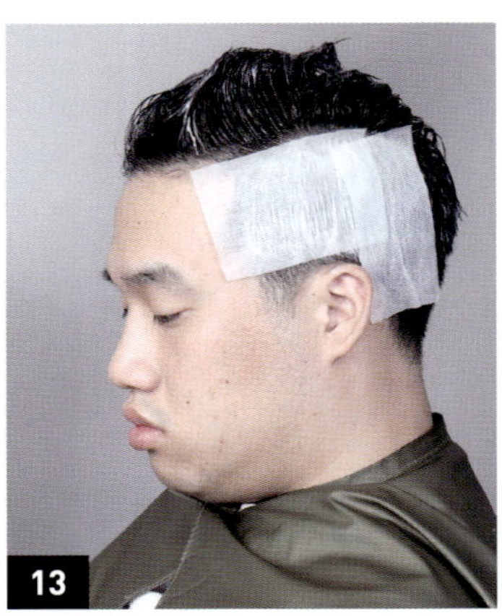

13. 짧은 모발이 고루 다운 펌될 수 있도록 파지를 부착한다.

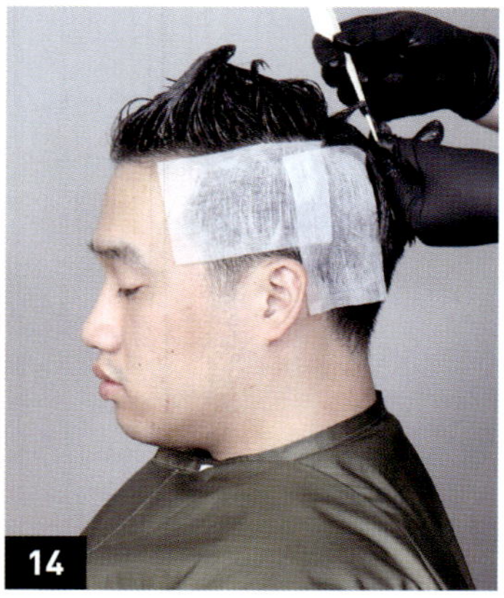

14. 모발이 연화가 되었음을 확인하기 위하여 꼬리빗에 모발을 감아 잡는다.

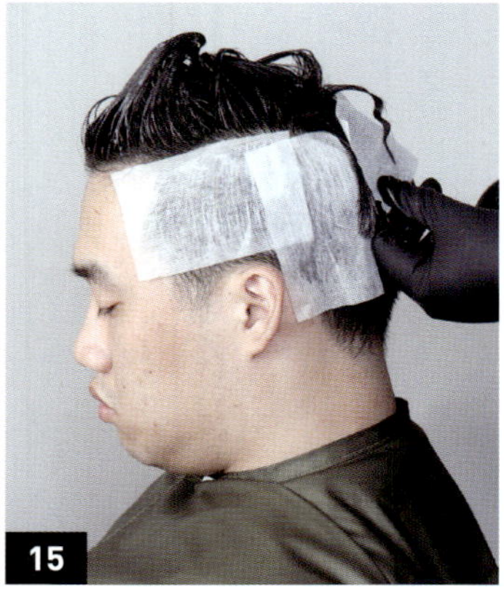

15. 일정시간이 지난 후(약 15초) 테스트 컬이 나왔는지 확인한다.
16. 모발을 헹구기 전 산도를 낮추기 위해 pH 밸런스를 도포한다.

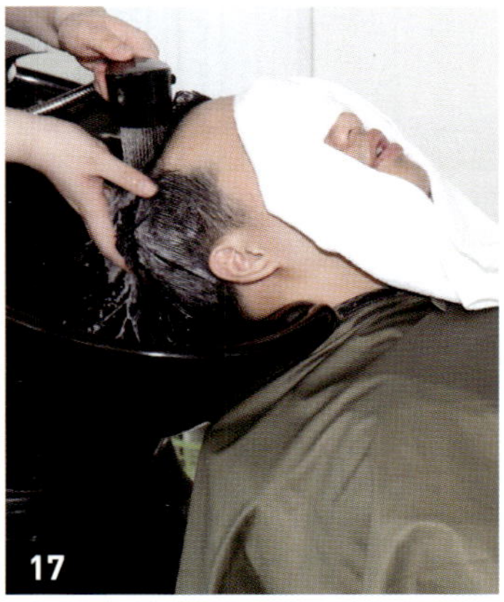

17. 1제가 깨끗하게 씻길 수 있도록 미온수로 충분히 헹구어준다.
18. 중간처리제가 모발에 잘 침투될 수 있도록 모발에 있는 수분을 수건으로 충분히 제거하고 중간처리제를 도포한다.

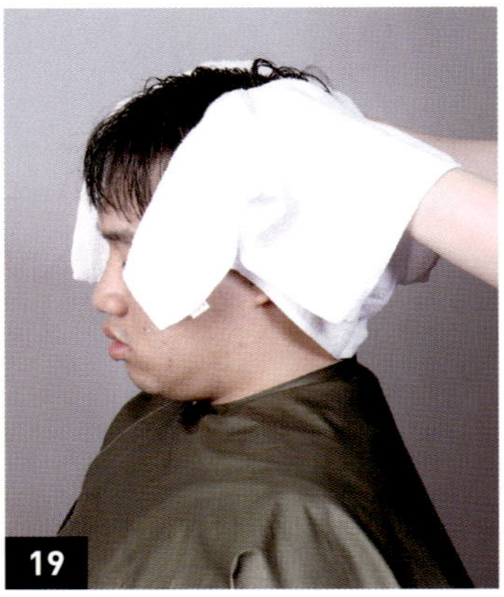

19. 와인딩할 때 모발이 너무 많이 건조되어 있으면 손상이 있을 수 있기 때문에 적당량의 수분을 남기고 수건으로 건조한다.

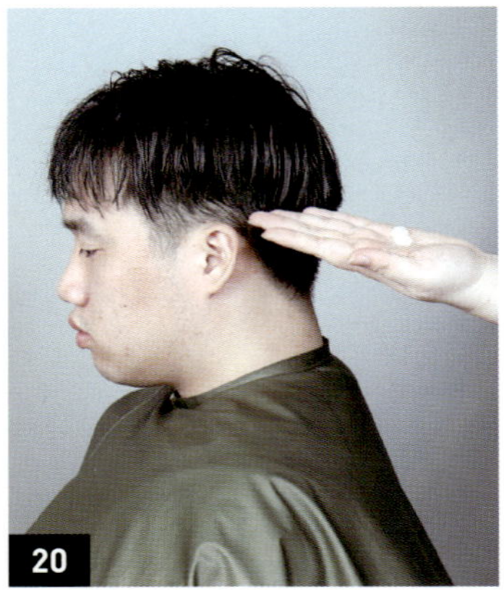

20. 모발의 수분을 유지시키고 열에 의한 손상을 방지하기 위해 열보호제를 도포한다.

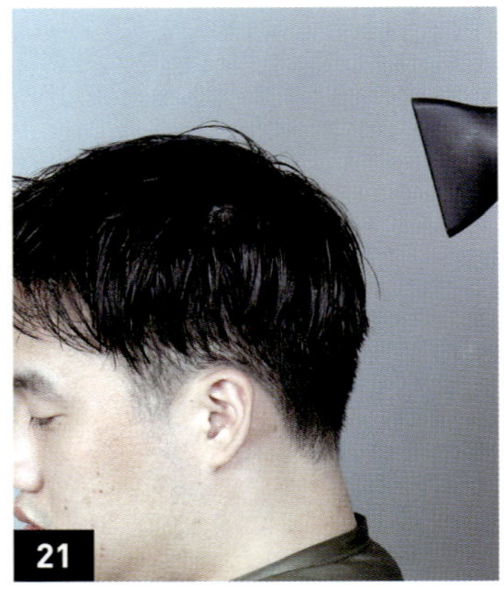

21. 아이롱 작업 시에 알맞은 수분량을 위해 냉풍 건조한다.

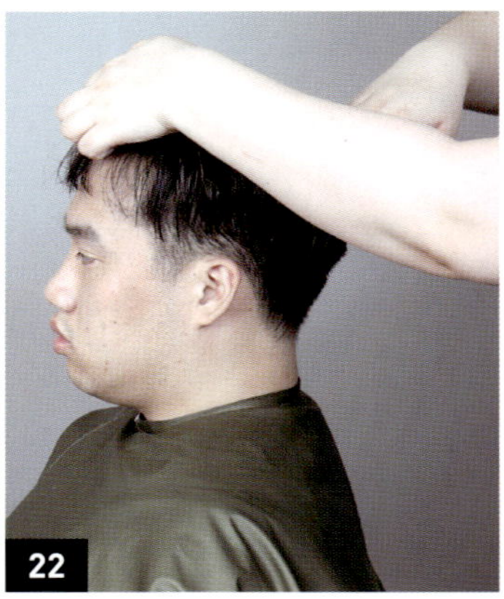

22. 아이롱이 부드럽게 작업되기 위해 오일을 모발에 도포한다.

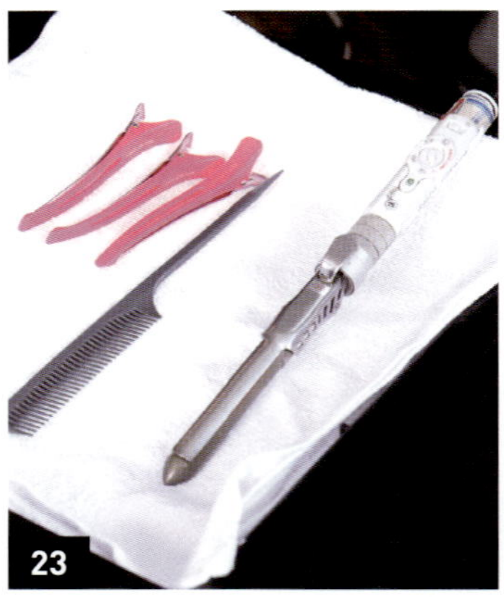

23. 아이롱을 준비한다.

24. 와인딩할 수 있도록 브로킹을 나눠준다.

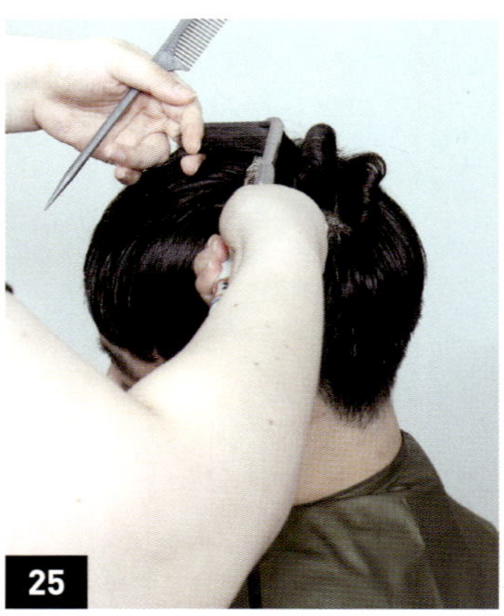

25. 아이롱의 온도는 모발의 상태에 따라 설정한다.
(건강모 160°, 손상모 140°,극손상모 130° 이하)

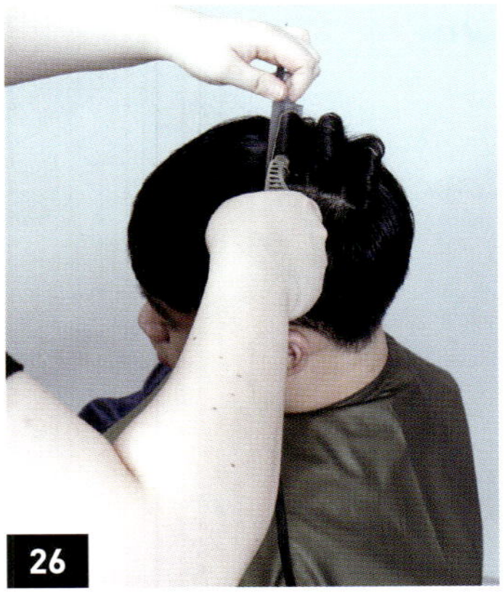

26. 모발 전체에 열이 균일하게 닿을 수 있도록 아이롱 회전속도를 일정하게 유지시켜주고 아이롱 시에는 아이롱 빗이 두피와 아이롱 사이에 있을 수 있도록 한다.

27. 앞머리는 퍼머 디자인에 따라 굵게 말아준다.

28. 사이드 부분은 뒤로 자연스럽게 넘어가게 하기 위하여 전대각 섹션으로 와인딩한다.

29. 사이드 부분은 뒤로 자연스럽게 넘어가게 하기 위하여 전대각 섹션으로 와인딩한다.

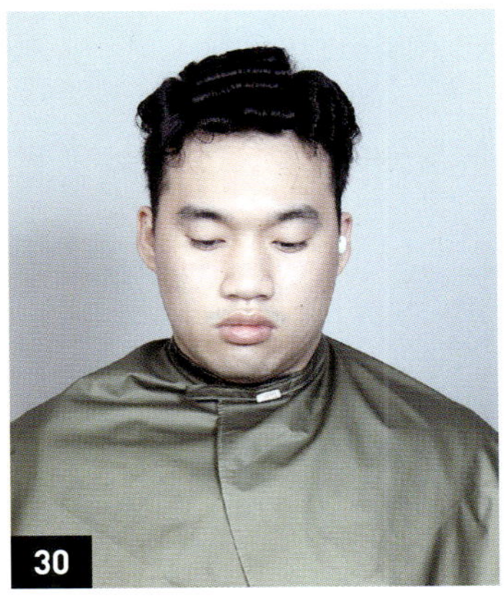

30. 와인딩 완성된 모습(앞)

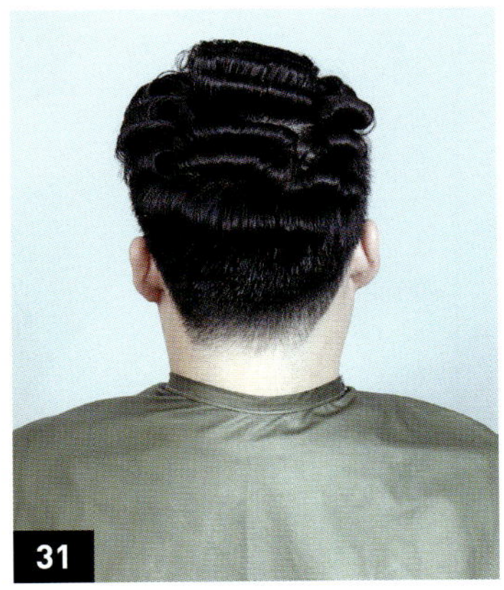

31. 와인딩 완성된 모습(뒤)

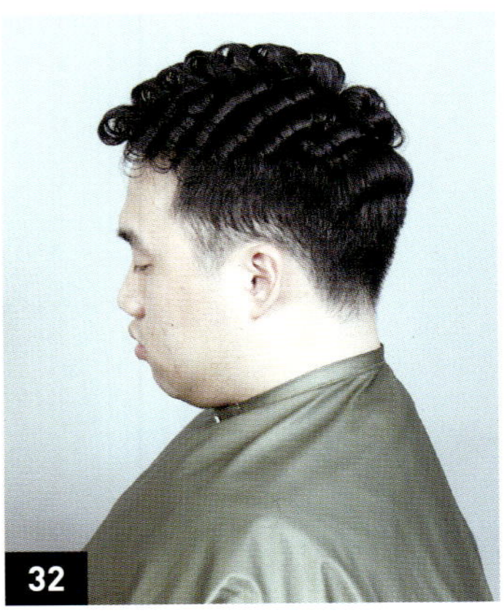

32~33. 와인딩 완성된 모습(사이드)

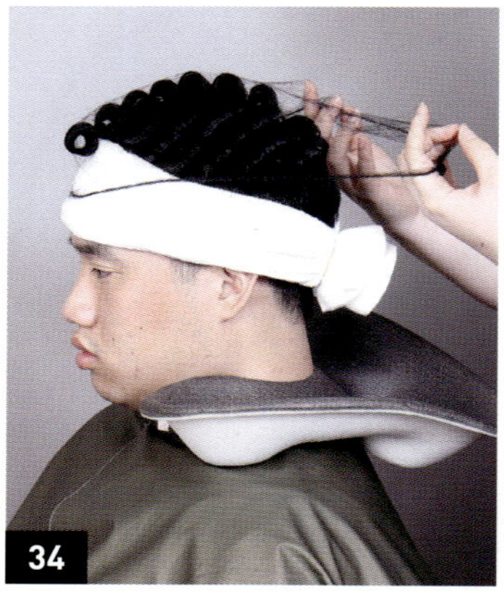

34. 컬의 형태가 무너지지 않도록 얇은 망을 씌워준다.

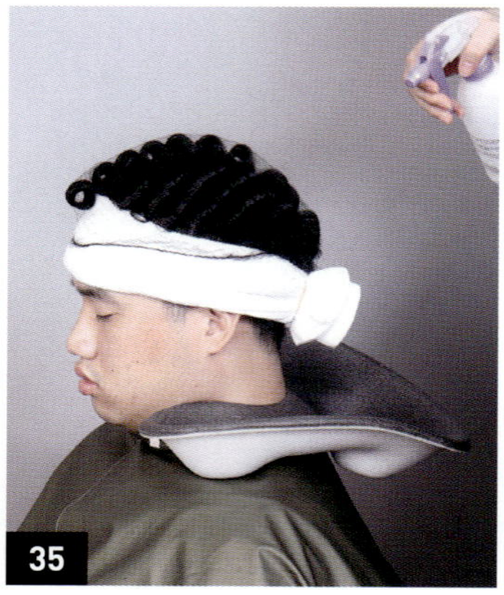

35. 아이롱 컬이 잘나올 수 있도록 2제를 분무하여 도포하고 7분간 방치한다.

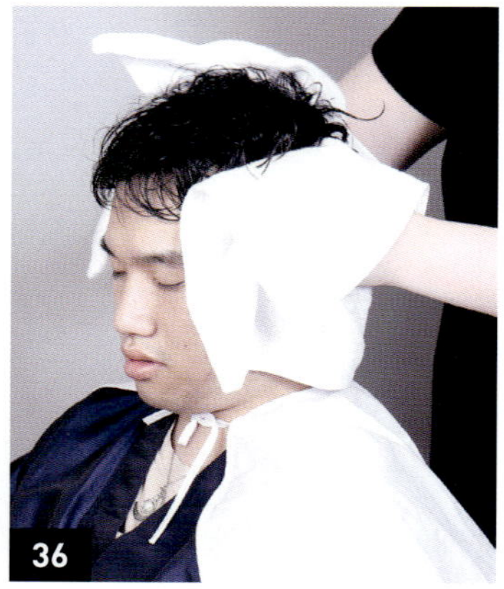

36. 방치 후 컬이 나왔는지 확인할 수 있다.

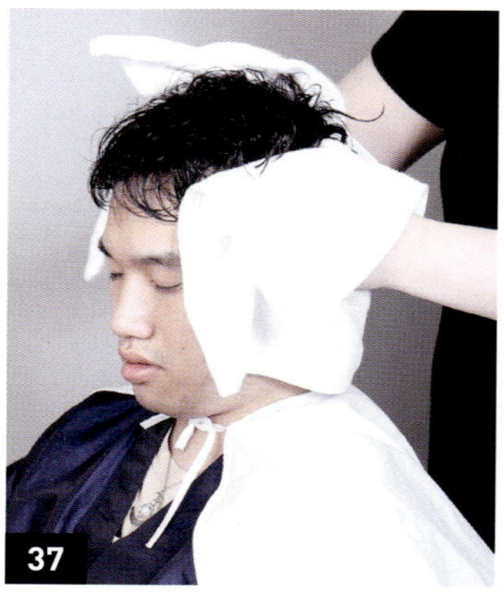

37. 수건으로 물기를 제거한다.

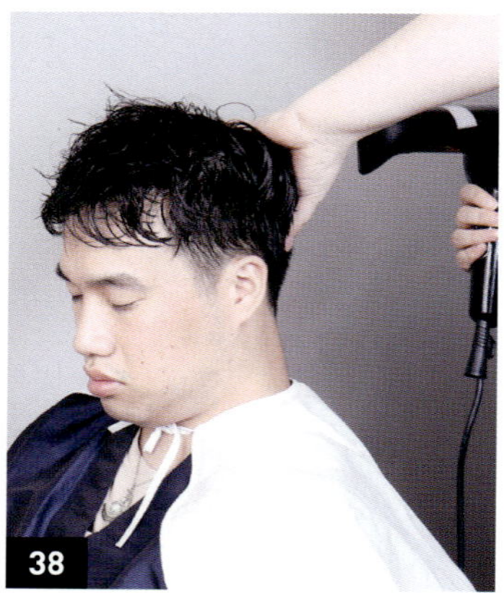

38. 디자인을 살리면서 드라이한다.

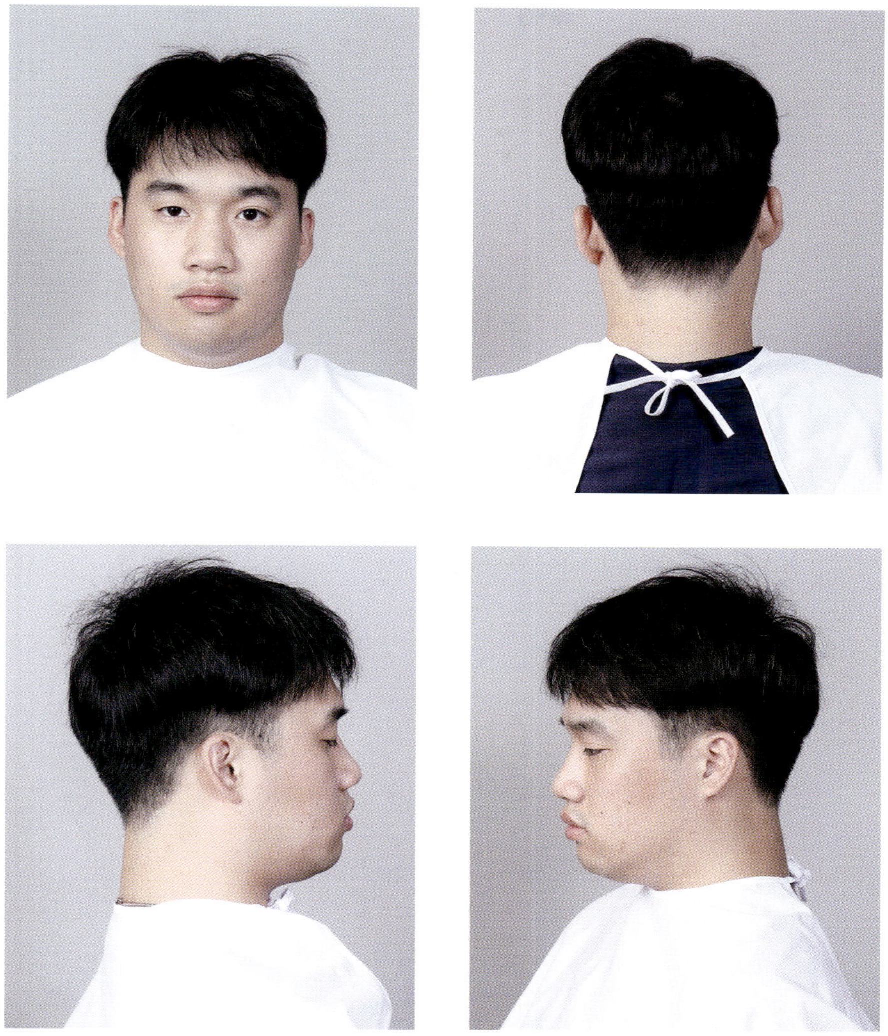

[그림 10-9] 시술 전

2) 완성사진

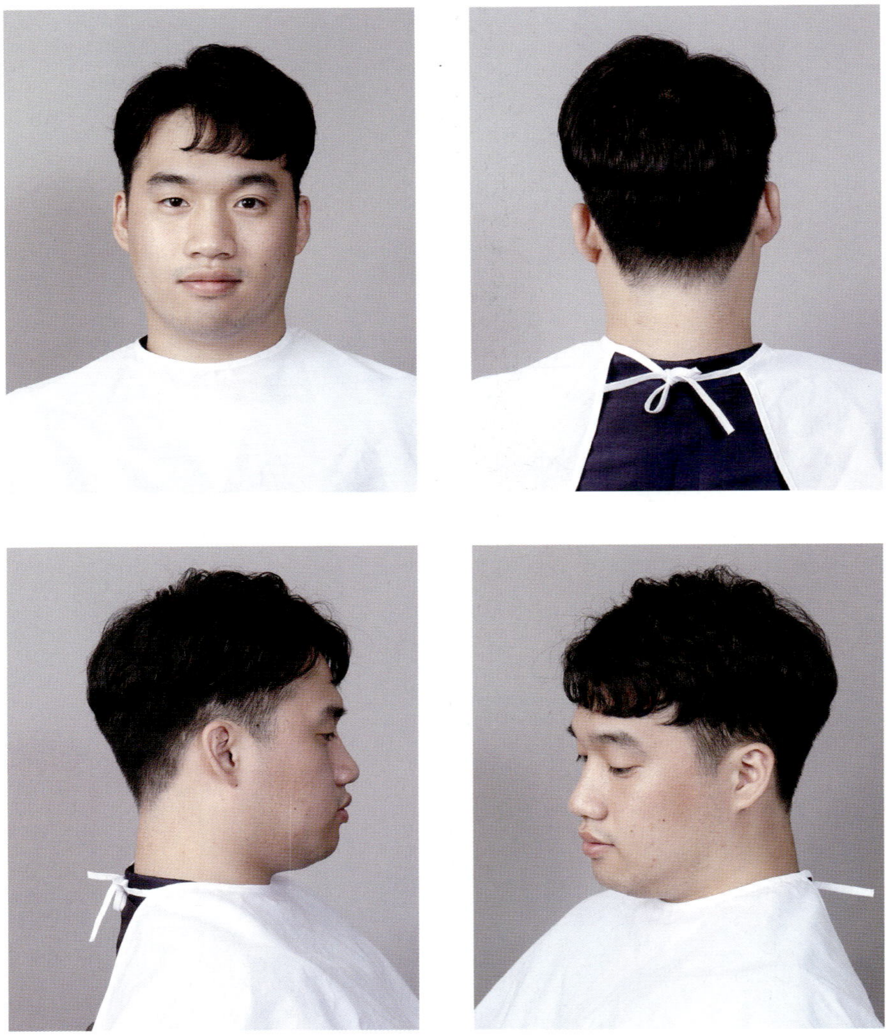

[그림 10-10] 시술 후